シリーズ〈新しい化学工学〉

②

反応工学解析

太田口和久

［編集］

朝倉書店

シリーズ〈新しい化学工学〉　編集者

小　川　浩　平	東京工業大学名誉教授（シリーズ全体，第1巻）	
太田口　和　久	東京工業大学大学院理工学研究科化学工学専攻（第2巻）	
伊　東　　　章	東京工業大学大学院理工学研究科化学工学専攻	
鈴　木　正　昭	東京工業大学大学院理工学研究科化学工学専攻	
黒　田　千　秋	東京工業大学大学院理工学研究科化学工学専攻	
久保内　昌　敏	東京工業大学大学院理工学研究科化学工学専攻	
益　子　正　文	東京工業大学大学院理工学研究科化学工学専攻	

第2巻　反応工学解析　執筆者　　　　　　　　　　　　分担

執筆者	所属	分担
＊太田口　和　久	東京工業大学大学院理工学研究科化学工学専攻	1～3章, 6.1, 6.2, 6.4～6.6節
西　山　　　覚	神戸大学大学院工学研究科応用化学専攻	4章, 5.1～5.6節
常　木　英　昭	株式会社日本触媒	5.7節
廣　瀬　幸　夫	東京工業大学名誉教授	6.3, 6.8, 6.9節
宗　林　孝　明	株式会社三菱化学テクノリサーチ	6.3, 6.8, 6.9節
中　崎　清　彦	東京工業大学大学院理工学研究科国際開発工学専攻	6.7節
秋　元　正　道	新潟工科大学名誉教授	7章

（執筆順，＊印は本巻の編集者）

まえがき

　本書の表題『反応工学解析』中の「反応工学」(reaction engineering) というと，化学反応を進行させる反応器内の分子間反応，移動現象の解釈と反応器の設計法を想定する読者が多いに違いない．しかし，今日，反応工学が対象とする現象は，このようなイメージからは想像もつかないような広がりと奥行をもっている．化学工学の研究者が，反応の場を反応器に限定せず，大規模環境保全施設，人体，微生物細胞，マイクロデバイス，医化学センサーなど多方面に適用し始めている．本書の目的は，このような新しい化学工学領域の反応工学解析にかかわる専門知識体系の全体像を，なるべく多くの読者に提供することにある．

　反応工学の基本変数である反応速度は，1850 年に L. F. Wilhelmy によって初めて測定された．J. H. van't Hoff が"Etudes de Dynamic Chimique"を著し，化学動力学の研究について思索し，反応中の濃度変化，反応速度の温度変化，化学平衡，化学親和力などを記述したのは 1884 年である．また，S. Arrhenius が反応速度の温度変化を頻度因子，活性化エネルギーを定数とし，指数関数を用いて記述したのは 1889 年である．さらに，L. Michaelis と M. L. Menten が酵素反応速度式を提示し，触媒反応速度論の起点を与えたのは 1913 年であった．こうした経緯を辿ると，反応工学の研究対象の中でも均一反応，単一反応にかかわる部分は，この時期までには確立し，反応工学に関する"ものの考え方"の基礎は整っていたと思われる．当時，化学の研究者が，どのような反応が起きるのかという点に関心を寄せていたのに対し，反応をいかに起こすかという点に関心を寄せる工学の研究者が活躍し始めている．20 世紀中頃に向う段階では，複合反応，不均一反応，非理想流れなどを視野に入れた反応器設計に力点をおいた反応工学が体系化され，プロセス工学の牽引役を務めている．反応器を反応場とする限り，この時点で反応工学はかなり高度に組み上げられている．反応工学を組み上げる素養の一つは，反応の場で生起する現象に対する数式モデリングの力量にあるように見受けられる．

　20 世紀後半，産業技術の急速な進展と相まって，化学工学専門家には時代を推進する新たな力量が期待されるようになった．1988 年，化学工学研究への社会的関心，社会貢献の機会を網羅したアメリカ合衆国の委員会報告書"Frontiers in Chemical Engineering"が出版され，化学工学の基礎知識の応用が方向づけられた．その後，四半世紀の経過の中で，従来の反応工学を各分野に応用するために，新たな基礎を取り込んだ体系化が必要であると認識されるようになった．

　21 世紀は生命の世紀と呼ばれている．これを例に考えてみたい．世紀の出発点におい

ては，上記体系の専門家と生命科学の専門家とが協働し，成果を生み出してきた．生命体の最小単位である細胞は，周囲環境から原料成分を獲得し，反応器列を想像させるような複数の複合反応ネットワークにそって物質変換し，エネルギー，生成物成分を生成すると同時に，細胞自身を自触媒反応によって，再生産，生長している．細胞は自身が反応器であるかのように機能している．細胞を導入した生物反応器は，装置としての反応器の中に細胞という反応器があるような，階層的に高度に組織化された複雑システムである．複合反応ネットワークは自律制御されている．反応器を創るメタ反応器にかかわる工学を組み上げる必要がある．生命体が例示する新しい化学工学領域の課題に取り組むためには，反応工学の体系には，今一歩，新たな成長が求められているように思われる．

　これらの点を考慮し，本書の筆をとるに際し，以下の点に留意した．
1. 大学の初等教育を終えた学生を大きく成長させることを念頭におく．
2. 反応工学基礎，触媒反応工学，生物反応工学を三大柱とし，反応工学の専門家が未踏領域に踏み込む際の"基礎固め"への手助けができるように心がける．
3. 知識の系譜が特定の専門領域で閉じたものではなく，限りなくオープンなものになるよう意識する．

　反応工学の基礎は，第1〜4, 7章で取り上げた．とくに，第2章では温度変化に対する反応器の安定性という問題を取り上げ，構造安定性と動的安定性の相違点を明確化した．定常状態モデルの係数値を変化させたときに辿りつく parametric sensitivity の問題と，定常状態に外乱が加わったときの変動の収束，発散の問題は別物であることを指摘している．

　本書の執筆はシリーズ〈新しい化学工学〉を牽引している小川浩平教授（現，東京工業大学名誉教授）からの呼びかけを頂戴したことによる．1999年に化学工学会では，同教授を主査とする"安心をもたらす物質ライフシステム"研究会という組織が発足し，本巻編集者も研究に加えていただいた．現在，安心ということばは社会で広く認知されているが，当時は工学の中で安全は語れたが，安心を課題とする研究はきわめてまれな存在であった．第2章の記述によって，当該研究会の活動に対して一つの回答を出したいと考える．触媒反応工学は第5章，生物反応工学は第6章で取り上げた．本書を通じ，記号は一本化し，読者は任意の章から読み始めることができるように配慮した．

　本書は，東京工業大学，神戸大学，新潟工科大学の各大学院，学部で提供している反応工学関連の講義内容を基礎としてまとめたものである．反応工学の入門者に基礎を伝え，新領域の反応工学の専門家には新しい基礎が伝わるように配慮した．

　本書の刊行に際し，朝倉書店編集部には，企画段階から終始支えていただき，膨大な作業を進めていただいた．ここに深謝の意を表す．

2012年10月

第2巻編集者　太田口　和　久

目　次

1. 反応過程とモデリング

1.1　化学反応の平衡論 …………………………… 1
1.2　反応の進行度，無次元濃度 ………………… 4
1.3　反応速度論 …………………………………… 5
　1.3.1　反応速度 ………………………………… 5
　1.3.2　反応速度定数，反応の次数 …………… 6
　1.3.3　反応速度定数の温度依存性 …………… 6
　1.3.4　可逆反応と不可逆反応 ………………… 7
　1.3.5　触媒反応 ………………………………… 7
1.4　化学反応，反応器，反応操作の分類 …… 11
　1.4.1　単一反応と複合反応 ………………… 11
　1.4.2　均一系反応と不均一系反応 ………… 11
　1.4.3　反応器と反応操作 …………………… 11
1.5　回分反応器と数式モデル ………………… 12
　1.5.1　回分単一反応の濃度変化 …………… 12
　　a．基礎式 ………………………………… 12
　　b．等温操作 ……………………………… 13
　　c．断熱操作 ……………………………… 14
　　d．開放系操作 …………………………… 15
　1.5.2　回分複合反応の濃度変化 …………… 16
　（1）並行反応 ………………………………… 16
　　a．基礎式 ………………………………… 16
　　b．等温操作 ……………………………… 16
　　c．断熱操作 ……………………………… 16
　　d．開放系操作 …………………………… 17
　（2）逐次反応 ………………………………… 17
　　a．基礎式 ………………………………… 17
　　b．等温操作 ……………………………… 18
　　c．断熱操作 ……………………………… 18
　　d．開放系操作 …………………………… 18
1.6　流通系反応器と数式モデル ……………… 20
　1.6.1　収支式 ………………………………… 20
　1.6.2　完全混合流れ反応器 ………………… 21
　1.6.3　押出し流れ反応器 …………………… 22

2. 反応過程の安定性

2.1　動的反応プロセスの状態空間解析 ……… 26
2.2　動的反応プロセスの安定性 ……………… 27
2.3　カタストロフィーと構造安定性 ………… 30

3. 気液反応

3.1　気液反応と反応吸収 ……………………… 33
　3.1.1　瞬間反応 ……………………………… 33
　3.1.2　遅い反応 ……………………………… 34
　3.1.3　中庸な速度の反応 …………………… 35
　3.1.4　不可逆2次の非瞬間反応 …………… 36
3.2　気液接触反応器の選定 …………………… 36
3.3　気泡塔，エアリフト反応器の設計 ……… 37

4. 固気反応，固液反応

4.1　固気反応，固液反応とは ………………… 40

4.2 考慮すべき動力学的プロセスおよび物性値 ……………………………………………… 40
4.3 流体-固体反応のモデルと解析方法 ……… 41
4.4 律速段階の見分け方 …………………… 43

5. 触媒反応工学

5.1 不均一系触媒反応 ……………………… 45
5.2 不均一系触媒反応の速度論 …………… 45
　5.2.1 吸着平衡 …………………………… 45
　　a. Langmuir 型の吸着等温式 ……… 45
　　b. 1分子-1吸着サイト間での化学吸着（会合吸着）……………………… 47
　　c. 1分子-2吸着サイト間での化学吸着（吸着分子が解離して吸着する（解離吸着））……………………………… 47
　　d. 吸着サイト数および吸着平衡定数 … 47
　　e. 化学吸着における留意点 ………… 48
　5.2.2 不均一系触媒反応における速度式 … 48
　　a. Langmuir-Hinshelwood 機構 ……… 48
　　b. Eley-Redial 機構 ………………… 49
5.3 非等温系の取り扱い …………………… 50
　5.3.1 回分式触媒反応器 ………………… 51
　5.3.2 押出し流れ式触媒反応器 ………… 52
　5.3.3 完全混合流れ式触媒反応器 ……… 52
　5.3.4 触媒反応器の安定操作点 ………… 53
　5.3.5 押出し流れ反応器内の温度分布 … 54
5.4 不均一系触媒反応における拡散の影響 … 54
　5.4.1 外部境膜拡散 ……………………… 55
　5.4.2 細孔内拡散 ………………………… 56
　　a. 毛細管内での拡散 ………………… 56
　　b. 2元細孔構造を有する多孔質固体粒子中の物質移動と拡散係数 ………… 57
　　c. 多孔質触媒内での物質移動と表面反応 ……………………………………… 57
　　d. 触媒有効係数 ……………………… 58
　　e. 触媒有効係数の推定法 …………… 59
5.5 気液固接触反応 ………………………… 60
5.6 製造プロセス：不均一触媒反応系の設計例 ……………………………………………… 62
　5.6.1 固気接触反応，設計に重要な目的変数：反応率・選択率の選定 ……… 62
　5.6.2 固液反応：劣化の比較的早い触媒系での触媒再生を含むプロセスの構築 … 64
《参考》不均一系触媒反応と反応器設計
　　—CO 変性反応を例にあげて— ……… 65

6. 生物反応工学

6.1 細胞増殖，遺伝子の複製，転写，翻訳と発現 ……………………………………… 69
　6.1.1 細胞増殖 …………………………… 69
　6.1.2 遺伝子の複製，転写，翻訳と発現 … 71
6.2 細胞周期現象と反応特性 ……………… 74
6.3 医化学分析 ……………………………… 77
　6.3.1 バイオセンサー …………………… 77
　6.3.2 抗原抗体反応，免疫測定法（イムノアッセイ）…………………………… 78
　6.3.3 遺伝子検査 ………………………… 80
6.4 生物反応器の設計 ……………………… 81
　6.4.1 生物反応器，生物反応操作の分類 … 81
　6.4.2 回分培養器と数式モデル ………… 82
　6.4.3 連続培養器と数式モデル ………… 83
　6.4.4 流加培養器と数式モデル ………… 84
6.5 代謝反応の生物反応操作 ……………… 85
6.6 発酵食品製造技術と生物反応操作 …… 85
6.7 環境生物修復技術と生物反応操作 …… 89
　6.7.1 バイオレメディエーション ……… 89
　6.7.2 微生物による汚染物質の分解機構 … 89
　6.7.3 バイオレメディエーションの分類 … 90
　6.7.4 バイオオーグメンテーションの問題点 ……………………………………… 91
　6.7.5 高効率化に向けた微生物利用 …… 92
　6.7.6 まとめ ……………………………… 93
6.8 医薬品製造技術と生物反応操作 ……… 93
　6.8.1 抗生物質 …………………………… 93

6.8.2 抗体医薬 …………………………… 94
6.9 生体内医薬品利用技術と生物反応操作 … 96
　6.9.1 薬物送達システム ………………… 96
　6.9.2 薬物治療モニタリング …………… 98

7. 非理想流れ反応器

7.1 非理想流れ反応器とは ……………… 103
7.2 反応器内における流体の滞留時間分布 · 103
　7.2.1 滞留時間分布関数 ………………… 103
　7.2.2 滞留時間分布関数の決定法 ……… 104
　　a. ステップ応答法 …………………… 104
　　b. インパルス応答法 ………………… 105
　　c. 滞留時間の平均値と分散 ………… 105
　　d. 無次元化した時間を用いた滞留時間
　　　 分布関数 …………………………… 105
　　e. 理想流れ反応器における滞留時間分布
　　　 関数 ………………………………… 105
7.3 混合拡散モデル ………………………… 106
　7.3.1 混合拡散係数の決定法 …………… 106
　7.3.2 混合拡散モデルによる反応器の設計
　　　　 ……………………………………… 106
7.4 槽列モデル ……………………………… 107
　7.4.1 槽列モデルによる反応器の解析 … 107
　7.4.2 槽列モデルによる反応器の設計 … 108
7.5 マクロ流体の反応器設計 ……………… 109
　　a. 回分反応器 ………………………… 109
　　b. 流通反応器 ………………………… 109

章末問題の略解 ……………………………… 111

索　引 ………………………………………… 113

記　号　表

記号	単位	説　明	章
A	[m^2]	面積	1, 7 章
A	[−]	ペプチド鎖合成が終了した時点でのアミノ酸数	6 章
a, a_{ij}, b, r	[−]	量論係数	1, 4, 6 章
a	[h]	寿命（1章），年齢（6章）	1, 6 章
a	[−]	状態方程式の係数	2 章
a	[m^2·m^{-3}]	気液界面積	3 章
a	[−]	アミノ基数	6 章
a_i	[−]	活量	1 章
a_{ij}	[−]	システム係数	2 章
a_m	[m^2·g^{-1}]	気固界面積	5 章
a_m	[m^2·kg^{-1}]	固体触媒粒子単位質量当たりの外表面積	5 章
a_P	[m^2·m^{-3}]	触媒充填層単位容積当たりの触媒表面積	5 章
$a(z, t)$	[−]	活性係数	5 章
B	[−]	複製終了時塩基数	6 章
B_1	[−]	複製開始時塩基数	6 章
b	[−]	塩基数	6 章
b_1	[mmol·g^{-1}·h^{-1}]	モデル定数	6 章
b_2	[mmol·g^{-1}]	モデル定数	6 章
C	[(mol·m^{-3})^n]	濃度の関数	1, 5 章
C_P	[J·mol^{-1}·K^{-1}]	定圧モル熱容量	1, 5 章
C_V	[J·mol^{-1}·K^{-1}]	定容モル熱容量	1, 5 章
c	[mol·m^{-3}]	全化学種濃度	1 章
c	[−]	細胞1個当たりのプラスミドコピー数	6 章
c_A, c_{CO}, c_i, c_R	[mol·m^{-3}], [mmol·dm^{-3}]	流体の成分 A, CO, i, R の濃度	1, 5, 6 章
$c_A{}^*$	[mol·m^{-3}]	気相分圧 p_A と平衡な成分 A の液相飽和濃度	5 章
$c_{A0}, c_{CO,0}, c_{R0}$	[mol·m^{-3}]	成分 A, CO, R の初期濃度，反応器入口濃度	1, 5 章
c_{Ab}	[mol·m^{-3}]	流体本体中の成分 A の濃度	4, 5 章
c_{Ac}	[mol·m^{-3}]	固体中の反応界面での A の濃度	4 章
c_{Ai}	[mol·m^{-3}]	気液界面における成分 A の濃度	3 章

記号表

c_{AS}	[mol·m^{-3}]	粒子外表面での A の濃度	4, 5 章
Crk^2/σ	[−]	気泡合一にかかわる Marrucci のパラメータ	3 章
D	[h^{-1}]	希釈率	6 章
D_A, D_B, D_L	[m^2·s^{-1}]	流体中の A, B の拡散係数，液中の溶存気相成分の拡散係数	3 章
D_{AB}	[m^2·s^{-1}]	A, B の 2 成分系の分子拡散係数	5 章
D_{eA}	[m^2·s^{-1}]	多孔質細孔内での A の有効拡散係数	4, 5 章
D_i	[m]	内塔径	3 章
D_{KA}	[m^2·s^{-1}]	Knudsen 拡散係数	5 章
D_{mA}	[m^2·s^{-1}]	気相多成分系での反応原料分子 A の有効分子拡散係数	5 章
D_N	[m^2·s^{-1}]	中間領域の拡散係数	5 章
D_T	[m^2·s^{-1}]	混合拡散係数	7 章
d_B	[m]	気泡径	3, 5 章
d_i	[m]	内塔径	3 章
d_P	[m]	固体粒子の代表径	5 章
d_T	[m]	塔径	3 章
E	[J·mol^{-1}]	活性化エネルギー	1, 5 章
E_{app}	[J·mol^{-1}]	見かけの活性化エネルギー	5 章
Ei	[−]	指数積分関数	7 章
f_i	[Pa]	フガシティー	1 章
f_i^0	[Pa]	フガシティーの基準値	1 章
G	[J]	Gibbs 自由エネルギー	1 章
G	[−]	伝達関数	7 章
ΔG_f^0	[J·mol^{-1}]	標準生成自由エネルギー	1 章
g	[m·s^{-2}]	重力加速度	3 章
$g(t)$	[h^{-1}]	滞留時間分布（RTD）関数	7 章
$g(t, b)$	[−]	単位菌体質量中の塩基数 b の DNA 分子数	6 章
$g^*(t^*)$	[−]	無次元滞留時間分布（RTD）関数	7 章
H	[J]	エンタルピー	1 章
H_A	[Pa·m^3·mol^{-1}]	気体 A の Henry 定数	3, 5 章
ΔH_{ad}	[J·mol^{-1}]	吸着熱	5 章
ΔH_f^0	[J·mol^{-1}]	標準エンタルピー	1 章
(ΔH_r)	[J·mol^{-1}]	反応熱	1, 5 章
J_A	[mol·m^{-2}·s^{-1}]	A の拡散流束	3 章
J_A, J_B	[mol·m^{-2}·s^{-1}]	拡散流束	3, 5 章
J_{AS}	[mol·m^{-2}·s^{-1}]	細孔内拡散流束	5 章

記 号 表

記号	単位	意味	章
K	$[-]$	化学平衡定数	1章
K_a	$[\mathrm{mol^{-1} \cdot dm^3}]$	結合定数	6章
K_{ad}	$[\mathrm{Pa^{-1}}]$	吸着反応の平衡定数	5章
K_C	$[\mathrm{(mol \cdot m^{-3})}^{\varDelta n}]$	濃度基準平衡定数	1章
K_d	$[\mathrm{mol \cdot dm^{-3}}]$	解離定数	6章
K_m	$[\mathrm{mol \cdot m^{-3}}]$	Michaelis 定数	1章
K_P	$[\mathrm{Pa}^{\varDelta n}]$	分圧基準平衡定数	1章
K_S	$[\mathrm{mol \cdot m^{-3}}]$	飽和定数	6章
K_y	$[-]$	モル分率基準平衡定数	1章
k	$[\mathrm{h^{-1} \cdot (mol \cdot m^{-3})^{1-n}}]$	反応速度定数	1, 5章
k_0	$[\mathrm{h^{-1} \cdot (mol \cdot m^{-3})^{1-n}}]$	頻度因子	1, 5章
k_{ad}	$[\mathrm{mol \cdot m^{-2} \cdot Pa^{-1} \cdot s^{-1}}]$	吸着速度定数	5章
k_c	$[\mathrm{m \cdot s^{-1}}]$	流体-固体界面の境膜中での物質移動係数	4, 5章
k_D	$[\mathrm{s^{-1}}]$	DNA鎖伸張速度	6章
k_G	$[\mathrm{mol \cdot Pa^{-1} \cdot m^{-2} \cdot s^{-1}}]$	ガス境膜での物質移動係数	3章
k_L	$[\mathrm{m \cdot s^{-1}}]$	液相物質移動係数	3章
k_{m1}	$[\mathrm{m^3 \cdot kg^{-1} \cdot s^{-1}}]$	触媒単位質量当たりの1次反応速度定数	5章
k_P	$[\mathrm{s^{-1}}]$	リボソーム単位量当たりのペプチド鎖の延長速度	6章
k_p	$[\mathrm{m \cdot s^{-1}}]$	固液境膜物質移動係数	5章
k_S	$[\mathrm{mol \cdot m^{-2} \cdot s^{-1}}]$	表面反応の速度定数	5章
k_s	$[\mathrm{m \cdot s^{-1}}]$	固体中の反応界面での単位面積当たりの反応速度定数	4章
k_S'	$[\mathrm{mol \cdot m^{-2} \cdot s^{-1}}]$	表面反応の速度定数	5章
$k_L a$	$[\mathrm{h^{-1}}]$	物質移動容量係数	3, 6章
$k_{S,ER}$	$[\mathrm{mol \cdot Pa^{-1} \cdot m^{-2} \cdot s^{-1}}]$	Eley-Redial 機構を前提とした表面反応の速度定数	5章
$k_{S,LH}$	$[\mathrm{mol \cdot Pa^{-1} \cdot m^{-2} \cdot s^{-1}}]$	Langmuir-Hinshelwood 機構を前提とした表面反応の速度定数	5章
L	$[\mathrm{m}]$	円筒粒子長さ(5章),反応管の長さ(7章)	5, 7章
L_e	$[\mathrm{m}]$	細孔の長さ	5章
l	$[\mathrm{m}]$	気液界面から反応面までの距離	3章
M_A, M_E, M_i	$[\mathrm{kg \cdot mol^{-1}}]$	分子A,酵素,分子iの分子量	5, 6章
m	$[\mathrm{kg}]$	細胞1個の質量	6章
m_D, m_E, m_i	$[\mathrm{mmol \cdot g^{-1}}]$	細胞単位質量当たりのDNA,酵素,分子iのモル数	6章
N	$[-]$	槽数	7章
N	$[\mathrm{dm^{-3}}]$	個体密度	6章
N_A	$[\mathrm{mol}]$	原料成分のモル数	1章

記 号 表

N_R	[mol]	生成物成分のモル数	1章
n	[—]	反応の次数	1章
Δn	[—]	反応式の右辺量論係数の総和と左辺量論係数の総和との差	1章
$n_a(t, a)$	[dm^{-3}·h^{-1}]	個体密度の年齢に対する分布関数	6章
$n(t, v)$	[dm^{-6}]	個体密度の細胞容積に対する分布関数	6章
Pe	[—]	混合のPecret数	7章
$p(t, a)$	[—]	単位菌体質量中のアミノ基数 a のペプチド分子数	6章
$p(v, v')$	[—]	容積 v' で分裂した細胞の中で容積 v の細胞となるものの割合	6章
p_{Ai}	[Pa]	気液界面における成分Aの分圧	3章
$p_i, p_A, p_B, p_R, p_{H_2}$	[Pa]	成分 i, A, B, R, H$_2$ の分圧	1, 3, 4, 5章
q	[m^3·h^{-1}]	原料成分供給流量	1, 5, 6, 7章
q_P	[mmol·g^{-1}·h^{-1}]	生成物成分の比生成速度	6章
R	[J·mol^{-1}·K^{-1}]	気体定数	1, 5章
R	[m]	固体粒子半径	4, 5章
r	[m]	半径	4章
r	[m]	気泡半径	3章
r_A	[mmol·dm^{-3}·h^{-1}]	原料成分の消費速度	6章
r_A, r_R	[mol·m^{-3}·h^{-1}]	反応速度	1, 5, 6章
r_C	[m]	未反応核の半径	3章
r_e	[m]	細孔の半径	5章
r_{mA}	[mol·kg^{-1}·s^{-1}]	粒子単位質量当たりの反応速度，分子Aが固体触媒粒子表面に到達する物質移動速度	5章
$r_{mA,app}$	[mol·kg^{-1}·s^{-1}]	粒子質量基準の見かけの反応速度	5章
r_{mj}	[mmol·g^{-1}·h^{-1}]	単位乾燥細胞質量当たりの j 番反応の反応速度	6章
r_P	[mmol·dm^{-3}·h^{-1}]	生成物成分の生成速度	6章
r_{pA}, r_{pB}	[mol·m^{-2}·s^{-1}]	単位表面積当たりの分子A, Bの反応速度	4, 5章
$r_{R,max}$	[mol·m^{-3}·h^{-1}]	成分R生成反応速度の最大値	1章
r_X	[g·dm^{-3}·h^{-1}]	細胞の増殖速度	6章
$(-r_{pA})_{ER}$	[mol·m^{-2}·s^{-1}]	Eley-Redial機構を前提とした触媒単位表面積当たりの分子Aの消費にかかわる反応速度	5章
$(-r_{pA})_{LH}$	[mol·m^{-2}·s^{-1}]	Langmuir-Hinshelwood機構を前提とした触媒単位表面積当たりの分子Aの消費にかかわる反応速度	5章
Re	[—]	Reynolds数 ($du\rho/\mu$)	4, 5章

S	[J·K^{-1}]		エントロピー	1 章
S_g	[m^2·kg^{-1}]		比表面積	5 章
S^0	[J·mol^{-1}·K^{-1}]		標準エントロピー	1 章
Sc	[−]	Schmidt 数 ($\mu/\rho D_A$)		4, 5 章
Sh	[−]	Sherwood 数 (kd/D_A)		4, 5 章
SV	[h^{-1}]		空間速度	5 章
s	[−]		固有値	2 章
s	[−]		選択率	5 章
T	[K]		温度	1, 5 章
T_E	[K]		周囲流体温度	1, 5 章
t	[h]		時間	1, 5, 6, 7 章
t_2	[h]		世代時間,倍化時間	6 章
t_f	[h]		反応終了時間	4 章
$t_{1/2}$	[h]		半減期	1 章
$\bar{t}$	[s]		平均滞留時間	7 章
t^*	[−]		無次元時間 ($=t/\bar{t}$)	7 章
U	[J·m^{-2}·K^{-1}·h^{-1}]		総括熱伝達係数	1, 5 章
U_G	[m·s^{-1}]		ガス空塔速度	3 章
u	[−]		無次元原料成分濃度,未反応率 ($=c_A/c_{A_0}$)	1, 6, 7 章
u	[m·s^{-1}]		流体の線速度	4, 5 章
$u_0(t)$	[−]		単位ステップ関数	7 章
u_C	[−]		制御変数	2 章
V	[m^3]		容積	1, 6, 7 章
V_g	[m^3]		細孔容積	5 章
v	[−]		無次元温度 ($=T/T_0$)	1 章
v	[STP-cm^3·g-cat^{-1}]		単位触媒質量当たりの分子の吸着量	5 章
v	[dm^{-3}]		細胞容積	6 章
v	[m·s^{-1}]		流体の線速度	7 章
$\bar{v}$	[dm^{-3}]		細胞の平均容積	6 章
v_m	[STP-cm^3·g-cat^{-1}]		飽和吸着量	5 章
v_0	[dm^{-3}]		細胞分裂直後の細胞容積	6 章
w	[−]		無次元生成物成分濃度 ($=c_R/c_{A_0}$)	1, 6 章
w	[m^3·h^{-1}]		単一細胞の容積成長速度	6 章
X	[kg·m^{-3}], [g·dm^{-3}]		触媒濃度(5 章),細胞濃度(6 章)	5, 6 章
X_C	[g·dm^{-3}]		対数増殖期から対数増殖後期への移行時の細胞濃度	6 章
x	[−]		状態変数	2 章
x_A, x_{CO}	[−]		反応率	1, 5, 7 章

x_i	[−]	成分 i の液相モル分率	1 章
x_B	[−]	固体の反応率	4 章
x_1, x_2	[−]	u, v の定常値からの偏差	2 章
$\bar{x}_A$	[−]	平均反応率	7 章
Y	[g·dmol^{-1}]	原料成分に対する細胞質量の収率	6 章
$Y_{P/X}$	[dmol·g^{-1}]	細胞質量に対する生成物成分の収率	6 章
$Y_{R/A}$	[−]	収率	1, 5 章
y	[−]	無次元生成物成分濃度 ($=X/(Yc_{A_0})$)	6 章
y_i	[−]	成分 i の気相モル分率	1 章
z	[m]	距離	5, 7 章
α	[−]	無次元時間	7 章
β	[−]	無次元反応熱 ($=c_{A_0}\Delta H_r/(cC_V T_0)$)	1 章
β	[−]	反応係数	3 章
β_i	[−]	瞬間反応の反応係数	3 章
Δ	[−]	無次元希釈率	6 章
δ	[−]	無次元総括伝熱係数 ($=c_{A_0}^{n-1}cVC_V$)	1 章
δ_L	[m]	液側境膜厚み	3 章
ε	[−]	固体の空隙率	3, 5 章
ε_G	[−]	ガスホールドアップ	3, 5 章
Φ	[−]	修正 Thiele 数	5 章
ϕ	[−]	Thiele 数	5 章
ϕ	[−]	増殖活性因子	6 章
$\phi_{R/A}$	[−]	微分収率	1 章
ϕ_S	[−]	固体粒子の体積分率	3 章
$\Gamma(a), \Gamma(v)$	[h^{-1}]	年齢 a, 容積 v の細胞の分裂速度	6 章
$\bar{\Gamma}$	[h^{-1}]	平均分裂速度	6 章
γ	[−]	無次元活性化エネルギー ($=E/(RT_0)$)	1 章
γ	[−]	八田数	3 章
γ_i	[m^3·mol^{-1}]	成分 i の活量係数	1 章
η	[−]	相対反応熱 ($=\Delta H_{r2}/\Delta H_{r1}$)	1 章
η	[−]	触媒有効係数	5 章
η	[−]	無次元細胞径	6 章
κ	[−]	相対反応速度定数 ($=k_{2,0}\exp\{-E_2/(RT_0)\}/[k_{1,0}\exp\{-E_1/(RT_0)\}]$)	1 章
κ	[−]	無次元飽和定数 ($=K_S/c_{A_0}$)	6 章
κ_1	[−]	無次元モデル定数 ($=b_1/(\mu_m Y_{P/X})$)	6 章

κ_2	[−]	無次元モデル定数 ($=b_2/Y_{P/X}$)		6 章
λ	[−]	無次元空間時間 ($=k_0 \exp\{-E/(RT_0)\}\tau$)		1 章
λ_A	[m]	平均自由行程		5 章
λ_D	[h^{-1}]	DNA の複製速度定数		6 章
λ_P	[h^{-1}]	ペプチドの合成速度定数		6 章
μ	[kg·m^{-1}·s^{-1}]	流体の粘度		4, 5 章
μ	[h^{-1}]	比増殖速度		6 章
μ_m	[h^{-1}]	比増殖速度の最大値		6 章
ν	[h]	比分裂速度		6 章
π	[Pa]	全圧		1, 5 章
θ	[−]	無次元時間 ($=k_0 \exp\{-E/(RT_0)\}c_{A_0}^{n-1}t$)（1 章）; ($=\mu_m t$)（6 章）		1, 6 章
$\theta_A, \theta_B, \theta_H$	[−]	被覆率		5 章
$\theta_{1/2}$	[−]	無次元半減期		1 章
ρ	[kg·m^{-3}]	流体の密度		4, 5 章
ρ_B	[mol·m^{-3}]	固体粒子単位容積に含まれる成分 B のモル数		4 章
ρ_D	[g·dm^{-3}]	細胞単位容積当たりの乾燥細胞質量		6 章
ρ_L	[kg·m^{-3}]	液密度		3 章
ρ_P	[kg·m^{-3}]	固体粒子の密度		4, 5 章
ρ_S	[kg·m^{-3}]	固体粒子の密度		3 章
σ	[kg·m^2·s^{-2}]	表面張力		3 章
σ	[U·kg^{-1}]	細胞単位質量当たりの酵素の活性		6 章
σ_0	[U·kg^{-1}]	酵素の比活性		6 章
σ^2	[s^2]	滞留時間分布の分散		7 章
σ^{*2}	[−]	滞留時間分布の無次元分散		7 章
σ_v	[−]	細胞径分布の変異係数		6 章
τ	[h]	空間時間 ($=V/q$)		1, 6, 7 章
τ	[−]	屈曲係数		5 章
ξ	[−]	反応の進行度		1 章
ξ	[−]	無次元距離		5, 7 章
$\dot{\xi}_{mj}$	[mol·kg^{-1}·h^{-1}]	細胞単位質量当たりの j 番目代謝反応速度		6 章
Ψ	[−]	無次元細胞径分布関数		6 章

添え字

C	冷却水	1 章
e	平衡状態	1 章
f	終了時	1, 6 章
0	初期, 入口	1, 6, 7 章

記 号 表

アンダーバー			
$\underline{}$		ベクトル	2章
$\underline{\underline{}}$		行列	2章

1 反応過程とモデリング

1.1 化学反応の平衡論

化学反応の例として,次の量論式で示される工業的アンモニア合成反応をとりあげ,専門用語をいくつか定義する.

$$\frac{1}{2}N_2 + \frac{3}{2}H_2 \longleftrightarrow NH_3 \quad (1.1)$$

理論的には反応は両方向に進みえる.正味の反応が量論式の左辺から右辺に向かう場合,左辺から右辺へ向かう反応を正反応,反対方向の反応を逆反応とよぶ.正反応の量論式左辺に現れる成分(ここではN_2, H_2)を原料成分(reactant),右辺に現れる成分(ここではNH_3)を生成物成分(product),成分N_2, H_2, NH_3の前の数字1/2, 3/2, 1を量論係数(stoichiometric coefficient)とよぶ.

反応開始後,各成分のモル濃度c_i($i = N_2$, H_2, NH_3) [mol·m^{-3}],分圧p_i[Pa],気相モル分率y_i[−]は変化し,やがて正反応と逆反応とが均衡した平衡状態に達する.

実在気体では,理想気体からのずれを示す圧力単位のフガシティー(fugacity)f_i[Pa]を問題視するが,本書では,理想気体条件が成立することを仮定する.理想気体ではフガシティーは分圧に等しくなる.全圧をπ[Pa],気体定数を$R(= 8.314$ J·mol^{-1}·K^{-1}; ideal gas law constant)とすると,関係式

$$f_i = p_i = y_i \pi = c_i RT = a_i f_i^0 \quad (1.2)$$

が成り立つ.気体成分の量を表すこれらの物理量は,式(1.2)で互いに関連付けられている.ここでa_iは活量(activity, [−])とよばれる物理量であり,フガシティーの基準値をf_i^0としたときの相対的なフガシティーの値を表している.

本書では,気相成分フガシティーの基準値f_i^0を0.101325 MPaとする.a_iが1のとき,f_i, p_iは0.101325 MPaであると考える.式(1.2)で$RT/f_i^0 = \gamma_i$とおくと,活量と濃度とが比例する関係式

$$a_i = \gamma_i c_i \quad (1.3)$$

が導かれる.変数γ_iは活量係数(activity coefficient, [m^3·mol^{-1}])とよばれる.式(1.1)は気相反応であるため,ここでは,気相成分に関する活量を議論したが,液相成分の場合,液相モル分率[−]をx_iとすると,活量は次式で近似できる.

$$a_i = x_i \quad (1.4)$$

固相成分の場合,活量は次式で表せる.

$$a_i = 1 \quad (1.5)$$

化学平衡における濃度,分圧,モル分率,活量をc_{ie}, p_{ie}, y_{ie}, a_{ie}で表し,これらの量を成分の熱力学的特性値から予測することを試みる.反応の進行を議論する際の物理量として,熱力学では,Gibbs自由エネルギーG [J] ($= H - TS$; H, エンタルピー[J]; S, エントロピー[J·K^{-1}]; T, 温度[K])に注目している.自由エネルギーの

大小関係を比較する基準点として，標準状態 0.101325 MPa を考える．この状態における元素の自由エネルギーを 0 と定義し，この基準点から計算した化合物の自由エネルギーを標準生成自由エネルギー（standard free energy of formation）$\Delta G_f^0 (= \Delta H_f^0 - T \Delta S^0)$ とよんでいる．ここで，ΔH_f^0 は標準エンタルピー（standard enthalpy of formation）であり，構成元素を基準にした化合物 1 mol の標準状態におけるエンタルピー S^0 は標準エントロピー（standard entropy）であり，標準状態におけるエントロピーを表す．添え字 f は元素からの生成を示している．

アンモニア合成反応（式（1.1））は，1/2 mol の N_2 と 3/2 mol の H_2 が反応して，1 mol の NH_3 を生成する変化を表しており，各化学種の 1 mol 当たりの標準生成自由エネルギー $\Delta G_{f,i}^0$ は i = N_2, H_2, NH_3 につき 0 J·mol^{-1}, 0 J·mol^{-1}, -16600 J·mol^{-1} である．このため，上記反応における標準自由エネルギー変化を ΔG^0 とおくと，$\Delta G^0 = (-1/2) \Delta G_{f,N_2}^0 + (-3/2) \Delta G_{f,H_2}^0 + (+1) \Delta G_{f,NH_3}^0 = (-1/2)(0) + (-3/2)(0) + (+1)(-16600) = -16600$ J·mol^{-1} である．また，各化学種の 1 mol 当たりの標準エンタルピー（$\Delta H_{f,i}^0$; i = N_2, H_2, NH_3）は 0 J·mol^{-1}, 0 J·mol^{-1}, -46150 J·mol^{-1} であるため，標準エンタルピー変化 ΔH^0 は，$\Delta H^0 = (-1/2)(0) + (-3/2)(0) + (+1)(-46150) = -46150$ J·mol^{-1} となる．

濃度や圧力が変化した場合の自由エネルギー変化を考える．濃度や圧力のずれを活量のずれで代表させ，活量 a_i のときの生成自由エネルギーを $\Delta G_{f,i}(a_i)$ で表す．$\Delta G_{f,i}(a_i)$ は次式で表せる．

$$\Delta G_{f,i}(a_i) = \Delta G_{f,i}^0 + RT \ln a_i \tag{1.6}$$

反応による自由エネルギー変化を ΔG とおくと，$\Delta G = (-1/2)(\Delta G_{f,N_2}^0 + RT \ln a_{N_2}) + (-3/2)(\Delta G_{f,H_2}^0 + RT \ln a_{H_2}) + (+1)(\Delta G_{f,NH_3}^0 + RT \ln a_{NH_3})$ であるため，次式が成り立つ．

$$\Delta G = \Delta G^0 + \ln K \tag{1.7}$$

ただし，

$$K = \frac{a_{NH_3, e}}{a_{N_2, e}^{1/2} a_{H_2, e}^{3/2}} \tag{1.8}$$

とした．化学平衡状態では，正反応と逆反応との反応速度が釣り合い，反応による自由エネルギー変化はゼロ（$\Delta G = 0$）となっており，原料成分と生成物成分の活量の比はマクロ的に変化しない．この観点から K を平衡定数とよぶ．$\Delta G = 0$ であることより，アンモニア合成反応の平衡定数（equilibrium constant of a reaction）[−] は以下となる．

$$K = \exp\left(-\frac{\Delta G^0}{RT}\right) = \exp\left(-\frac{-16600}{8.314 \times 298}\right) = 812 \tag{1.9}$$

ここで ΔG^0 が負で K が大きいことより，熱力学的に反応は起こりやすいことがわかる．分圧基準，モル分率基準，濃度基準の平衡定数を以下に定義する．

$$K_P = \frac{p_{NH_3, e}}{p_{N_2, e}^{1/2} p_{H_2, e}^{3/2}} \tag{1.10}$$

$$K_y = \frac{y_{NH_3, e}}{y_{N_2, e}^{1/2} y_{H_2, e}^{3/2}} \tag{1.11}$$

$$K_C = \frac{c_{NH_3, e}}{c_{N_2, e}^{1/2} c_{H_2, e}^{3/2}} \tag{1.12}$$

このとき，式（1.2）より次式が得られる．

$$K(0.101325 \times 10^6)^{\Delta n} = K_P = K_C (RT)^{\Delta n} = K_y (\pi)^{\Delta n} \tag{1.13}$$

Δn は，量論式中の原料成分の量論係数には負の符号，生成物成分の量論係数には正の符号を付した場合の量論係数の総和であり，式（1.1）では $\Delta n = (-1/2) + (-3/2) + (+1) = -1$ となっている．

アンモニア合成反応では，298 K で平衡定数 K は 812 であるため，K_y は $812 (\pi / 0.101325 \times 10^6)$ となる．ここに例示したように，Gibbs 自由エネルギーより反応における標準自由エネルギー変化が計算できれば，式（1.9）より標準状態における平衡定数が求まる．さらに全圧がわかれば，式（1.11），(1.13) より成分のモル分率がわかり，式

(1.2), (1.3) より濃度, 分圧を解析することができる.

式 (1.1) において標準エンタルピー変化 ΔH^0 は反応熱 (heat of reaction) ΔH_r に等しい. アンモニア合成反応では ΔH_r は -46150 J·mol^{-1} であった. 平衡定数の温度依存性は次式に従う.

$$\frac{d(\ln K)}{dT} = \frac{\Delta H_r}{RT^2} \quad (1.14)$$

これを Van't Hoff 式とよぶ. 式 (1.1) は ΔH_r が負のときは発熱反応 (exothermic reaction), 正のときは吸熱反応 (endothermic reaction) とよぶ. ΔH_r が温度によって変化しない場合には, この式を積分すると次式が得られる.

$$\ln \frac{K_T}{K} = \frac{\Delta H_r}{R}\left(\frac{1}{T} - \frac{1}{298}\right) \quad (1.15)$$

298 K の平衡定数 K から温度 T の平衡定数 K_T が算出できる. アンモニア合成反応では,

$$K_T = 812 \exp\left\{-\frac{46150}{8.314}\left(\frac{1}{T} - \frac{1}{298}\right)\right\}$$
$$= 6.60 \times 10^{-6} \exp\left(\frac{5551}{T}\right) \quad (1.16)$$

となる.

【例題 1.1】 エタノールと酢酸とを反応させて酢酸エチルを合成する液相反応
$$C_2H_5OH + CH_3COOH \longleftrightarrow CH_3COOC_2H_5 + H_2O \quad (E1.1)$$
の 298 K における平衡定数を求めよ. ただし, エタノール, 酢酸, 酢酸エチル, 水の標準生成自由エネルギー $\Delta G_{f,i}^0$ は i = C$_2$H$_5$OH, CH$_3$COOH, CH$_3$COOC$_2$H$_5$, H$_2$O につき, -174700 J·mol^{-1}, -392500 J·mol^{-1}, -318400 J·mol^{-1}, -237200 J·mol^{-1} である.

[解答] 上記反応における標準自由エネルギー変化を ΔG^0 とおくと, $\Delta G^0 = (+1)(-318400) + (+1)(-237200) + (-1)(-174700) + (-1)(-392500) = 11600$ J·mol^{-1} であることがわかる. 298 K における酢酸エチル合成反応の平衡定数は以下となる.

$$K = \frac{a_{CH_3COOC_2H_5,e} a_{H_2O,e}}{a_{C_2H_5OH,e} a_{CH_3COOH,e}} = \exp\left(-\frac{\Delta G^0}{298R}\right) = 0.00926 \quad (E1.2)$$

【例題 1.2】 エタノール, 酢酸, 酢酸エチル, 水の標準エンタルピー ΔH_f^0 は i = C$_2$H$_5$OH, CH$_3$COOH, CH$_3$COOC$_2$H$_5$, H$_2$O につき, -277600 J·mol^{-1}, -486200 J·mol^{-1}, -463300 J·mol^{-1}, -285800 J·mol^{-1} である. 例題 1.1 の反応で温度を 50 K 高くすると, 平衡定数はどうなるか.

[解答] 上記反応における標準エンタルピー変化を ΔH^0 とおくと, $\Delta H^0 = (+1)(-46300) + (+1)(-285800) + (-1)(-277600) + (-1)(-486200) = 14700$ J·mol^{-1} であることがわかる. 式 (1.10), (E1.1) より, 323 K における酢酸エチル合成反応平衡定数は以下となる.

$$K_{323} = K \exp\left\{-\frac{\Delta H^0}{R}\left(\frac{1}{T} - \frac{1}{298}\right)\right\}$$
$$= 0.00926 \exp\left\{-\frac{14700}{8.3144}\left(\frac{1}{323} - \frac{1}{298}\right)\right\}$$
$$= 0.0147 \quad (E1.3)$$

323 K でも平衡定数はきわめて小さく, 酢酸エチル合成の場合, 液相反応を単に応用する手段には限界があることがわかる.

【例題 1.3】 ATP の加水分解反応 (ATP + H$_2$O ↔ ADP + Pi) の ΔG^0, ΔH_r は, 熱力学的な標準状態 (pH = 7 ; $T = 298$ K) において, それぞれ -31000 J·mol^{-1}, -24000 J·mol^{-1} である. 人間の体温 310 K における平衡定数の値を求めよ.

[解答] 式 (1.2) より
$$K = \exp\left(-\frac{\Delta G^0}{RT}\right) = \exp\left(-\frac{-31000}{8.314 \times 298}\right)$$
$$= 2.72 \times 10^5 \quad (E1.4)$$

式 (1.15) より
$$K_{310} = K \exp\left\{-\frac{\Delta H^0}{R}\left(\frac{1}{T} - \frac{1}{298}\right)\right\}$$
$$= 2.72 \times 10^5 \exp\left\{-\frac{-24000}{8.314}\left(\frac{1}{310} - \frac{1}{298}\right)\right\}$$

$$=1.87\times10^5 \quad (E1.5)$$

【例題 1.4】 アンモニア合成反応器入口に N_2 を $1500000 \text{ mol}\cdot\text{h}^{-1}$, H_2 を $4500000 \text{ mol}\cdot\text{h}^{-1}$ で供給した．反応器の温度が 500 K のとき，反応器出口における未反応 N_2 のモル流量を $600000 \text{ mol}\cdot\text{h}^{-1}$ としたい．全圧はどのようにすべきか．

[解答] 式（1.16）より

$$K_{700}=6.60\times10^{-6}\exp\left(\frac{5551}{500}\right)=0.438$$

アンモニア合成反応で消費される N_2 は $1500000 - 600000 = 900000 \text{ mol}\cdot\text{h}^{-1}$ であるため，式（1.1）より H_2 は $3\times900000 = 2700000 \text{ mol}\cdot\text{h}^{-1}$ が消費されている．反応器出口における未反応 H_2 のモル流量は $4500000 - 2700000 = 1800000 \text{ mol}\cdot\text{h}^{-1}$ となる．NH_3 合成量は $2\times900000 = 1800000 \text{ mol}\cdot\text{h}^{-1}$ となる．出口における各成分を総合したモル流量は $600000 + 1800000 + 1800000 = 4200000 \text{ mol}\cdot\text{h}^{-1}$ となる．したがって，モル分率は $y_{N_2}=600000/4200000=0.143$, $y_{H_2}=1800000/4200000=0.4285$, $y_{NH_3}=0.4285$ と解析できる．式（1.12）より

$$\pi=\left(\frac{K_y}{K_{700}}\right)(0.101325\times10^6)$$

$$=\frac{\frac{0.4285}{0.143^{1/2}0.4285^{3/2}}}{0.438}0.101325\times10^6$$

$$=0.934\times10^6 \text{ Pa} \quad (E1.6)$$

であることがわかる．

1.2 反応の進行度，無次元濃度

単純な反応（$aA \leftrightarrow rR$）を考える．この反応に関与する化学種のモル数変化の間には，一定の関係（倍数の法則）が成り立つ．原料成分および生成物成分の初期濃度を c_{A_0}, c_{R_0} とし，外界とは物質の交換がないような一定容積 $V[\text{m}^3]$ の反応系で上記反応を進めた場合，

$$\xi=\frac{c_A-c_{A_0}}{-a}=\frac{c_R-c_{R_0}}{r} \quad (1.17)$$

は，特定の成分量によらない変数であり，単位容積当たりに生起した反応式の左辺から右辺への移行度合を表している．ξ は反応の進行度 $[\text{mol}\cdot\text{m}^{-3}]$ とよばれており，量論式一つに対して一つの反応進行度が対応する．IUPAC では，原料成分のモル数 $N_A(=c_{A_0}V)$ および初期モル数 N_{A_0} を用いて，$(N_A-N_{A_0})/(-a)$ を反応進行度と定義しているが，本書では，これを容積 V で除した量として定義する．反応の進行度を用いると，原料成分，生成物成分の濃度は次式で記述できる[1]．

$$c_A=c_{A_0}-a\xi \quad (1.18)$$
$$c_R=c_{R_0}+r\xi \quad (1.19)$$

右辺の $-a\xi$, $r\xi$ は反応によるモル濃度の減少量，増加量を表している．化学平衡を達し，成分濃度が c_{Ae}, c_{Re} となった状態での反応進行度を ξ_e で表す．

原料成分に関しては，モル濃度の減少量 $a\xi$ を初期濃度の倍数表現 $(1-u)c_{A_0}$ を用いて表記することがある．式（1.18）は以下となる．

$$c_A=c_{A_0}-a\xi=c_{A_0}-(1-u)c_{A_0}=uc_{A_0} \quad (1.20)$$

$x_A=1-u$ を反応率（conversion）$[-]$, u を未反応率とよぶ．u は成分 A の無次元濃度である．平衡状態での反応率を $1-u_e$ で表す．

【例題 1.5】 反応（$A \leftrightarrow R$）開始時における成分 A, R のモル濃度を c_{A_0}, $c_{R_0}(=0 \text{ mol}\cdot\text{L}^{-1})$, 平衡状態における成分 A, R のモル濃度を c_{Ae}, c_{Re}, 平衡定数を K とすると

$$c_{Ae}=c_{A_0}\frac{1}{1+K}, \quad c_{Re}=c_{A_0}\frac{K}{1+K} \quad (E1.7)$$

となることを示せ．

[解答] この反応では，$K=a_{Re}/a_{Ae}=c_{Re}/c_{Ae}=K_C$ である．次式が成立する．

$$K=\frac{a_{Re}}{a_{Ae}}=\frac{c_{A_0}(1-u_e)}{c_{A_0}u_{Ae}}=\frac{1-u_e}{u_e} \quad (E1.8)$$

したがって，平衡定数 K がわかれば，平衡状態における成分 A の反応率は

$$x_{Ae} = \frac{K}{1+K} \quad (E1.9)$$

より算出でき，成分 A，R のモル濃度 c_{Ae}，c_{Re} は

$$\left. \begin{array}{l} c_{Ae} = u_e c_{A_0} = c_{A_0}\left(1 - \dfrac{K}{1+K}\right) = c_{A_0}\dfrac{1}{1+K} \\ c_{Re} = c_{A_0}\dfrac{K}{1+K} \end{array} \right\} \quad (E1.10)$$

となる．

1.3 反応速度論

1.3.1 反応速度

反応による自由エネルギー変化を表す式 (1.7) に注目する．$\Delta G \neq 0$ である非平衡状態では，熱力学第2法則に従い，孤立系は熱力学的平衡状態に向かって変化する．この過程では，活量変化が観察できるため，変化速度は捉えやすい．一方，活量の変化が見られない平衡状態においては，原料成分が消費される正反応の速度は，生成物成分が消費される逆反応の速度に等しい状態で，現象の変化自体は生じている．このため，平衡状態，非平衡状態のいずれに対しても活量変化に対する見方を準備する必要がある．反応（aA↔rR）において，反応による単位容積，単位時間当たりのモル数変化を反応速度（reaction rate）$[\mathrm{mol \cdot m^{-3} \cdot h^{-1}}]$ とよび，次式で表す．

$$(-r_A) = \frac{1}{V}\left(-\frac{dN_A}{dt}\right) \quad (1.21)$$

$$r_R = \frac{1}{V}\left(\frac{dN_R}{dt}\right) \quad (1.22)$$

反応によって原料成分のモル数は減少し，生成物成分のモル数は増加するが，正の反応速度 $(-r_A)$，r_R をそれぞれ成分 A の消費速度，成分 R の生成速度とよぶ．

定容反応では，式 (1.21)，(1.22) は次のようになる．

$$(-r_A) = -\frac{dc_A}{dt} \quad (1.23)$$

$$r_R = \frac{dc_R}{dt} \quad (1.24)$$

式 (1.17) の両辺を微分すると次式を得る．

$$\frac{d\xi}{dt} = r = \frac{r_A}{-a} = \frac{r_R}{r} \quad (1.25)$$

反応速度 r_A，r_R は成分ごとのモル数変化を表す量であるが，式 (1.25) より，化学反応の量論式に対応した固有の反応速度 r があることがわかる．非平衡状態では，反応は時間の経過に伴って進行するため反応速度 r は正であるが，やがて $\Delta G = 0$ の平衡状態にいたったとき，r はゼロとなる．

気相反応の場合，式 (1.2) より，式 (1.23)，(1.24) は次のように表現できる．

$$(-r_A) = \frac{1}{RT}\left(-\frac{dp_A}{dt}\right) \quad (1.26)$$

$$r_R = \frac{1}{RT}\left(\frac{dp_R}{dt}\right) \quad (1.27)$$

分圧変化速度を全圧変化速度から予測することを考える．式 (1.1) のアンモニア合成反応を例にとる．N_2，H_2，NH_3 の反応速度を r_{N_2}，r_{H_2}，r_{NH_3} とすると，量論式固有の反応速度と各成分の反応速度との間には，次の関係があることがわかる．

$$r = \frac{r_{N_2}}{-1/2} = \frac{r_{H_2}}{-3/2} = \frac{r_{NH_3}}{1} \quad (1.28)$$

反応器内には，N_2，H_2，NH_3 および不活性成分が存在し，各分圧を p_{N_2}，p_{H_2}，p_{NH_3}，p_I とすると，全圧は $\pi = p_{N_2} + p_{H_2} + p_{NH_3} + p_I$ である．したがって，アンモニア合成速度は次式で表せる．

$$r_{NH_3} = r = \frac{d\pi/dt}{RT(-1/2 - 3/2 + 1)} = -\frac{1}{RT}\frac{d\pi}{dt} \quad (1.29)$$

量論式が与えられれば，量論式の左辺の量論係数の和と右辺の量論係数の和が一致しない反応においては，全圧の変化速度を計測することによって，成分の生成速度を知ることができる．この方法を全圧追跡法とよぶ．

1.3.2 反応速度定数，反応の次数

化学反応（aA＋bB↔rR）の反応速度は，温度の影響を受ける係数 k と，各成分濃度の影響を受ける関数 C との積として取り扱われている．

$$(-r_A) = -k \cdot C(c_A, c_B, c_R) \quad (1.30)$$

係数 k を反応速度定数（rate constant）とよぶ．

質量作用の法則（law of mass action）では化学反応は化学種間親和力により引き起こされ，当該親和力は反応に関与する分子の周囲にある化学種のモル数に比例し，巨視的には，反応速度はモル数のべき乗に比例するとして取り扱っている．

気相中においてエタンからエチレンを生成する反応（$C_2H_6 \rightarrow C_2H_4+H_2$）の速度は，原料成分エタンの分圧の1乗に比例する．気相におけるヨウ化水素の生成反応（$H_2+I_2 \rightarrow 2HI$）の反応速度は，水素分圧の1乗，ヨウ素分圧の1乗に比例するため，反応速度式はたった一つの反応式に対し，質量作用の法則を適用した内容となっている．また，液相中で酢酸エチルがケン化しエタノールを生成する反応（$CH_3COOC_2H_5+NaOH \leftrightarrow CH_3COONa+C_2H_5OH$）の速度は，2種類の原料成分濃度の積に比例する．酢酸エチルとNaOHの初期濃度が等しければ，反応速度は原料成分である酢酸エチル濃度の2乗に比例する．このような反応を素反応（elementary reaction）とよぶ．素反応において反応に関与する化学種の数を反応の分子数（molecularity）とよぶ．反応の分子数は1または2であり，時として3となる場合がある．

反応（aA＋bB→rR）に質量作用の法則を適用すると

$$(-r_A) = k c_A^a c_B^b \quad (1.31)$$

となるが，原料成分濃度の次数の総和

$$n = a + b \quad (1.32)$$

を反応の次数（order of the reaction）と定義する．式（1.31），（1.32）より反応速度定数は $h^{-1} \cdot (mol \cdot m^{-3})^{1-n}$ という単位を有し，1次反応では単位は濃度に無関係に h^{-1} となることがわかる．

一方，臭化水素の生成反応（$H_2+Br_2 \leftrightarrow 2HBr$）に関しては，反応速度式

$$r_{HBr} = \frac{k_A c_{H_2} c_{Br_2}^{1/2}}{1+k_B \dfrac{c_{HBr}}{c_{Br_2}}} \quad (1.33)$$

が成立する．たった1つの反応式に質量作用の法則を適用しただけではこの速度式は導出できず，この反応は以下の反応式の組み合わせとして説明されている．

$$\left. \begin{array}{l} Br_2 \xrightarrow{k_1} 2Br \cdot \\ 2Br \cdot \xrightarrow{k_2} Br_2 \\ Br \cdot + H_2 \xrightarrow{k_3} HBr + H \cdot \\ HBr + H \cdot \xrightarrow{k_4} Br \cdot + H_2 \\ H \cdot + Br_2 \xrightarrow{k_5} HBr + Br \cdot \end{array} \right\} \quad (1.34)$$

ここで，$Br \cdot$，$H \cdot$ はラジカル中間体である．このような反応を非素反応（nonelementary reaction）とよぶ．臭素の生成反応は式（1.34）の量論式で説明されるが，単一反応として分類される．それは，ラジカル中間体が反応器から取り出すことができないためである．イオン性物質，活性錯体，ラジカル種，遷移状態などが非素反応の反応機構に関与している．

1.3.3 反応速度定数の温度依存性

反応速度定数は温度によって大きく変化する．温度上昇は分子運動エネルギーを増加させ，反応分子間の衝突エネルギーを増大させ，反応速度を向上させる．しかし，複合反応，拡散，固体表面への吸着，触媒性質の温度依存性によって，高温領域で反応速度が低下する反応もある．単純な反応に関しては，次式で示す Arrhenius の法則が成り立つ．

$$k = k_0 \exp\left(-\frac{E}{RT}\right) \quad (1.35)$$

ここで，E を活性化エネルギー（activation energy）[$J \cdot mol^{-1}$]，k_0 を頻度因子（frequency factor）[$h^{-1} \cdot (mol \cdot m^{-3})^{1-n}$] とよぶ．

反応（aA↔rR）における正反応の速度定数を

k_1, 逆反応の速度定数をk_2とおくと

$$K_C = \frac{c_{Re}^r}{c_{Ae}^a} = \frac{k_1}{k_2} \quad (1.36)$$

であり，これを式 (1.14) に代入し，正反応，逆反応の活性化エネルギーをE_1, E_2とすると

$$\frac{d\ln k_1}{dT} - \frac{d\ln k_2}{dT} = \frac{\Delta H_r}{RT^2} = -\frac{E_1 - E_2}{RT^2} \quad (1.37)$$

を得る．左辺第1項と右辺第1項，左辺第2項と右辺第2項を等値し積分すると，式 (1.35) が得られる．反応熱は活性化エネルギーの差として，次式でも表現できることがわかる．

$$\Delta H_r = E_1 - E_2 \quad (1.38)$$

1.3.4 可逆反応と不可逆反応

化学反応 ($aA + bB \leftrightarrow rR$) の平衡定数 K_C の値がきわめて大きい場合，$k_2 \ll k_1$ であり，逆反応は見かけ上，起きていないように観察できる．このような反応を不可逆反応（irreversible reaction），k_1, k_2 の大きさに大差がなく逆反応が無視できない場合を可逆反応（reversible reaction）とよぶ．

等温等容積反応器内で不可逆 n 次反応（A→R）が生起している場合，次式が成り立つ．

$$\frac{dc_A}{dt} = -kc_A^n \quad (1.39)$$

原料成分初期濃度を c_{A_0} とし，時刻 0 から t まで積分すると次式を得る．

$$c_A = c_{A_0} e^{-kt} \qquad \text{for } n=1 \quad (1.40)$$

$$c_A = c_{A_0}\{1 + (n-1)kc_{A_0}^{n-1}t\}^{1/(1-n)} \quad \text{for } n \neq 1 \quad (1.41)$$

原料成分濃度が初期濃度の 1/2 になるまでの時間 $t_{1/2}$ [h] を半減期（half-life）とよぶ．これらの式より半減期は以下となる．

$$t_{1/2} = \ln 2 / k \qquad \text{for } n=1 \quad (1.42)$$

$$t_{1/2} = \frac{(0.5)^{1-n} - 1}{k(n-1)} c_{A_0}^{1-n} \quad \text{for } n \neq 1 \quad (1.43)$$

半減期が初期濃度の影響を受けなければ1次反応であり，受けていれば $t_{1/2}$ と c_{A_0} とを両対数方眼紙上にプロットし，相関関係を直線で近似すれば，その勾配より反応次数を決定できる．

等温等容積反応器内で可逆1次反応（A↔R）が生起している場合を考える．$c_0 = c_{A_0} + c_{R_0}$ とおくと

$$-\frac{dc_A}{dt} = \frac{dc_R}{dt} = k_1 c_A - k_2 c_R = k_1 c_A - k_2(c_0 - c_A) \quad (1.44)$$

を得る．k_1, k_2 は正反応，逆反応の速度定数である．積分すると

$$c_A = \frac{k_2 c_0}{k_1 + k_2} + \left(c_{A_0} - \frac{k_2 c_0}{k_1 + k_2}\right) \exp\{-(k_1 + k_2)t\} \quad (1.45)$$

が得られる．右辺第1項は平衡時の原料成分 A の濃度 $c_{Ae} (= k_2 c_0 / (k_1 + k_2) = c_0 / (1 + K_C))$ である．平衡時の濃度がわかれば，$\ln(c_A - c_{Ae})$ を t に対してプロットすることにより，直線の勾配より $k_1 + k_2$ の値が求まり，平衡定数の値より k_1, k_2 の値を解析しえる．

1.3.5 触媒反応

図1.1 (a) に，反応 ($aA \leftrightarrow rR$) のエネルギー準位を概念表示する．式 (1.14) において反応熱 ΔH_r を平衡定数に関連付け，その際，ΔH_r は反応において原料成分が生成物成分へと変化する際の標準エンタルピー変化 ΔH^0 に等しいと記述した．$\Delta G < 0$ であれば反応は自発的に進むはずであるが，一般的には原料成分が正反応の活性化エネルギー E_1 を獲得して高エネルギー準位 X^* となり，正反応に参加している．この場合，X^* を活性錯体とよぶ．逆反応の活性化エネルギーを E_2 とすると，E_1 と E_2 との差は反応によって生じるエネルギー変化を表しており，これが反応熱に等しい．

活性錯体 X^* を経由して反応が進むために，活性化エネルギーの大きい系では反応温度を高めて

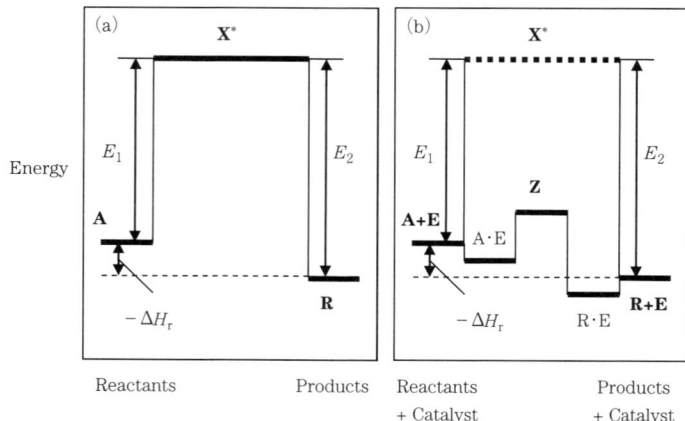

図 1.1 反応 aA→rR を進めるための活性中間体と状態推移
(a)反応一般, (b)触媒反応 (酵素反応 A+E↔Z→R+E を例に描写). E_1:正反応の活性化エネルギー,
E_2:逆反応の活性化エネルギー, X*:活性錯体, Z:酵素基質活性複合体, E:基質を結合していない酵素.

分子運動を活発化させ,分子間衝突頻度を向上させるなどの工夫が必要である.これに対し,活性化エネルギーを低減化する手法がよく利用される.

触媒 (catalyst) とは,特定の化学反応の反応速度を速める物質で,自身は反応の前後で変化しないものを指しているが,触媒は活性化エネルギーを著しく低下させる作用を有する.触媒には,固体触媒 (不均一触媒),均一触媒,酵素 (enzyme) がある.固体触媒には遷移金属触媒 (Pt, Rh, Pd など),典型金属酸化物触媒 (Al_2O_3, SiO_2, ゼオライトなど),遷移金属酸化物触媒 (V_2O_5, WO_3, Fe_2O_3-Cr_2O_3 など),金属硫化物触媒 (Ni_3S_2, Co-Ni 系硫化物) などがあり,遷移金属触媒は水素化,脱水素,水素化分解,異性化,酸化反応に用いられ,典型金属酸化物触媒は触媒担体,遷移金属酸化物触媒は酸化反応などに用いられている.均一触媒例として水素イオン H^+ があげられる.エステルの加水分解反応に多用されている.酵素とは生物が生産する触媒であり,化学的本体はタンパク質である.酵素は純化した酵素を利用するだけでなく,生物自身または高分子の担体に固定化した固定化酵素を利用する場合もある.本書ではこれらを総合して生体触媒とよぶ.

図 1.1 (b) に,酵素反応 (A+E↔Z→R+E) を例に取り,酵素が活性錯体 (Z) を形成するために活性錯体 X* 生成のための活性化エネルギーを極端に小さくし,触媒作用を担っている様子を描いた.触媒を用いた反応系では,反応を進めるに要するエネルギーの障壁が低くなるために,反応速度は向上する.H_2O_2 分解反応 (H_2O_2→H_2O+$1/2O_2$; $\Delta H_r = -95$ kJ·mol^{-1}) の活性化エネルギーは 75.2 kJ·mol^{-1},Pt コロイド触媒を用いた分解反応では 46.0 kJ·mol^{-1},酵素カタラーゼ (肝) を用いた分解反応では 20.9 kJ·mol^{-1} である.酵素で触媒された反応の速度はきわめて高く,多くの酵素は,無触媒反応と比べ反応速度を 10^8〜10^{14} 倍向上させることがわかっている.

式 (1.33) に関してすでに触れた非素反応の反応速度式を求める手段として,定常状態近似法 (steady-state approximation) が使われる.原料成分 A に対して酵素 E が作用し,生成物成分 R ができる酵素反応 (A$\xrightarrow{E}$R) を考える.原料成分 A は原料成分が結合していない状態の酵素 E と反応し,不安定な中間状態の複合体 Z を形成,複合体は可逆反応によって原料成分と酵素に戻るかたわら解離し,生成物成分と酵素を生成すると考える.

$$\left.\begin{array}{l} A+E \xrightarrow{k_1} Z \\ Z \xrightarrow{k_2} A+E \\ Z \xrightarrow{k_3} R+E \end{array}\right\} \quad (1.46)$$

複合体の濃度変化は，次式で記述できる．

$$\frac{dc_Z}{dt} = k_1 c_A c_E - (k_2+k_3)c_Z = 0 \quad (1.47)$$

酵素と原料成分とが結合した複合体は，不安定で濃度も小さく，反応期間中は濃度不変として取り扱い，変化速度をゼロとおく考え方を定常状態近似法とよぶ．酵素は原料成分から遊離した状態または結合した状態をとるが，総量は反応の経過に伴い量的に変化しない．このため次式が成り立つ．

$$c_{E_0} = c_E + c_Z \quad (1.48)$$

したがって，次式が導出できる．

$$r_R = \frac{k_3 c_{E_0} c_A}{\frac{k_2+k_3}{k_1}+c_A} = \frac{r_{R,\max} c_A}{K_m + c_A} \quad (1.49)$$

この式を Michaelis-Menten 式とよぶ．$K_m = (k_2+k_3)/k_1$ を Michaelis 定数 [mol·m^{-3}] とよび，酵素と原料成分との親和性を表している．K_m が低いとき，親和性は高く，K_m が高いとき，親和性は低い．酵素の濃度を一定としたとき，原料成分濃度を上昇させると反応速度は向上するが，やがて反応速度は最大値 $r_{R,\max} = k_3 c_{E_0}$ に漸近する．$r_{R,\max}$ は酵素の濃度に比例する．式 (1.49) で $c_A = K_m$ のときの反応速度を求めると，$r_{R,\max}/2$ であることがわかる．また原料成分濃度が低い ($c_A \ll K_m$) ときには $r_R = (r_{R,\max}/K_m)c_A$ に近似できるため，反応速度は原料成分濃度の1次に比例し，原料成分濃度が高い ($c_A \gg K_m$) ときには $r_R = r_{R,\max}$ に近似できるため，反応速度は原料成分濃度のゼロ次に比例することがわかる．

等温操作される不可逆2次反応の中で，反応生成物が自身を生成する反応の触媒作用を担う反応 (A+R→R+R) を自触媒反応 (autocatalytic reaction) とよぶ．反応速度式は

$$-\frac{dc_A}{dt} = (-r_A) = kc_A c_R = kc_A(c_0-c_A) \quad (1.50)$$

となる．ただし，$c_0(=c_{A_0}+c_{R_0})$ は反応開始時の総モル濃度を示す．積分すると次式を得る．

$$\left.\begin{array}{l} c_A = c_0 \dfrac{1}{1+(c_{R_0}/c_{A_0})\exp(kc_0 t)} \\ c_R = c_0 \dfrac{1}{1+(c_{A_0}/c_{R_0})\exp(-kc_0 t)} \end{array}\right\} \quad (1.51)$$

原料成分消費速度の最大値 $(-r_{A,\max})$ は $c_A = c_0/2$ のときに得られ，これを用いると $k = -r_{A,\max}/(c_0/2)^2$ より反応速度定数を算出できる．

【例題 1.6】 反応 ($C_6H_{12}O_6 + 6O_2 \to 6CO_2 + 6H_2O$) の成分 i (i=α-D-グルコース, O_2, CO_2, H_2O) の標準生成エンタルピー ΔH_f^0，標準生成自由エネルギー $\Delta G_{f,i}^0$ を表に示す．298 K においてこの反応の自由エネルギー変化を求め，反応が自発的に進むか否かを議論せよ．薬品棚のα-D-グルコースは自然状態では安定である．その理由を記せ．

分子名	α-D-グルコース	O_2	CO_2	H_2O
ΔH_f^0 [J·mol^{-1}]	−1274430	0.0	−393510	−285840
$\Delta G_{f,i}^0$ [J·mol^{-1}]	−910560	0.0	−394380	−237190

[解答] $\Delta G^0 = (-1)(-910560) + (-6)(0) + (+6)(-394380) + (+6)(-237190) = -2878860$ J·mol^{-1} である．自由エネルギー変化は負で絶対値は大きく，反応は自発的に反応しやすい．一方，反応熱は $\Delta H_r = (-1)(-1274430) + (-6)(0) + (+6)(-393510) + (+6)(-285840) = -2801670$ J·mol^{-1} である．式 (1.39) より，この場合は $E_2 \gg E_1$ であることがわかる．常温で反応が進行しにくいことより，正反応の活性化エネルギーが著しく高いことが推論できる．

【例題 1.7】 ブタンの気相熱分解反応 ($C_4H_{10} \to 2C_2H_4 + H_2$) を 973 K, 0.304 MPa の条件で実施したところ，全圧変化速度が 0.486 MPa·s^{-1} となった．ブタン分圧変化速度を求めよ．

[解答] この反応では次式が成り立つ．

$$\frac{d\xi}{dt} = \frac{r_{C_4H_{10}}}{-1} = \frac{r_{C_2H_4}}{2} = \frac{r_{H_2}}{1} \quad \text{(E1.11)}$$

全圧の変化速度は

$$\frac{d\pi}{dt} = RT\frac{d\xi}{dt}(-1+2+1) \quad \text{(E1.12)}$$

したがって，ブタン分圧変化速度は次式で示される．

$$\frac{dp_{C_4H_{10}}}{dt} = RTr_{C_4H_{10}} = \frac{RT}{2RT}\frac{d\pi}{dt} = 0.243 \text{ MPa·s}^{-1}$$
$$\text{(E1.13)}$$

【例題 1.8】 定常状態近似法を用いて，式 (1.33) を導出せよ．

[解答] 臭素から臭素ラジカルを生成する反応の速度定数では正反応を k_1，逆反応を k_2，臭素ラジカルと水素との反応の速度定数では正反応を k_3，逆反応を k_4，水素ラジカルと臭素との反応の速度定数では k_5 とおく．ラジカル種に対して定常状態近似法を適用すると，次式を得る．

$$2k_1 c_{Br_2} - k_3 c_{Br} c_{H_2} + k_5 c_H c_{Br_2} + k_4 c_H c_{HBr}$$
$$- 2k_2 c_{Br}^2 = 0 \quad \text{(E1.14)}$$

$$k_3 c_{Br} c_{H_2} - k_5 c_H c_{Br_2} - k_4 c_H c_{HBr} = 0 \quad \text{(E1.15)}$$

したがって

$$c_{Br} = (k_1/k_2)^{1/2} c_{Br_2}^{1/2} \quad \text{(E1.16)}$$

$$c_H = \frac{k_3 (k_1/k_2)^{1/2} c_{H_2} c_{Br_2}^{1/2}}{k_5 c_{Br_2} + k_4 c_{HBr}} \quad \text{(E1.17)}$$

$$r_{HBr} = \frac{2k_3 (k_1/k_2)^{1/2} c_{H_2} c_{Br_2}^{1/2}}{1 + \frac{k_4 c_{HBr}}{k_5 c_{Br_2}}} = \frac{k_A c_{H_2} c_{Br_2}^{1/2}}{1 + k_B \frac{c_{HBr}}{c_{Br_2}}}$$
$$\text{(E1.18)}$$

となる．

【例題 1.9】 温度が 10 K 上昇すると反応速度は 2 倍になるという経験則がある．この経験則が成立する場合の活性化エネルギーと温度との間の相関について議論せよ．

[解答] 温度を T から $T+\Delta T$ にすると活性化エネルギーは

$$k(T+\Delta T) = k(T) + (dk/dT)_{T=T}\Delta T$$
$$= k(T) + \{E/(RT)^2\}k(T)\Delta T$$
$$= k(T)[1 + \{E/(RT)^2\}\Delta T]$$

反応速度が 2 倍になるためには $\{E/(RT)^2\}\Delta T = 1$ が条件となる．したがって，上記経験則が成り立つためには $E = 0.1(RT)^2$ が条件となる．

【例題 1.10】 自触媒反応速度式（式 (1.50)）を生成物成分について書き換えると，次式を得る．

$$\frac{dc_R}{dt} = r_R = kc_A c_R = kc_R(c_0 - c_R) \quad \text{(E1.19)}$$

この式を Δt ごとに離散表示し，

$$u_i = \left(\frac{k\Delta t c_0}{1+k\Delta t c_0}\right)\frac{c_R(t_i)}{c_0}, \quad \lambda = 1+k\Delta t c_0$$
$$\text{(E1.20)}$$

とおき，次式を導け．

$$u_{i+1} = \lambda u_i (1-u_i) \quad \text{(E1.21)}$$

なお，Li, York[2)] は u が 0〜1，λ が 0〜4 の範囲でこの式の動的解析を行いカオス理論（chaos theory）を提示，λ が 3 以下ではある一定値に収束するが，λ が 3〜3.56995 では 2 値に分岐し，3.56995 以上では規則性が見られないことを論じている（図 E1.1）．

[解答] 離散化すると

$$c_R(t_{i+1}) = c_R(t_i) + kc_R(t_i)\{c_0 - c_R(t_i)\}\Delta t$$
$$= (1+k\Delta t c_0)c_R(t_i)\left\{1 - \left(\frac{k\Delta t c_0}{1+k\Delta t c_0}\right)\frac{c_R(t_i)}{c_0}\right\}$$
$$\text{(E1.22)}$$

式 (E1.20) を用いると，式 (E1.21) が得られる．式 (E1.20) より，u_i は 0〜1 であることが確認できる．

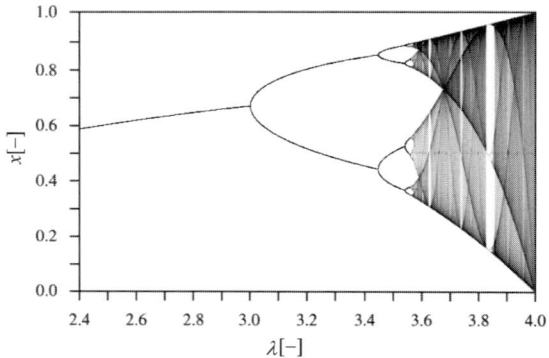

図 E1.1 2 次写像 $\lambda x(1-x)$ の解の分岐

1.4 化学反応，反応器，反応操作の分類

1.4.1 単一反応と複合反応

化学反応が，式 (1.1) に示したように単一の量論式で表せる場合，単一反応 (single reaction) とよぶ．これに対し，複数の量論式から組み立てられる場合，複合反応 (multiple reaction) とよぶ．反応の進行度は，単一反応の場合は一つであるが，複合反応の場合は量論式の数だけある．

メタンと窒素を原料とするアンモニア合成反応は，以下の三つの量論式で組み立てられる複合反応である．

$$CH_4 + H_2O \longleftrightarrow CO + 3H_2 \quad (1.52)$$
$$CO + H_2O \longleftrightarrow CO_2 + H_2 \quad (1.53)$$
$$\frac{1}{2}N_2 + \frac{3}{2}H_2 \longleftrightarrow NH_3 \quad (1.54)$$

メタン水蒸気改質，CO 酸化反応，アンモニア合成反応の進行度を ξ_1, ξ_2, ξ_3 とする．CO と H_2 の蓄積がないと考えると，$(+1)\xi_1 + (-1)\xi_2 = 0$，$(+3)\xi_1 + (+1)\xi_2 + (-3/2)\xi_3 = 0$ であるから，$\xi_1 : \xi_2 : \xi_3 = 1 : 1 : 8/3$ であることがわかる．

式 (1.52)，(1.53) において，炭素原子はメタンから CO，CO から CO_2 へと変換され，水蒸気は CO を生成する反応と CO_2 を生成する反応で消費されている．複合反応は逐次反応 (series reaction)

$$A \rightarrow R \rightarrow S \quad (1.55)$$

並行反応 (parallel reaction)

$$A \rightarrow R, \quad A \rightarrow S \quad (1.56)$$

あるいは逐次並行反応 (series-parallel reaction)

$$A + B \rightarrow R, \quad R + B \rightarrow S \quad (1.57)$$

などに分類される．式 (1.52)，(1.53) は逐次並行反応を表している．

1.4.2 均一系反応と不均一系反応

気体，液体，固体という相 (phase) に注目したとき，単一相で起こる反応を均一系反応 (homogeneous reaction)，多相で起こる反応を不均一系反応 (heterogeneous reaction) とよぶ．炭化水素の熱分解は気相反応，エステル化，ポリマー析出のない塊状重合，溶液反応は液相反応であり，これらは均一系反応である．固体触媒を用いた炭化水素の接触分解，アンモニア合成，排ガス処理，あるいは石炭燃焼，バイオマス燃焼は固気反応，塩素化，液相酸化は気液反応，イオン交換樹脂を用いた液相成分変換，固定化生体触媒を用いた液相成分変換，固体の反応抽出は固液反応であり，これらは不均一系反応である．

1.4.3 反応器と反応操作

化学反応を進める場を反応器 (reactor) とよぶ．反応器は，回分反応器 (batch reactor) および流通系反応器 (flow reactor) に分類される．

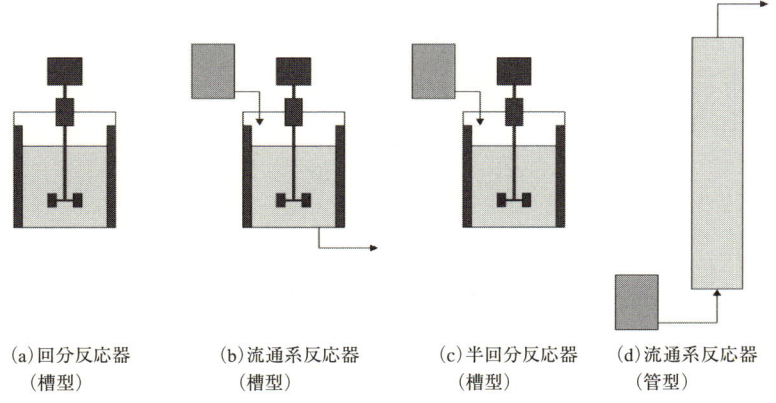

(a) 回分反応器　(b) 流通系反応器　(c) 半回分反応器　(d) 流通系反応器
　（槽型）　　　　　（槽型）　　　　　（槽型）　　　　　（管型）

図 1.2 反応器の分類

これらは，反応操作（reactor operation）に注目した分類である．

図1.2に典型的な反応器を示す．図(a)の回分反応器は，反応開始時に原料成分を仕込んだ後は反応終了まで反応器に新たな原料成分を加えたり，反応器から生成物成分および未反応原料成分を取り出さず，反応終了時にこれを行う装置である．撹拌槽を用いる場合が多い．反応では成分の濃度や分圧が時間的に変化する非平衡状態を利用する操作である．

一方，図(b)〜(d)は流通系反応器である．図(b)は撹拌槽，図(d)は管型反応器を想定している．図(c)の半回分反応器は，たとえば反応（A＋B→R）において反応開始時に原料成分Aだけを入れておき，反応開始後，原料成分Bを連続的に供給するような反応器を指している．流通系反応器(b),(d)では，反応器に供給された原料成分は反応器の操作温度，操作圧，触媒の存在によって非平衡状態となり，モル濃度，分圧が変化し始める．

原料成分の供給流量が反応速度と比べて極端に高い場合には，生成物成分および未反応原料成分は非平衡状態で反応器から流出する．一方，極端に低い場合には，平衡状態で流出する．反応器出口における成分濃度，分圧は，反応生成物が平衡状態で流出する場合には時間的に変化しない定常状態であるが，非平衡状態で流出する場合には定常状態または非定常状態である．反応器(a),(b),(d)では反応器内流体容積Vは一定であるが，反応器(c)では出口がないため変化する．原料成分供給流量を$q[\mathrm{m^3 \cdot h^{-1}}]$とすると，次の物質収支式が成り立つ．

$$\frac{dV}{dt}=q \quad (1.58)$$

1.5 回分反応器と数式モデル

1.5.1 回分単一反応の濃度変化
a. 基 礎 式

図1.3に示す定容回分反応器において単一反応が生起し，これが不可逆n次反応（aA→rR）である場合を考える．反応器内流体要素の状態は，反応時間tを属性として規定できるとする．反応器内には活性成分以外の不活性成分が十分に投入されており，全化学種濃度$c[\mathrm{mol \cdot m^{-3}}]$は一定と考える．時刻$t[\mathrm{h}]$における原料成分濃度，温度を$c_A[\mathrm{mol \cdot m^{-3}}]$，$T[\mathrm{K}]$とする．これら物理量の反応開始時の値を$c_{A0}$，$T_0$，反応終了時の値を$c_{Af}$，$T_f$とする．反応熱を$\Delta H_r[\mathrm{J \cdot mol^{-1}}]$とおく．反応器内流体の定容モル熱容量は等しく$C_V[\mathrm{J \cdot mol^{-1} \cdot K^{-1}}]$とおく．反応器周囲に外部熱交換型恒温槽を想定し，反応器周囲流体温度をT_E，反応器の総括伝熱係数を$U[\mathrm{J \cdot m^{-2} \cdot K^{-1} \cdot h^{-1}}]$とする．回分反応であるため，原料成分濃度の変化は消費反応による減少分に等しく，器内流体のエンタルピー変化は，反応器周囲流体からの伝熱量と反応の進行によってもたらせる反応熱の影響として捉えられる．式(1.35),(1.39)およびエネルギー収支より，次式を得る．

$$\frac{dc_A}{dt}=-kc_A^n=-k_0\exp\left(-\frac{E/R}{T}\right)c_A^n \quad (1.59)$$

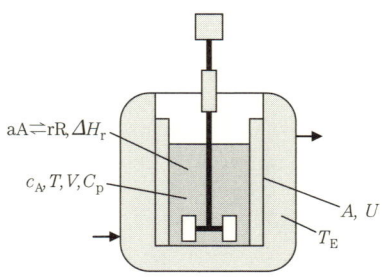

V：反応器内流体容積 $[\mathrm{m^3}]$，　A：反応器伝熱面積 $[\mathrm{m^2}]$，
c_A：原料成分濃度 $[\mathrm{mol \cdot m^{-3}}]$，　T：反応器内流体温度 $[\mathrm{K}]$，
C_V：反応器内流体比熱容量 $[\mathrm{J \cdot mol^{-1} \cdot K^{-1}}]$，
T_E：反応器周囲流体温度，　U：総括伝熱係数．

図1.3 定容回分反応器

$$cC_V\frac{dT}{dt} = -\frac{UA}{V}(T-T_E)$$
$$+ (-\varDelta H_r)\left(k_0\exp\left(-\frac{E/R}{T}\right)c_A^n\right)$$
(1.60)

以下の無次元化を試みる．
$$u = c_A/c_{A_0} \qquad (1.61)$$
$$v = T/T_0 \qquad (1.62)$$
$$\theta = k_0\exp\{-E/(RT_0)\}c_{A_0}^{n-1}t \qquad (1.63)$$

このとき，式 (1.59), (1.60) より次式を得る．
$$\frac{du}{d\theta} = -\exp\left\{-\gamma\left(\frac{1}{v}-1\right)\right\}u^n \qquad (1.64)$$
$$\frac{dv}{d\theta} = -\delta(v-v_E) - \beta\left(-\frac{du}{d\theta}\right) \qquad (1.65)$$

ただし，
$$\left.\begin{array}{l}\gamma = E/(RT_0) \\ \delta = UA/[k_0\exp\{-E/(RT_0)\}c_{A_0}^{n-1}cVC_V] \\ \beta = c_{A_0}\varDelta H_r/(cC_VT_0)\end{array}\right\}$$
(1.66)

である．γ を無次元活性化エネルギー，δ を無次元熱伝達係数，β を無次元反応熱とよぶ．回分反応開始時において無次元の原料成分濃度，温度は1である．このとき，u, v の変化速度は反応次数の影響を受けず，以下のようになることがわかる．

$$\left(\frac{du}{d\theta}\right)_{\theta=0} = -1 \qquad (1.67)$$
$$\left(\frac{dv}{d\theta}\right)_{\theta=0} = -\delta(1-v_E) - \beta \qquad (1.68)$$

温度操作に注目し，回分反応器として図1.4の3例を考える．

b．等温操作

等温操作では温度は一定 ($v=1$) であるため，無次元化した原料成分濃度の変化速度式は
$$\frac{du}{d\theta} = -u^n \qquad (1.69)$$

となる．無次元化した原料成分濃度 u は無次元活性化エネルギー γ には依存せず，
$$u = \exp(-\theta) \qquad \text{for } n=1 \quad (1.70)$$
$$u = \{1+(n-1)\theta\}^{1/(1-n)} \qquad \text{for } n\neq 1 \quad (1.71)$$

となる．この関係を図1.5に図示する．無次元半減期 $\theta_{1/2}$ は反応次数だけの関数として次式で与えられることがわかる．

$$\theta_{1/2} = \ln 2 \qquad \text{for } n=1 \quad (1.72)$$
$$\theta_{1/2} = (2^{n-1}-1)/(n-1) \qquad \text{for } n\neq 1 \quad (1.73)$$

この関係を図1.6に示す．反応次数が大きくなると，無次元半減期は大きくなる．一方，$t_{1/2}=$

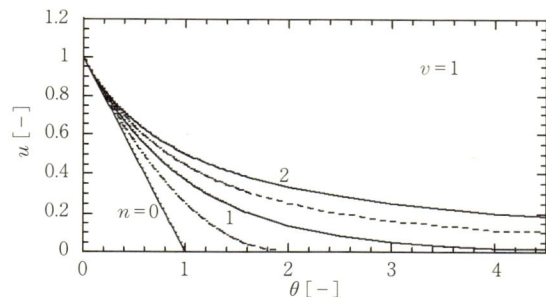

図1.5 等温操作条件 ($v=T/T_0=1$) 下における回分不可逆 n 次反応における原料成分濃度 ($u=c_A/c_{A_0}$) の経時変化 ($\theta = k_0\exp\{-E/(RT_0)\}c_{A_0}^{n-1}t$)

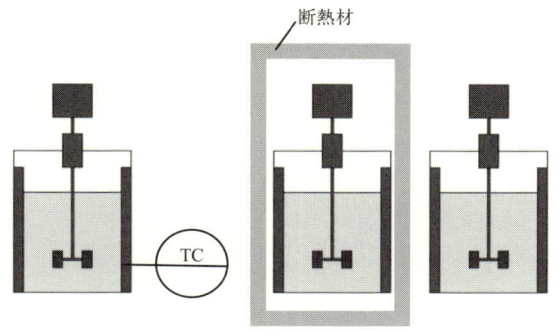

図1.4 温度操作に注目した回分反応器の分類

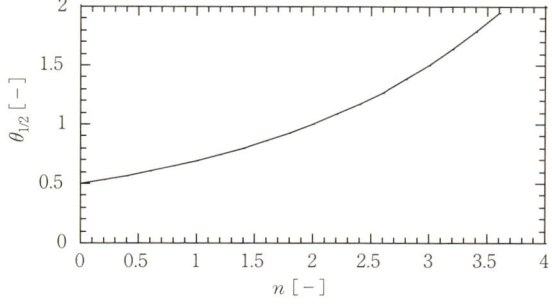

図1.6 等温操作条件 ($v=T/T_0=1$) 下における回分不可逆 n 次反応における無次元半減期と反応次数との関係

$[k_0\exp\{-E/(RT_0)\}c_{A_0}{}^{n-1}]^{-1}\theta_{1/2}$ であるため，反応次数が大きくなると，$n>1$ では c_{A_0} の上昇に伴って $t_{1/2}$ は小さくなり，$n<1$ では c_{A_0} の上昇に伴って $t_{1/2}$ は大きくなる．

c. 断熱操作

反応熱がすべて反応流体のエンタルピー変化になるような反応操作 ($\delta=0$) を断熱操作 (adiabatic operation) とよぶ．式 (1.65) より次式を得る．

$$\frac{dv}{d\theta}=-\beta\left(-\frac{du}{d\theta}\right) \quad (1.74)$$

ここで，β は無次元反応熱である．積分すれば

$$v=1-\beta(1-u) \quad (1.75)$$

を得る．回分反応では，原料成分濃度は低下するが，発熱反応では $\beta<0$ であるため，温度 v は時間経過とともに上昇する．活性化エネルギーが極端に小さい場合は温度上昇による反応速度上昇は小さいが，活性化エネルギーが大きい場合は温度上昇は高感度で反応速度上昇をもたらす．濃度の減少速度は加速化する．吸熱反応では $\beta>0$ であるため，温度低下，反応速度低下が派生する．係数 β の定義式より熱容量の大きい不活性成分を使用し，反応熱を不活性成分に移動できるのであれば，断熱操作に類した反応操作を実施できる．また，いくつかの断熱反応器を直列につなぎ，反応器と反応器との間に熱交換器を配置し多段断熱反応器を構築すれば，反応熱絶対値の大きな反応に対処しえる．濃度変化は温度変化をもたらす．回分反応終了時の無次元温度を v_f とすると，式 (1.75) より次式に従い β 値を算出できる．

$$\beta=1-v_f \quad (1.76)$$

不可逆 1 次反応では，式 (1.64), (1.75) より次式を得る．

$$\frac{du}{d\theta}=-\exp\left\{-\gamma\left(\frac{1}{v}-1\right)\right\}u$$
$$=-\exp\left\{-\gamma\left(\frac{1}{1+\beta(u-1)}-1\right)\right\}u \quad (1.77)$$

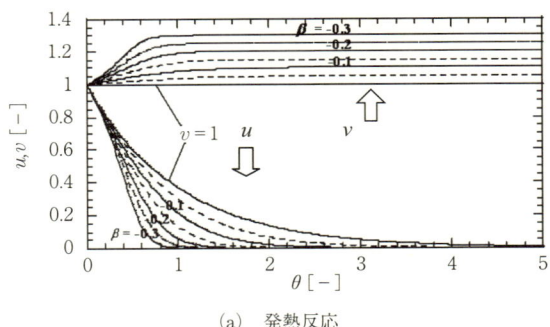

(a) 発熱反応

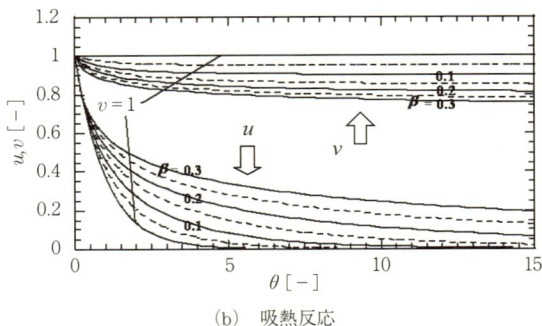

(b) 吸熱反応

図1.7 断熱操作条件 ($\delta=0$) 下における回分不可逆 1 次反応における原料成分濃度 ($u=c_A/c_{A_0}$), 温度 $v=(T/T_0)$ の経時変化
$\theta=k_0\exp\{-E/(T_0R)\}c_{A_0}^{n-1}t,\ \gamma=E/(RT_0)=10$,
$\beta=\Delta H_r/(C_PT_0)=-0.3\sim 0.3$.

無次元活性化エネルギー $\gamma=E/(RT_0)=10$ の場合の無次元時間の経過に伴う無次元濃度，無次元温度の変化 ((a) 発熱反応, (b) 吸熱反応) を，図 1.7 に示す．図中，$v=1$ で示した線は，等温操作の経時変化を示す．β 値を変化させたときの計算値をプロットした．たとえば，$\beta=-0.05$, 0.05 の破線は，上記した等温操作から 5% ずれた断熱操作の経時変化を示す．発熱反応では反応の経過に伴って反応流体の温度は上昇し，これに応じて反応速度は向上している．一方，吸熱反応では反応の経過に伴って反応流体の温度は下降し，これに応じて反応速度は低下している．

無次元反応熱 $\beta=\Delta H_r/(C_VT_0)$ を $-0.5\sim 0.2$ の範囲で変化させ，無次元活性化エネルギー $\gamma=E/(RT_0)$ を $0\sim 20$ の範囲で変化させたときの無次元半減期 $\theta_{1/2}$ を，図 1.8 に示す．$\beta=0$ の線は式 (1.74) より等温操作と同一であり，$\theta_{1/2}$ は活

1.5 回分反応器と数式モデル

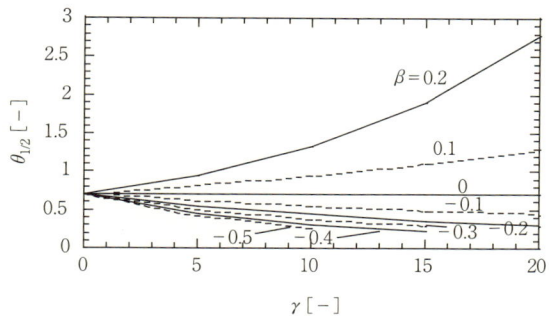

図1.8 断熱操作条件 ($\delta=0$) 下における回分不可逆1次反応における無次元半減期と無次元活性化エネルギー，無次元反応熱との関係

性化エネルギーとは無関係に $\ln 2 = 0.693$ で一定となっている．発熱反応 ($\beta < 0$) では，$\theta_{1/2}$ は活性化エネルギーの増加に伴って減少し，吸熱反応では増加している．1次反応であるため $t_{1/2}$ は原料成分初期濃度の影響は受けず，$\theta_{1/2}$ に比例した影響を受けている．

d. 開放系操作

反応器は自然状態で周囲流体と接触し，反応器壁面を介して熱交換を行っている場合を考える．不可逆1次反応の場合，式 (1.64) は以下となり，これと式 (1.65) との連立で挙動を解析しえる．

$$\frac{du}{d\theta} = -\exp\left\{-\gamma\left(\frac{1}{v}-1\right)\right\}u \quad (1.78)$$

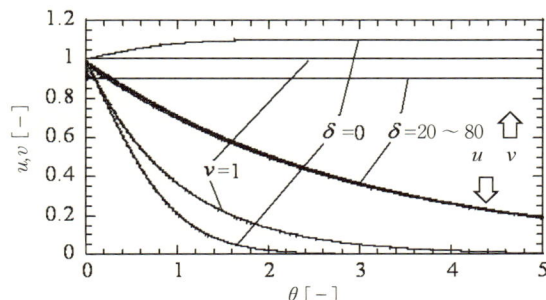

図1.9 開放系操作条件下における回分不可逆1次発熱反応における原料成分濃度 ($u=c_A/c_{A_0}$)，温度 ($v=T/T_0$) の経時変化に及ぼす無次元熱伝達係数の影響
$\theta=k_0\exp\{-E/(RT_0)\}t$, $\gamma=E/(RT_0)=10$,
$\beta=\Delta H_r/(C_VT_0)=-0.1$,
$\delta=UA/(k_0\exp\{-E/(RT_0)\}c_{A_0}VC_V)=20\sim80$, $v_E=0.9$.

反応の進行には，$\beta, \delta, \gamma, v_E$ の4係数が関与している．

無次元反応熱 $\beta=-0.1$，無次元活性化エネルギー $\gamma=10$，無次元周囲流体温度 $v_E=0.9$ とした発熱反応時の無次元時間の経過に伴う無次元濃度，無次元温度の経時変化を，図1.9に示す．無次元熱伝達係数 $\delta=UA/[k_0\exp\{-E/(RT_0)\}c_{A_0}VC_V]$ の値を変化させた．$v=1$ は等温操作，$\delta=0$ は断熱操作を示す．$\delta=20\sim80$ の条件で除熱量が発熱量を上回るため，反応器内流体温度，反応速度は低下している．

【例題 1.11】 温度 300 K に保った等温液相回分反応器で，不可逆1次反応を実施する．この反応の活性化エネルギーは 1500 J·mol^{-1} である．この条件での原料成分の濃度の半減期を $t_{1/2}$ とおく．反応の頻度因子の大きさを変えずに活性化エネルギーを半減するような液相均一系の触媒が開発されたと考える．この触媒を用い同一温度で反応を実施した場合，半減期はどうなるかを求めよ．

［解答］ 式 (1.72) より $\theta_{1/2}=\ln 2 = 0.673$ である．式 (1.63) より $\theta_{1/2}=k_0\exp\{-E/(RT_0)\}t_{1/2}$ であるため，$k_0 t_{1/2} = \theta_{1/2}\exp\{E/(RT_0)\} = 0.693\exp\{1500/(8.314\times300)\} = 1.26$ であることがわかる．触媒存在下での半減期を $(t_{1/2})_C$ とおくと，$k_0(t_{1/2})_C = \theta_{1/2}\exp\{0.5E/(RT_0)\} = 0.693\exp\{0.5\times1500/(8.314\times300)\} = 0.936$ となる．$(t_{1/2})_C = 0.936/1.26 = 0.743$ となり，半減期は 25.7% 短縮されることがわかる．

【例題 1.12】 例題 1.11 の触媒を用いない反応を考える．液相の比熱容量を 75.30 J·K^{-1}·mol^{-1} とする．断熱反応器で反応を進めたところ，反応終了時の液相温度は 320 K であった．この反応の反応熱を求めよ．

［解答］ 式 (1.76) より $\beta=\Delta H_r/(C_VT_0) = 1 - v_f = 1 - 320/300 = 0.0667$ である．反応熱は以下で算出できる．

$$\Delta H_r = 0.0667\times75.30\times300 = 1507 \text{ J·mol}^{-1}$$

1.5.2 回分複合反応の濃度変化
(1) 並行反応
a. 基礎式

反応の次数を1とした場合を考える．原料成分 A が並行反応 ($A \xrightarrow{k_1} R$；$A \xrightarrow{k_2} S$) で主生成物成分 R および副生成物成分 S に変換されているとする．反応操作の目的は，成分 R の濃度を向上させ，成分 S の濃度を低下させることとする．反応器内原料成分濃度，温度を c_A, T，各反応の活性化エネルギーを E_1, E_2，反応熱を $\Delta H_{r1}, \Delta H_{r2}$ とすると，物質収支，エネルギー収支は以下で記述できる．

$$\frac{dc_A}{dt} = -k_1 c_A - k_2 c_A$$
$$= -k_{1,0} \exp\left(-\frac{E_1/R}{T}\right) c_A$$
$$- k_{2,0} \exp\left(-\frac{E_2/R}{T}\right) c_A \quad (1.79)$$

$$\frac{dc_R}{dt} = k_1 c_A = k_{1,0} \exp\left(-\frac{E_1/R}{T}\right) c_A \quad (1.80)$$

$$\frac{dc_S}{dt} = k_2 c_A = k_{2,0} \exp\left(-\frac{E_2/R}{T}\right) c_A \quad (1.81)$$

$$cC_V \frac{dT}{dt} = -\frac{UA}{V}(T - T_E)$$
$$+ (-\Delta H_{r1})\left(k_{1,0} \exp\left(-\frac{E_1/R}{T}\right) c_A\right)$$
$$+ (-\Delta H_{r2})\left(k_{2,0} \exp\left(-\frac{E_2/R}{T}\right) c_A\right)$$
$$\quad (1.82)$$

ただし，反応器周囲流体温度を T_E，原料流体，反応器内流体の定容モル熱容量は等しく C_V，反応器内流体の容積，反応器の伝熱面積，総括伝熱係数を V, A, U とした．無次元変数を以下のように定義する．

$$u = c_A/c_{A_0}, \quad w = c_R/c_{A_0}, \quad v = T/T_0,$$
$$\theta = k_{1,0} \exp\{-E_1/(RT_0)\} t,$$
$$\gamma_1 = E_1/(RT_0), \quad \gamma_2 = E_2/(RT_0),$$
$$\delta = UA/[k_{1,0}\exp\{-E_1/(RT_0)\}cVC_V],$$
$$\beta = c_{A_0}\Delta H_{r1}/(cC_V T_0), \quad \eta = \Delta H_{r2}/\Delta H_{r1},$$
$$\kappa = [k_{2,0} \exp\{-E_2/(RT_0)\}]$$
$$/[k_{1,0} \exp\{-E_1/(RT_0)\}] \quad (1.83)$$

このとき，次式を得る．

$$\frac{du}{d\theta} = -\exp\left\{-\gamma_1\left(\frac{1}{v}-1\right)\right\} u$$
$$- \kappa \exp\left\{-\gamma_2\left(\frac{1}{v}-1\right)\right\} u \quad (1.84)$$

$$\frac{dw}{d\theta} = \exp\left\{-\gamma_1\left(\frac{1}{v}-1\right)\right\} u \quad (1.85)$$

$$\frac{dv}{d\theta} = -\delta(v - v_E) - \beta\left[\exp\left\{-\gamma_1\left(\frac{1}{v}-1\right)\right\} u\right.$$
$$\left. + \eta\kappa \exp\left\{-\gamma_2\left(\frac{1}{v}-1\right)\right\} u\right] \quad (1.86)$$

を得る．原料成分 A から生成物成分 R への微分収率 $\phi_{R/A}$ を次式で定義する．

$$\phi_{R/A} = \frac{dc_R}{-dc_A} = \frac{dw}{-du} \quad (1.87)$$

式 (1.84), (1.85) を代入すると，次式を得る．

$$\phi_{R/A} = \frac{1}{1 + \kappa \exp\left\{-(\gamma_2 - \gamma_1)\left(\frac{1}{v}-1\right)\right\}} \quad (1.88)$$

主生成物の微分収率を大きくするためには，式(1.88) の分母を小さくする必要がある．

b. 等温操作

等温操作 ($v=1$) では式 (1.84)～(1.86) は

$$\frac{du}{d\theta} = -u - \kappa u = -(1+\kappa)u \quad (1.89)$$

$$\frac{dw}{d\theta} = u \quad (1.90)$$

$$\theta = -\delta(1 - v_E) - \beta(1 + \eta\kappa)u \quad (1.91)$$

となる．等温操作では，活性化エネルギーの大小にはかかわりなく，微分収率は原料成分濃度によって記述できる．式 (1.91) は，主反応，副反応で生じた熱量変化が，反応器内外の熱交換による熱量と均衡していることを示している．式 (1.89), (1.90) を積分すると，以下となる．

$$u = \exp\{-(1+\kappa)\theta\} \quad (1.92)$$

$$w = \frac{1 - \exp\{-(1+\kappa)\theta\}}{1+\kappa} = \frac{1-u}{1+\kappa} = \phi_{R/A}(1-u) \quad (1.93)$$

c. 断熱操作

断熱操作 ($\delta = 0$) では，並行反応がともに発熱

反応 ($\beta<0$, $\eta>0$) であった場合, 式 (1.86) より, 無次元温度 v は時間経過に伴って向上する. 並列反応がともに吸熱反応 ($\beta>0$, $\eta>0$) であった場合, または, 一方が発熱反応であり, 他方が吸熱反応であった場合, v の増減方向は式 (1.86) 右辺第 2, 3 項の大きさで決まる. 式 (1.88) において無次元活性化エネルギーに関係式 $\gamma_1>\gamma_2$ が成り立つ場合, 無次元温度 v を大きくすると微分収率は向上する. 逆に $\gamma_1<\gamma_2$ が成り立つ場合, 無次元温度 v を小さくすると微分収率は向上する.

d. 開放系操作

微分収率は原料成分濃度の影響を受けない. さらに $E_1=E_2$ である場合, 微分収率は温度の影響も受けず, $\phi_{R/A}=1/\{1+(k_{2,0}/k_{1,0})\}$ となる. 微分収率と収率 (総括収率) との間には次の関係式が成り立つ.

$$Y_{R/A}=(c_R-c_{R_0})/(c_{A_0}-c_A)=\frac{\int_{c_{A_0}}^{c_A}\phi_{R/A}(-dc_A)}{c_{A_0}-c_A}$$

$$=\frac{\int_1^u \phi_{R/A}(-du)}{1-u} \quad (1.94)$$

図 1.10 は, 無次元濃度 u, 温度 v, 主生成物微分収率 $\phi_{R/A}$ の経時変化を例示する. 主反応, 副反応ともに発熱反応を仮定し, 定数は $\gamma_1=10$, $\gamma_2=20$, $\beta=-0.1$, $\eta=0.5$, $\kappa=0.1$, $\delta=40$ とした. 反応器周囲流体の温度 v_E は, 反応開始時において反応器内流体と等温 ($v_E=1$), 除熱 2 例 ($v_E=0.9, 0.8$), 加熱 2 例 ($v_E=1.1, 1.2$) を計算した. 図では断熱操作 ($\delta=0$) における挙動も破線で示した. 無次元温度 v が 1 に近いほど, 微分収率は高くなるが, 図 (a) より除熱媒体温度 v_E を 0.8 に低下させる操作は, $v_E=1$ の操作より収率向上への貢献が大きいことがわかる. 図 (b) では $v_E=0.8$ の微分収率が 1 に近いことが描かれている.

(2) 逐次反応

a. 基礎式

反応の次数を 1 とした逐次不可逆反応 ($A\xrightarrow{k_1}R\xrightarrow{k_2}S$) において, 中間生成物 R が主生成物である場合を考える. 反応器内原料成分濃度, 中間生成物濃度, 最終生成物濃度, 温度を c_A, c_R, c_S, T, 各反応の活性化エネルギーを E_1, E_2, 反応熱を $\Delta H_{r_1}, \Delta H_{r_2}$ とすると物質収支, エネルギー収支は以下で記述できる.

$$\frac{dc_A}{dt}=-k_1 c_A=-k_{1,0}\exp\left(-\frac{E_1/R}{T}\right)c_A \quad (1.95)$$

$$\frac{dc_R}{dt}=k_1 c_A-k_2 c_R$$

$$=k_{1,0}\exp\left(-\frac{E_1/R}{T}\right)c_A-k_{2,0}\exp\left(-\frac{E_2/R}{T}\right)c_R \quad (1.96)$$

$$\frac{dc_S}{dt}=k_2 c_R=k_{2,0}\exp\left(-\frac{E_2/R}{T}\right)c_R \quad (1.97)$$

$$cC_V\frac{dT}{dt}=-\frac{UA}{V}(T-T_E)$$

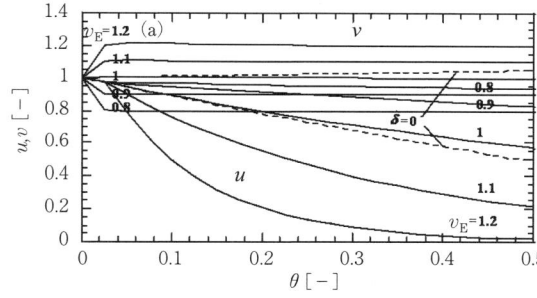
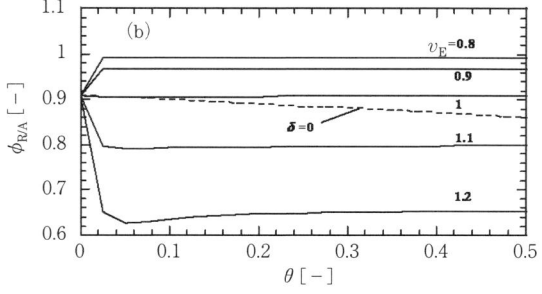

図 1.10 開放系操作条件下における回分並行不可逆 1 次発熱反応における (a) 原料成分濃度 ($u=c_A/c_{A_0}$), 温度 ($v=T/T_0$), (b) 微分収率 $\phi_{R/A}$ の経時変化に及ぼす反応器周囲流体温度 v_E の影響
$\theta=k_{1,0}\exp\{(E_1/R)/T_0\}t$, $\gamma_1=E_1/(RT_0)=10$, $\gamma_2=E_2/(RT_0)=20$, $\beta=c_{A_0}\Delta H_{r_1}/(cC_V T_0)=-0.1$, $\delta=UA/(k_{1,0}c_{A_0}VC_V)=40$, $\eta=\Delta H_{r_2}/\Delta H_{r_1}=0.5$, $\kappa=k_{2,0}/k_{1,0}=0.1$. 破線は断熱操作 ($\delta=0$).

$$+(-\Delta H_{r_1})\left(k_{1,0}\exp\left(-\frac{E_1/R}{T}\right)c_A\right)$$

$$+(-\Delta H_{r_2})\left(k_{2,0}\exp\left(-\frac{E_2/R}{T}\right)c_A\right) \quad (1.98)$$

を得る.主生成物の微分収率は,$w=c_R/c_{A_0}$ とおくと

$$\phi_{R/A}=1-\frac{k_{2,0}}{k_{1,0}}\exp\left(-\frac{E_2-E_1}{RT}\right)\left(\frac{c_R}{c_A}\right)$$

$$=1-\kappa\exp\left\{-(\gamma_2-\gamma_1)\left(\frac{1}{v}-1\right)\right\}\left(\frac{w}{u}\right) \quad (1.99)$$

となる.定数 $\gamma_1, \gamma_2, \delta, \beta, \kappa$ の定義式は式(1.83)と同一である.式(1.95),(1.96),(1.98)は無次元化すると

$$\frac{du}{d\theta}=-\exp\left\{-\gamma_1\left(\frac{1}{v}-1\right)\right\}u \quad (1.100)$$

$$\frac{dw}{d\theta}=\exp\left\{-\gamma_1\left(\frac{1}{v}-1\right)\right\}u$$

$$-\kappa\exp\left\{-\gamma_2\left(\frac{1}{v}-1\right)\right\}w \quad (1.101)$$

$$\frac{dv}{d\theta}=-\delta(v-v_E)-\beta\Big[\exp\left\{-\gamma_1\left(\frac{1}{v}-1\right)\right\}u$$

$$+\eta\kappa\exp\left\{-\gamma_2\left(\frac{1}{v}-1\right)\right\}w\Big] \quad (1.102)$$

となる.主生成物 R の微分収率を大きくするためには,式(1.99)の右辺第2項を小さくする必要がある.

b. 等温操作

等温操作 ($v=1$) では,次式を得る.

$$\frac{du}{d\theta}=-u \quad (1.103)$$

$$\frac{dw}{d\theta}=u-\kappa w \quad (1.104)$$

$$0=-\delta(v-v_E)-\beta(u+\eta\kappa w) \quad (1.105)$$

主反応の微分収率は,活性化エネルギーの大小にはかかわりなく,原料成分濃度によって $\phi_{R/A}=1-\kappa(w/u)$ と記述できる.積分すると

$$u=\exp(-\theta) \quad (1.70)$$

$$w=\frac{1}{\kappa-1}\{\exp(-\theta)-\exp(-\kappa\theta)\} \quad \text{for } \kappa\neq 1$$

$$(1.106)$$

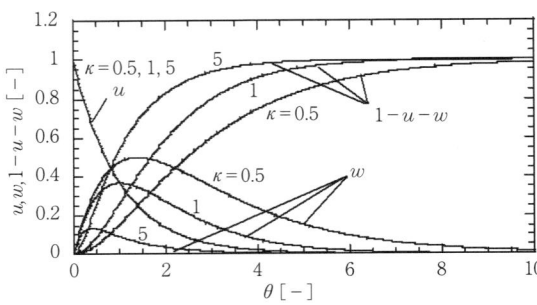

図 1.11 等温操作条件下における回分逐次不可逆1次反応における原料成分濃度($u=c_A/c_{A_0}$),主生成物濃度($w=c_R/c_{A_0}$),副生成物濃度($1-u-w=c_S/c_{A_0}$)の経時変化($\theta=k_{1,0}t$)

$$w=\theta\exp(-\theta) \quad \text{for } \kappa=1$$

$$(1.107)$$

となる.図1.11 は,無次元化した原料成分濃度 u,主生成物濃度 w,副生成物濃度 $1-u-w$ の経時変化を示す.主生成物濃度は反応開始後に増加し,最大値を取ったのち減少している.w の最大値 $w_{\max}$ および $w_{\max}$ を与える θ 値($\theta_{\max}$)は,以下のように記述できる.

$$w_{\max}=(1/\kappa)^{\kappa/(\kappa-1)}$$

$$\text{at } \theta_{\max}=\ln\kappa/(\kappa-1) \quad \text{for } \kappa\neq 1 \quad (1.108)$$

$$w_{\max}=1/e$$

$$\text{at } \theta_{\max}=1 \quad \text{for } \kappa=1 \quad (1.109)$$

c. 断熱操作

断熱操作($\delta=0$)では,原料成分が主生成物,副生成物に変換される反応がともに発熱反応($\beta<0, \eta>0$)である場合,式(1.102)より,無次元温度 v は時間経過に伴い向上する.逐次反応がともに吸熱反応($\beta>0, \eta>0$)である場合,または,一方が発熱反応であり他方が吸熱反応である場合,v の増減方向は式(1.102)右辺第2,3項の大きさで決まる.式(1.99)において無次元活性化エネルギーに関係式 $\gamma_1>\gamma_2$ が成り立つ場合,無次元温度 v を大きくすると微分収率は向上する.逆に $\gamma_1<\gamma_2$ が成り立つ場合,無次元温度 v を小さくすると微分収率は向上する.

d. 開放系操作

定数 κ は原料成分初期濃度 c_{A_0} に依存せず,微

分収率は c_{A_0} の影響を受けない．$E_1>E_2$ である場合，c_{A_0} を大きくすると微分収率は向上する．$E_1=E_2$ である場合，微分収率は温度の影響を直接には受けず，$\phi_{R/A}=1-\kappa(w/u)$ となる．$du/d\theta<0$ であるため時間の経過に伴って u は減少する．主生成物無次元濃度は反応開始時において 0 とすると，反応開始直後は式（1.102）右辺第 1 項によって向上する．反応開始直後における u の減少，w の増加はともに微分収率を低下する方向に寄与する．時間経過に伴って w が大きくなると，式（1.101）右辺第 2 項によって $dw/d\theta<0$ という状況が現れる．

図 1.12 は，無次元濃度 u, w, 温度 v, 主生成物微分収率 $\phi_{R/A}$ の経時変化を例示する．主反応，副反応ともに発熱反応を仮定し，定数は $\gamma_1=10$, $\gamma_2=20$, $\beta=-0.1$, $\eta=0.5$, $\kappa=0.1$, $\delta=40$ とした．反応器周囲流体の温度 v_E は，反応開始時において反応器内流体と等温（$v_E=1$），除熱 2 例（$v_E=0.9, 0.8$），加熱 2 例（$v_E=1.1, 1.2$）を計算した．

図では断熱操作（$\delta=0$）における挙動も破線で示した．発熱反応を想定しているが，反応器周囲流体と反応器内流体との熱交換が行われるために，周囲流体温度が低いときには，除熱量が発熱量を上回り反応器内温度は下降している．周囲流体温度が高いときには，加熱量が発熱量に加わり反応器内温度は上昇している．温度上昇は原料成分消費反応の反応速度上昇をもたらし，温度下降は反応速度下降をもたらしている．

主生成物 R の無次元濃度 w は反応器周囲流体温度 v_E の影響を強く受けている．w の最大値は，断熱操作では $\theta=1.13$ で 0.687 であるが，$v_E=1$ では $\theta=2.52$ で 0.784 と向上している．図の枠外であるが，w の最大値は，$v_E=0.9$ では $\theta=10.7$ で 0.894，$v_E=0.8$ では $\theta=58.7$ で 0.962 と大きく向上している．加熱操作では w の最大値は低下している．w の最大値は，$v_E=1.1$ では $\theta=0.75$ で 0.651，$v_C=1.2$ では $\theta=0.25$ で 0.523 となっている．式（1.99）より $\phi_{R/A}=1-\kappa\exp\{-(\gamma_2-\gamma_1)(1/v-1)\}(w/u)$ となる．図（c）より，v_E を 0.8 に低下させる操作では $v_E=1$ の操作より微分収率が高くなっていることがわかる．

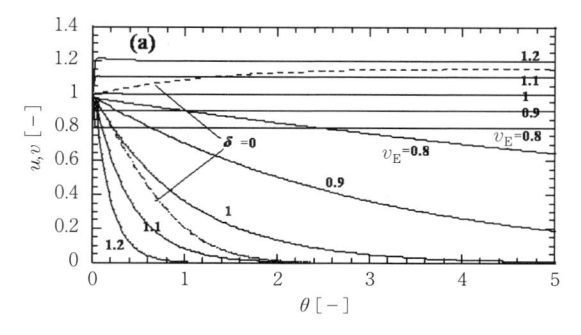

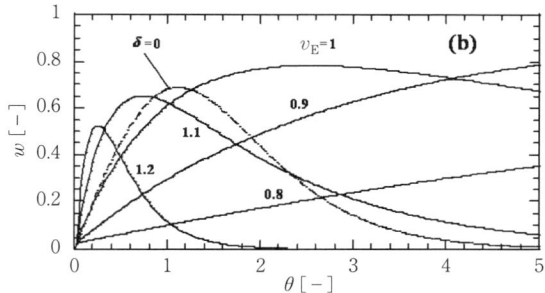

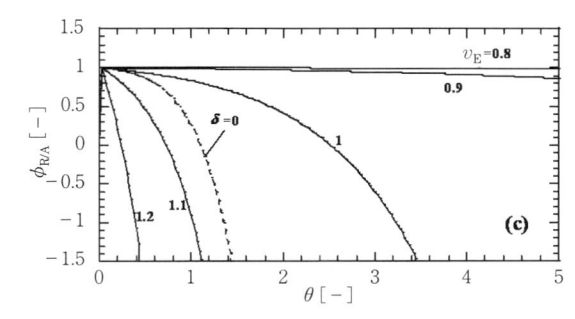

図 1.12 開放系操作条件下における回分逐次不可逆 1 次発熱反応における，(a) 原料成分濃度（$u=c_A/c_{A_0}$），温度（$v=T/T_0$），(b) 主生成物濃度（$w=c_R/c_{A_0}$），(c) 微分収率 $\phi_{R/A}$ の経時変化に及ぼす反応器周囲流体温度 v_E の影響
$\theta=k_{1,0}\exp\{-E_1/(RT_0)\}t$, $\gamma_1=E_1/(RT_0)=10$, $\gamma_2=E_2/(RT_0)=20$, $\beta=c_{A_0}\Delta H_{r_1}/(cC_VT_0)=-0.1$, $\delta=UA/(k_{1,0}c_{A_0}VC_V)=40$, $\eta=\Delta H_{r_2}/\Delta H_{r_1}=0.5$, $\kappa=k_{2,0}/k_{1,0}=0.1$．破線は断熱操作（$\delta=0$）．

【例題 1.13】 等温操作される液相回分反応器において，二つの並行する不可逆 1 次反応を考える．主生成物を生成する反応を 1，副生成物を生成する反応を 2 とする．活性化エネルギーが

$E_1>E_2$ のとき，主生成物を増収するためには温度を高くすべきか，低くすべきか．

[解答] 等温操作 ($v=1$) であるため，$\phi_{R/A}=1/(1+\kappa)$ となるため，主生成物の増収を図るためには，κ を小さくすべきことがわかる．$\kappa=[k_{2,0}\exp\{-E_2/(RT_0)\}]/[k_{1,0}\exp\{-E_1/(RT_0)\}]=(k_{2,0}/k_{1,0})\exp\{(E_1-E_2)/(RT_0)\}$ であるため，温度を大きくすべきことがわかる．

【例題 1.14】 等温操作される液相回分反応器において逐次的に進行する不可逆1次反応を考える．中間物質を主生成物と考える．主生成物を生成する反応を1，これを消費する反応を2とする．活性化エネルギーが $E_1>E_2$ のとき，主生成物を増収するためには温度を高くすべきか，低くすべきか．

[解答] 等温操作 ($v=1$) であるため，式 (1.99) より $\phi_{R/A}=1-\kappa(w/u)$ となるため，主生成物の増収を図るためには，κ を小さくすべきことがわかる．κ は例題 1.13 と同じであるため，温度を大きくすべきことがわかる．

1.6 流通系反応器と数式モデル

1.6.1 収支式

反応器容積を $V[\mathrm{m}^3]$，反応器入口における原料供給流量，原料成分濃度，全成分濃度，温度を $q_0[\mathrm{m}^3\cdot\mathrm{h}^{-1}]$，$c_{A0}$，$c_0[\mathrm{mol}\cdot\mathrm{m}^{-3}]$，$T_0[\mathrm{K}]$，反応器出口における流量，未反応原料成分濃度，全成分濃度，温度を q_f，c_{Af}，c，T_f とする．流れ方向に反応器断面積は変化しないと考え，動水径を D_h で表す．反応器内流体要素の状態は，流体要素が反応器に供給された時点からの経過時間である寿命 $a[\mathrm{h}]$ を属性として規定できるとする．流体要素が寿命 a 位置にたどりついたときの原料成分濃度を c_A，全成分濃度を c，温度を T とする．この位置における原料成分の消費速度を $(-r_A)$ $[\mathrm{mol}\cdot\mathrm{m}^{-3}\cdot\mathrm{h}^{-1}]$，反応熱を $\Delta H_r[\mathrm{J}\cdot\mathrm{mol}^{-1}]$ とおく．反応器周囲に外部熱交換型反応器を想定し，反応器周囲流体温度を T_E，原料流体，反応器内流体の定圧モル熱容量は等しく $C_P[\mathrm{J}\cdot\mathrm{mol}^{-1}\cdot\mathrm{K}^{-1}]$，反応器の総括伝熱係数を $U[\mathrm{J}\cdot\mathrm{m}^{-2}\cdot\mathrm{K}^{-1}\cdot\mathrm{h}^{-1}]$ とする．物質収支，エネルギー収支は，以下のように記述できる．

$$\frac{\partial c_A}{\partial t}+\frac{\partial (qc_A)}{q\partial a}=r_A \tag{1.110}$$

$$\frac{\partial T}{\partial t}+\frac{\partial}{q\partial a}(qT)=-\frac{4U}{cC_P D_h}(T-T_E)+\frac{(-\Delta H_r)(-r_A)}{cC_P} \tag{1.111}$$

膨張，収縮に伴う気相反応では流量が変化する．式 (1.1) で示すアンモニア合成反応では，量論係数より反応終了時流量 q_f と反応開始時流量 q_0 との間には，以下の関係がある．

$$\frac{q_f}{q_0}=\frac{1}{\frac{1}{2}+\frac{3}{2}}=\frac{1}{2} \tag{1.112}$$

係数を以下で定義する．

$$\varepsilon_A=\frac{q_f-q_0}{q_0} \tag{1.113}$$

アンモニア合成反応では，$\varepsilon_A=-1/2$ である．この係数は反応によって変化する流量の割合を示している．反応が終了していない途中段階では，反応率 $1-u$ を用いて以下のように記述できる．

$$q=q_0\{1+\varepsilon_A(1-u)\} \tag{1.114}$$

反応進行度は流通系では流量の変化を伴う場合には，式 (1.18) に換えて次式を用いる．

$$qc_A=q_{A0}c_{A0}-aq_0\xi \tag{1.115}$$

反応器入口から出口まで流量が一定である場合には，次式を得る．

$$\frac{\partial c_A}{\partial t}+\frac{\partial c_A}{\partial a}=r_A \tag{1.116}$$

$$\frac{\partial T}{\partial t}+\frac{\partial T}{\partial a}=-\frac{4U}{cC_P D_h}(T-T_E)+\frac{(-\Delta H_r)(-r_A)}{cC_P} \tag{1.117}$$

$$\left.\frac{\partial c_A}{\partial a}\right|_{a=0}=\frac{c_{A0}}{\tau}, \quad \left.\frac{\partial c_A}{\partial a}\right|_{a=\tau}=-\frac{c_{Af}}{\tau},$$

$$\left.\frac{\partial T}{\partial a}\right|_{a=0}=\frac{T_0}{\tau}, \quad \left.\frac{\partial T}{\partial a}\right|_{a=\tau}=-\frac{T_f}{\tau} \tag{1.118}$$

ここで
$$\tau = \frac{V}{q} \tag{1.119}$$
は反応によって容積変化しない流体（$q=q_0=q_f$）を取り扱ったときの空間時間（space time）である．反応器の特殊例として，完全混合流れ反応器（mixed flow reactor）と押出し流れ反応器（plug flow reactor）がある．

1.6.2 完全混合流れ反応器

反応器内流体は，入口直後から出口にいたるまでの領域で各化学種の濃度が一定であり，温度，圧力も一定であるとき，当該反応器は完全混合反応器とよばれる．撹拌動力を用いて十分に流体混合を促進させた槽型反応器が代表例である．原料供給流体中および反応器内原料成分 A の濃度を c_{A_0}, c_A，全成分の総和濃度を c_0, c，原料成分 A の反応速度を r_A，原料流体，反応器内流体および反応器壁の温度を T_0, T, T_E，原料流体，反応器内流体の定圧モル熱容量（反応器内流体の定圧モル容量に等しいと仮定）を C_P，反応熱を ΔH_r，反応器内流体と反応器壁との接触面積，熱伝達係数を A, U とすると，式 (1.116)〜(1.119) より以下を得る．

$$\frac{dc_A}{dt} = \frac{c_{A_0} - c_A}{\tau} - (-r_A) \tag{1.120}$$

$$cC_P\frac{dT}{dt} = cC_P\frac{T_0 - T}{\tau} - \frac{AU}{V}(T - T_E) + (-\Delta H_r)(-r_A) \tag{1.121}$$

$$\tau = \frac{V}{q_0} \tag{1.122}$$

気相反応では，式 (1.114) が示唆するように，q と q_0 は等しいとは限らない．空間時間は反応器容積を入口流量で除した量として定義する．

不可逆 1 次反応 $(-r_A) = k_0 \exp\{-E/(RT)\} c_A$ を考え，次の無次元化を試みる．

$u = c_A/c_{A_0}, \quad v = T/T_0, \quad v_E = T_E/T_0,$
$\theta = k_0 \exp\{-E/(RT_0)\} t,$
$\lambda = k_0 \exp\{-E/(RT_0)\} \tau, \quad \gamma = E/(RT_0),$

$\delta = UA/[k_0 \exp\{-E_1/(RT_0)\} cVC_P],$
$\beta = \Delta H_{r_1}/(C_P T_0) \tag{1.123}$

濃度，温度は反応器入口流体の条件を代表値としている．時間は反応器入口温度で規定される反応速度定数の値の逆数を代表値としている．このとき，式 (1.120), (1.121) より次式が導出される．

$$\frac{du}{d\theta} = \frac{1-u}{\lambda} - \exp\left\{-\gamma\left(\frac{1}{v}-1\right)\right\} u \tag{1.124}$$

$$\frac{dv}{d\theta} = \frac{1-v}{\lambda} - \delta(v - v_E) + (-\beta)\exp\left\{-\gamma\left(\frac{1}{v}-1\right)\right\} u \tag{1.125}$$

定常状態では以下が成り立つ．

$$\tau = \frac{c_{A_0} - c_A}{-r_A} \tag{1.126}$$

$$cC_P\frac{T_0 - T}{\tau} - \frac{AU}{V}(T - T_E) + (-\Delta H_r)(-r_A) = 0 \tag{1.127}$$

または

$$u = \frac{1}{1 + \lambda \exp\left\{-\gamma\left(\frac{1}{v}-1\right)\right\}} \tag{1.128}$$

$$v = 1 - \lambda\delta(v - v_E) - \beta\frac{\lambda \exp\left\{-\gamma\left(\frac{1}{v}-1\right)\right\}}{1 + \lambda \exp\left\{-\gamma\left(\frac{1}{v}-1\right)\right\}} \tag{1.129}$$

定常状態を維持した等温操作 ($v=1$) では

$$u = \frac{1}{1+\lambda} \tag{1.130}$$

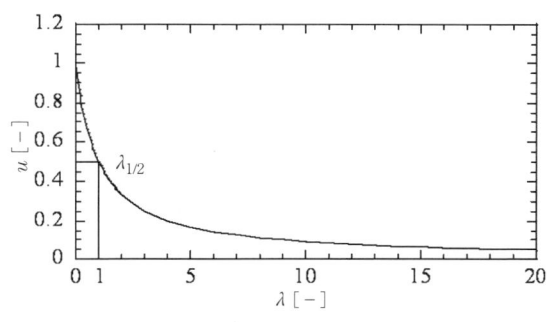

図 1.13 定常等温操作される完全混合流れ反応器で生起する不可逆 1 次反応原料成分の反応器出口無次元濃度 ($u=c_A/c_{A_0}$) と無次元空間時間 ($\lambda = k_0 \exp\{-E_1/(RT_0)\} \tau$) との関係

$$0 = -\delta(1-v_E) - \beta\frac{\lambda}{1+\lambda} \quad (1.131)$$

となる．図 1.13 は，定常等温操作した完全混合流れ反応器の出口における原料成分未反応率 u と，無次元空間時間 λ との関係を示す．未反応率 u は λ の増加に伴い減少し，0 に漸近している．原料成分濃度が初期濃度の 1/2 ($u=1/2$) に到達するときの無次元空間時間 $\lambda_{1/2}$ は，1 であることがわかる．

断熱操作 ($\delta=0$) では次の連立方程式が成り立つ．

$$1-u = \frac{\lambda\exp\left\{-\gamma\left(\frac{1}{v}-1\right)\right\}}{1+\lambda\exp\left\{-\gamma\left(\frac{1}{v}-1\right)\right\}} \quad (1.132)$$

$$1-u = \frac{1}{-\beta}(v-1) \quad (1.133)$$

最初の式は反応率を無次元温度の関数として記述している．第 2 の式は回分反応器について，導出した式（1.75）と同じである．反応率に応じて流体の温度が 1 から v へと変化することを示している．

図 1.14 は，定常断熱操作した完全混合流れ反応器の出口における原料成分反応率 $1-u$ と無次元温度 v との関係を示す．反応率 $1-u$ は λ の増加に伴い増加し，1 に漸近している．

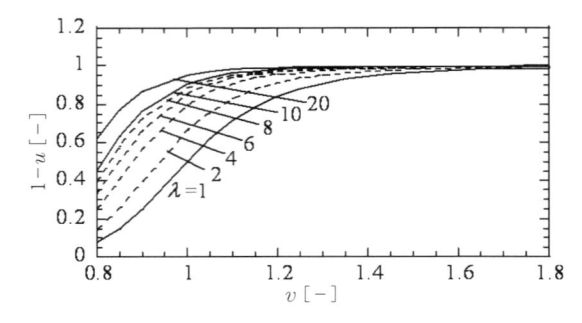

図 1.14 定常断熱操作される完全混合流れ反応器で生起する不可逆 1 次反応原料成分の反応器出口における反応率 $1-u$ と無次元温度 v との関係 $\gamma=E/(RT_0)=10$, $\lambda=k_0\exp\{-E_1/(RT_0)\}\tau=1\sim20$.

1.6.3 押出し流れ反応器

管型反応器に代表される押出し流れ反応器では，入口に供給された原料成分は，周囲流体とは決して混じらず流れに乗って下流に移動する．同一時刻に供給された流体中の各化学種は，当該時刻からの経過時間（a，寿命）で決まる位置に移動し，この経過時間に応じた反応により生成物成分へと変化する．寿命は同一時刻に供給された流体の移動距離を移動速度で割った量であり，空間時間に対応している．反応器内位置が空間時間 $a\sim a+da$ に匹敵する位置で，原料成分 A の時間的変化を求めると，収支式より次式を得る．

$$\frac{\partial c_A}{\partial t} + \frac{\partial c_A}{\partial a} = r_A \quad (1.134)$$

$$cC_P\left(\frac{\partial T}{\partial t} + \frac{\partial T}{\partial a}\right) = -U\frac{\partial A}{\partial V}(T-T_E) + (-\Delta H_r)(-r_A) \quad (1.135)$$

定常状態では次式を得る．

$$\frac{dc_A}{da} = r_A \quad (1.136)$$

$$cC_P\frac{dT}{da} = -\frac{UA}{V}(T-T_E) + (-\Delta H_r)(-r_A) \quad (1.137)$$

これは回分反応速度式（式（1.23））と類似している．したがって，回分反応器で考察した時間 t を寿命 a に見立てれば，定常操作される押出し流れ反応器の反応器内状態を考察しえる．

不可逆 1 次反応を考える．反応器入口における反応速度定数を用いて，寿命を無次元化する．反応器出口では，寿命は空間時間 τ となるため

$$\lambda = k_0\exp\left(-\frac{E}{RT_0}\right)\tau \quad (1.138)$$

このとき，回分反応器に関して導出した式（1.64），（1.65）と同型の次式を得る．

$$\frac{du}{d\lambda} = -\exp\left\{-\gamma\left(\frac{1}{v}-1\right)\right\}u \quad (1.139)$$

$$\frac{dv}{d\lambda} = -\delta(v-v_E) - \beta\left(-\frac{du}{d\lambda}\right) \quad (1.140)$$

等温操作 ($v=1$) では

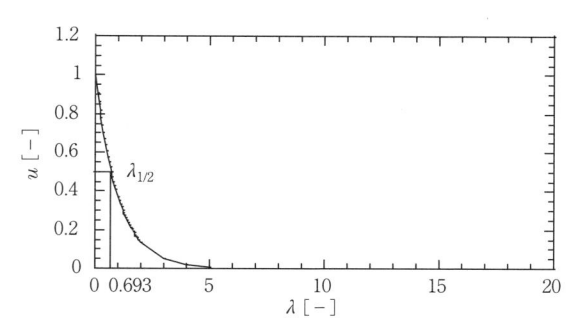

図1.15 定常等温操作される押出し流れ反応器で生起する不可逆1次反応原料成分の反応器出口無次元濃度（$u=c_A/c_{A_0}$）と無次元空間時間（$\lambda=k_0\exp\{-E_1/(RT_0)\}\tau$）との関係

$$u=\exp(-\lambda),\quad 0=-\delta(1-v_E)-\beta\exp(-\lambda) \tag{1.141}$$

となる.

図1.15は, 定常等温操作した押出し流れ反応器の出口における原料成分未反応率 u と無次元空間時間 λ との関係を示す. 未反応率 u は λ の増加に伴い減少し, 0に漸近している. 原料成分濃度が入口濃度の1/2（$u=1/2$）に到達するときの無次元空間時間 $\lambda_{1/2}$ は, $\ln 2=0.693$（空間時間 $\tau=\ln 2/k_0$）であることがわかる. 図1.13と比較すると無次元空間時間の値が等しいとき, 押出し流れ反応器のほうが完全混合流れ反応器よりも反応率が高いことがわかる.

断熱操作（$\delta=0$）では式（1.75）,（1.139）が成り立つ. 無次元空間時間 λ が無次元濃度 u, 無次元温度 v に及ぼす結果は, 図1.7の θ を λ におきかえた図と同一である.

【例題1.15】 式（1.1）のアンモニア合成を考える. 反応進行度が ξ にいたったときの平衡定数 K を求めよ. 入口での流量を q_0, N_2, H_2 のモル流量を $F_{N_2,0}$, $F_{H_2,0}$ とし, 反応進行度が ξ にいたったときの流量を q, N_2, H_2, NH_3 のモル流量を F_{N_2}, F_{H_2}, F_{NH_3} とする.

［解答］　各成分モル流量は次式で記述できる.

$$F_{N_2}=F_{N_2,0}-(1/2)\xi q \tag{E1.23}$$

$$F_{H_2}=F_{H_2,0}-(3/2)\xi q \tag{E1.24}$$

$$F_{NH_3}=\xi q \tag{E1.25}$$

平衡状態での反応進行度 ξ_e を用いると $F_{N_2}+F_{H_2}+F_{NH_3}=F_{N_2,0}+F_{H_2,0}-\xi_e q$ であるため, 平衡状態でのモル分率, 平衡定数は以下で表せる.

$$y_{N_2,e}=\frac{F_{N_2,0}-(1/2)\xi_e q}{F_{N_2,0}+F_{H_2,0}-\xi_e q} \tag{E1.26}$$

$$y_{H_2,e}=\frac{F_{H_2,0}-(3/2)\xi_e q}{F_{N_2,0}+F_{H_2,0}-\xi_e q} \tag{E1.27}$$

$$y_{NH_3,e}=\frac{\xi_e q}{F_{N_2,0}+F_{H_2,0}-\xi_e q} \tag{E1.28}$$

$$K=K_y\frac{0.101325\times 10^6}{\pi}$$

$$=\frac{\left(\dfrac{\xi_e q}{F_{N_2,0}+F_{H_2,0}-\xi_e q}\right)\dfrac{0.0101325\times 10^6}{\pi}}{\left\{\dfrac{F_{N_2,0}-(1/2)\xi_e q}{F_{N_2,0}+F_{H_2,0}-\xi_e q}\right\}^{1/2}\left\{\dfrac{F_{H_2,0}-(3/2)\xi_e q}{F_{N_2,0}+F_{H_2,0}-\xi_e q}\right\}^{3/2}}$$

$$=\frac{0.0101325\times 10^6\xi_e q(F_{N_2,0}+F_{H_2,0}-\xi_e q)}{\pi\{F_{N_2,0}-(1/2)\xi_e q\}^{1/2}\{F_{H_2,0}-(3/2)\xi_e q\}^{3/2}} \tag{E1.29}$$

【例題1.16】 等温等容積完全混合流れ液相反応器内で可逆1次反応（A↔R）が定常操作（空間時間, τ）されている場合を考える. 供給液中の成分Aの濃度を c_{A_0}, 成分Rの濃度を $c_{R_0}=0$, 平衡定数 $K_C=c_{R_e}/c_{A_e}$ とおいたとき, 反応器出口における成分A, Rの濃度を τ の関数として表せ.

［解答］

$$\tau=\frac{c_{A_0}-c_A}{-k_1c_A+\dfrac{k_1}{K_C}c_R}=\frac{-c_R}{k_1c_A-\dfrac{k_1}{K_C}c_R} \tag{E1.30}$$

$$c_A=\frac{\left(\dfrac{k_1\tau}{K_C}-1\right)c_{A_0}}{-1+k_1\tau+\dfrac{k_1\tau}{K_C}},\quad c_R=\frac{k_1\tau c_{A_0}}{-1+k_1\tau+\dfrac{k_1\tau}{K_C}} \tag{E1.31}$$

$k_1\tau>k_2\tau\gg 1$ のとき, 次式が成り立ち, 平衡状態を達成していることがわかる.

$$c_A=\frac{c_{A_0}}{K_C+1},\quad c_R=\frac{K_C c_{A_0}}{K_C+1} \tag{E1.32}$$

文　献

1) Aris, R. (1978) : Mathematical Modelling Tech-

niques, p. 69, Dover Publications.
2) Li, T-Y. and J. A. Yorke (1975): "Period Three Implied Chaos," *A. M. S. Monthly*, **82**, 985.

問　　題

1.1 気相反応
$$\frac{1}{2}N_2 + \frac{3}{2}H_2O \longleftrightarrow NH_3 + \frac{3}{4}O_2$$
は自発的に進まない．平衡論的に理由を記述せよ．ただし，窒素，水蒸気，アンモニア，酸素の ΔG_f^0 は $0, -228600, -16640, 0$ J·mol^{-1} である．

1.2 気相反応
$$\frac{1}{2}N_2 + \frac{3}{2}H_2 \longleftrightarrow NH_3$$
において水素消費速度が2億5000万 mol·h^{-1}·m^{-3} であった．反応の進行度の変化量 $\dot{\xi}$ を求めよ．

1.3 Lewis は2種の気体分子 A, B 間の反応速度 $(-r_A)$ は，衝突回数 Z_{AB}[s^{-1}·cm^{-3}] と衝突時に平均エネルギーよりも E 以上余分なエネルギーを有する分子の割合 $\exp\{-E/(RT)\}$ との積に等しいと考えた．この場合，反応速度定数は $T^{1/2}\exp\{-E/(RT)\}$ に比例することを示せ．ただし，気体分子運動論から以下が導出されている．

$$Z_{AB} = \left(\frac{\sigma_A + \sigma_B}{2}\right)^2 \frac{(6.023 \times 10^{23})^2}{10^6}$$
$$\times \left\{(8\pi k_B T)\left(\frac{1}{M_A} + \frac{1}{M_B}\right)\right\}^{1/2} c_A c_B$$

ここで，σ_A, σ_B：分子直径 [cm], M_A, M_B：分子量, k_B：Boltzman 定数 $(=1.30 \times 10^{-16}$ erg·K^{-1}), c_A, c_B：濃度 [mol·L^{-1}], 6.023×10^{23}：Avogadro 数 [mol^{-1}] である．

1.4 Eyring は原料成分 A から生成物成分 R への反応において，遷移状態としての活性中間体 Z を考え (A→Z→R)，すべての活性中間体は等しい反応速度定数 $k_B T/h$ で分解すると考えた．ここで k_B は Boltzman 定数（設問 1.3 参照），h は Planck 定数 $(=6.63 \times 10^{-27}$ erg·s) である．活性中間体の活性化自由エネルギーを $\Delta G_Z (= \Delta H_Z - T\Delta S_Z)$, ΔH_Z は活性化エネルギー E に近似できると考えた場合，反応速度定数は $T \exp\{-E/(RT)\}$ に比例することを示せ．

1.5 気相単分子反応 (A→R) において，反応速度は高圧では原料成分の1次，低圧では2次に比例する．Lindemann は分子間衝突による活性化状態 A* を考慮し，以下の反応機構に関連付けて現象を説明しようとした．

$$A + A \xrightarrow{k_1} A^* + A$$
$$A^* + A \xrightarrow{k_2} A + A$$
$$A^* \xrightarrow{k_3} R$$

活性化分子に対し定常状態近似を適用し，1次反応，2次反応の速度定数を $k_1 \sim k_3$ に関連付けよ．

1.6 下記の表は外因性内分泌撹乱物質 Bisphenol A (BPA) を回分反応器内で分解した実験の結果を示す．BPA の濃度を c_A とし，消費速度を $(-r_A) = k c_A^n$ とおく．この反応は何次反応か．反応速度定数も求めよ．

1.7 反応温度を 650 K から 660 K に上昇させたとき，660 K での反応速度定数の値は 650 K のときの 1.5 倍となった．この反応の活性化エネルギーを求めよ．

1.8 逐次1次反応 (A$\xrightarrow{k}$R$\xrightarrow{k}$S) において反応速度定数が R の生成反応，分解反応ともに等しい場合を考える．中間生成物 R の濃度を最大とする時刻，およびそのときの最大濃度を求めよ．

1.9 気相の二酸化炭素は水溶液と接触するとすみやかに解離し，次式に従い重炭酸イオンとなる．
$$CO_2 + H_2O \longrightarrow H^+ + HCO_3^-$$
温度が 298 K, pH が 7.2 で回分反応を実施した．反応の原料成分である溶存 CO_2 濃度 c_A が 20 mol·m^{-3} のとき，CO_2 の消費速度は 0.6 mol·m^{-3}·s^{-1} であった．分子量 30000 のカルボニックアンヒドラーゼをこの水溶液中に濃度が 1500 g·m^{-3} となるように加えたところ，CO_2 の消費速度は 50000 mol·m^{-3}·s^{-1} であった．Michaelis-Menten 式および条件 $c_{A_0} \gg K_m$ を仮定したとき，酵素の有無によって CO_2 の半減期はどのような影響を受けるかを議論せよ．

1.10 等温操作される等容積 (V) の液相完全混合流れ反応器が2機，直列につながれている．この槽列を用い流量 q で濃度 c_{A_0} の原料成分を第1槽に供給して反応を行った出口液を第2槽に供給し，未反応成分をさらに反応させた．反応は1次反応 $(-r_A = k c_A)$ を考える．空間時間を $\tau = V/q$ とするとき，定

t[min]	0	1	2	4	8	15	30	60
BPA[mmol·m^{-3}]	4.4	3.85	3.63	2.90	2.10	1.02	0.21	0

常状態における第2槽出口での原料成分濃度を空間時間の関数として表せ．

1.11 反応速度定数が，$k=k_0\exp\{-E/(RT)\}$ で記述されるゼロ次反応を考える．等容積の完全混合流れ反応器を2機，直列につなぎ，流量 q で濃度 c_{A_0} の原料成分を第1槽に供給し反応を行った出口液を第2槽に供給し，未反応成分をさらに反応させた．これらの装置は高温度，低温度の2種類の温度でそれぞれ等温定常操作する．第1槽を高温，第2槽を低温とした場合と，第1槽を低温，第2槽を高温とした場合につき，第2槽出口における原料成分濃度を比較せよ．

1.12 設問 1.11 と同じ条件を設定し，押出し流れ反応器を直列に接続する場合を考える．第1反応器を高温，第2反応器を低温とした場合と，第1反応器を低温，第2反応器を高温とした場合につき，第2反応器出口における原料成分濃度を比較せよ．

1.13 反応速度定数が，$k=k_0\exp\{-E/(RT)\}$ で記述されるゼロ次反応（反応熱，ΔH_r）を考える．断熱操作される完全混合流れ反応器に濃度 c_{A_0}，温度 T_0，比熱容量 C_P の原料成分を空間時間 τ で供給し定常状態を得たところ，反応器出口の原料成分濃度は c_A，温度は T であった．無次元濃度，温度，空間時間を $u=c_A/c_{A_0}$, $v=T/T_0$, $\lambda=k_0\exp\{-E/(RT_0)\}\tau$ とおき，反応率 $1-u$ および温度 v を λ に関連付けよ．

2

反応過程の安定性

2.1 動的反応プロセスの状態空間解析

完全流れ反応器（空間時間 τ, 温度 T）において反応（A→R）を考える．供給流体中には生成物成分は含まれないと考える．反応の活性化エネルギーを E とし，反応速度を次式で表す．

$$(-r_A) = kC(c_A, c_R) = k_0 \exp\{-E/(RT)\} C(c_A, c_R) \tag{2.1}$$

反応熱を ΔH_r, 流体の定圧熱容量を C_P, 不活性成分濃度を c_I, 総モル濃度を

$$c = c_A + c_R + c_I \tag{2.2}$$

とおくと，等温操作，断熱操作では次式が成り立つ．

$$\frac{dc_A}{dt} = \frac{c_{A_0} - c_A}{\tau} - (-r_A)$$

$$= \frac{c_{A_0} - c_A}{\tau} - k_0 \exp\left(-\frac{E}{RT}\right) C(c_A, c_R) \tag{2.3}$$

$$cC_P \frac{dT}{dt} = cC_P \frac{T_0 - T}{\tau} + (-\Delta H_r)(-r_A)$$

$$= cC_P \frac{T_0 - T}{\tau} + (-\Delta H_r) k_0 \exp\left(-\frac{E}{RT}\right) C(c_A, c_R) \tag{2.4}$$

$$c_R = c_{A_0} - c_A \tag{2.5}$$

ここで，n 次反応を想定し，次の無次元化を試みる．

$$u = c_A/c_{A_0}, \quad w = c_R/c_{A_0},$$
$$\theta = k_0 c_{A_0}^{n-1} \exp\{-E/(RT_0)\} t,$$
$$\lambda = k_0 c_{A_0}^{n-1} \exp\{-E/(RT_0)\} \tau,$$

$$\beta = \Delta H_r/(C_P T_0), \quad \gamma = E/(RT_0) \tag{2.6}$$

無次元濃度，無次元温度の変化は，次式で記述できる．

$$\frac{du}{d\theta} = \frac{1-u}{\lambda} - \left[\exp\left\{-\gamma\left(\frac{1}{v} - 1\right)\right\}\right] \frac{C}{c_{A_0}^n} \tag{2.7}$$

$$\frac{dv}{d\theta} = \frac{1-v}{\lambda} + (-\beta) \left[\exp\left\{-\gamma\left(\frac{1}{v} - 1\right)\right\}\right] \frac{C}{c_{A_0}^n} \tag{2.8}$$

$$w = 1 - u \tag{2.9}$$

定常状態に達した後に外部攪乱または内部揺らぎが生じ，変数 u, v が x_1, x_2 だけ変化して $u+x_1$, $v+x_2$ となった場合，式 (2.7), (2.8) より次式を得る．

$$\frac{dx_1}{d\theta} = -\left[\frac{1}{\lambda} + \left\{\frac{\partial}{\partial u}\left(\frac{C}{c_{A_0}^n}\right)\right\}_{u=\bar{u}}\right] x_1$$
$$- \left[\frac{\gamma}{\bar{v}^2} \exp\left\{-\gamma\left(\frac{1}{\bar{v}} - 1\right)\right\} \left(\frac{C}{c_{A_0}^n}\right)_{u=\bar{u}}\right] x_2 \tag{2.10}$$

$$\frac{dx_2}{d\theta} = \left[(-\beta) \exp\left\{-\gamma\left(\frac{1}{\bar{v}} - 1\right)\right\} \left\{\frac{\partial}{\partial u}\left(\frac{C}{c_{A_0}^n}\right)\right\}_{u=\bar{u}}\right] x_1$$
$$- \left[\frac{1}{\lambda} - (-\beta) \frac{\gamma}{\bar{v}^2} \exp\left\{-\gamma\left(\frac{1}{\bar{v}} - 1\right)\right\} \left(\frac{C}{c_{A_0}^n}\right)_{u=\bar{u}}\right] x_2 \tag{2.11}$$

または

$$\frac{d}{dt}\begin{bmatrix} x_1 \\ x_2 \end{bmatrix} = \begin{bmatrix} a_{11} & a_{12} \\ a_{21} & a_{22} \end{bmatrix} \begin{bmatrix} x_1 \\ x_2 \end{bmatrix} \tag{2.12}$$

$$a_{11} = -\left[\frac{1}{\lambda} + \left\{\frac{\partial}{\partial u}\left(\frac{C}{c_{A_0}^n}\right)\right\}_{u=\bar{u}}\right]$$

$$a_{12} = -\left[\frac{\gamma}{\bar{v}^2} \exp\left\{-\gamma\left(\frac{1}{\bar{v}} - 1\right)\right\} \left(\frac{C}{c_{A_0}^n}\right)_{u=\bar{u}}\right]$$

$$a_{21} = -\beta \exp\left\{-\gamma\left(\frac{1}{\bar{v}}-1\right)\right\}\left\{\frac{\partial}{\partial u}\left(\frac{C}{c_{A_0}^n}\right)\right\}_{u=\bar{u}}$$

$$a_{22} = -\left[\frac{1}{\lambda}-(-\beta)\frac{\gamma}{\bar{v}^2}\exp\left\{-\gamma\left(\frac{1}{\bar{v}}-1\right)\right\}\left(\frac{C}{c_{A_0}^n}\right)_{u=\bar{u}}\right]$$

(2.13)

と表示される.

$$\underline{x} = \begin{bmatrix} x_1 \\ x_2 \end{bmatrix}, \quad \underline{A} = \begin{bmatrix} a_{11} & a_{12} \\ a_{21} & a_{22} \end{bmatrix} \quad (2.14)$$

とおけば,式(2.12)は次式で表せる.

$$\frac{d}{dt}\underline{x} = \underline{A}\underline{x} \quad (2.15)$$

完全混合流れ反応器の容積,原料供給流体中の原料成分濃度と温度,原料供給流量を一定に保つ場合,係数 $a_{11}, a_{12}, a_{21}, a_{22}$ は時間によらず一定となる.このような反応器を時不変(time invariant)システムとよぶ.時不変システムにおいて濃度 c_A,温度 T が定常状態に達している最中に外乱が生じ,原料成分濃度,温度が変動したとき,定常状態からの偏り(deviation)を捉えるための基礎式は,式(2.10),(2.11)または式(2.12),(2.15)であり,変動量の時間的変化が時間の関数として表現されている.このような対象を動的システム(dynamical system)とよぶ[1].とくに,これらの微分方程式は線形であるため,線形システム(linear system)とよぶ.

変動量の時間的変化を記述するために不可欠な変数 x_1, x_2 を状態変数(state variable),式(2.10),(2.11)または式(2.12),(2.15)を自由系(free system)の状態方程式(state space equation)とよぶ.状態変数 x_1, x_2 がつくる空間を状態空間(state space)とよぶ.式(2.10),(2.11)または式(2.12),(2.15)は,時不変線形動的システム(time invariant linear dynamical system)を表している.

時不変線形動的システムとしての反応器を等温操作,断熱操作する場合,定常状態からの偏りがなくなるか否かは,係数 $a_{11}, a_{12}, a_{21}, a_{22}$ で決まるが,開放系操作の場合,外部からの操作を考慮

し,次の状態方程式に従って動的システムを取り扱う場合が多い.1変数 u_C で定常状態からの偏りを制御する場合を例にとると,次式が状態方程式として採用される.

$$\frac{d}{dt}\begin{bmatrix} x_1 \\ x_2 \end{bmatrix} = \begin{bmatrix} a_{11} & a_{12} \\ a_{21} & a_{22} \end{bmatrix}\begin{bmatrix} x_1 \\ x_2 \end{bmatrix} + \begin{bmatrix} b_1 \\ b_2 \end{bmatrix} u_C \quad (2.16)$$

u_C は制御変数(control variable)とよばれる.式(1.121),(1.125),(2.16)を参照すると,反応器周囲流体温度 T_E,反応器入口温度 T_0 より,以下のように記述される.

$$u_C = v_E - \bar{v}_E = \frac{T_E}{T_0} - \frac{\bar{T}_E}{T_0} \quad (2.17)$$

式(1.125),(2.16)では,$b_1 = 0$, $b_2 = \delta$ である.自由系の状態方程式に加筆された式(2.16)右辺第2項を強制項(forcing term)とよぶ.

2.2 動的反応プロセスの安定性

状態変数が次式で記述できる場合,安定性は係数 a の符号に依存する.

$$\frac{dx}{d\theta} = ax \quad (2.18)$$

a が負のとき,安定(stable)であり,a が正のとき,発散し不安定(unstable)となる.図2.1に単一状態変数の動的挙動に及ぼす係数 a の影響を示す.式(2.10)において等温操作($v=1$)をまず考える.温度変動が常時達成できた場合($x_2=0$),不可逆ゼロ次反応,1次反応,2次反応では,関数 C は $1, c_A, c_A^2$ であるため,式(2.

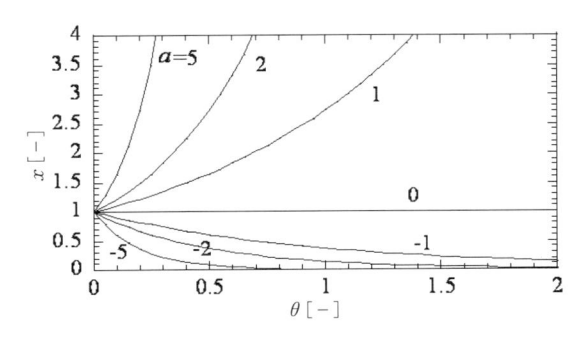

図 2.1 1変数線形動的システムの安定性に及ぼすモデル係数の影響

10) はそれぞれ式 (2.19)〜(2.21) となる.

$$\frac{dx_1}{d\theta} = -\frac{1}{\lambda}x_1 \quad (2.19)$$

$$\frac{dx_1}{d\theta} = -\left(\frac{1}{\lambda}+1\right)x_1 \quad (2.20)$$

$$\frac{dx_1}{d\theta} = -\left(\frac{1}{\lambda}+2\bar{u}\right)x_1 = -\left\{\frac{1}{\lambda}-1\pm(1+4\lambda)^{1/2}\right\}x_1 \quad (2.21)$$

時不変システムにおいては,たとえば式 (2.19) の解は以下となる.

$$x_1 = \exp(-\lambda^{-1}\theta)x_1(0) \quad (2.22)$$

外乱下,原料成分濃度が $x_1(0)$ だけ変動した場合,$-\lambda^{-1}$ が負であるため,時間経過に伴い x_1 はゼロに収束,システムは自由系の状態で安定である.式 (2.19)〜(2.21) の特性根は,$-1/\lambda$,$-(1/\lambda+1)$,$-\{1/\lambda-1\pm(1+4\lambda)^{1/2}\}$ である.ゼロ次,1 次反応の特性根は負であるため,等温完全混合流れ反応器内で当該反応は安定である.2 次反応に関しては,λ が約 0.4 以下では特性根は負となり安定であるが,約 0.4 以上では特性根は正となり不安定となる.断熱操作される完全混合流れ反応器の中で,不可逆 1 次反応を考える.式 (2.12),(2.13) より次式が導出できる.

$$a_{11} = -\left(\frac{1}{\lambda}+1\right)$$

$$a_{12} = -\frac{\gamma}{\bar{v}^2}\exp\left\{-\gamma\left(\frac{1}{\bar{v}}-1\right)\right\}$$

$$a_{21} = -\beta\exp\left\{-\gamma\left(\frac{1}{\bar{v}}-1\right)\right\}$$

$$a_{22} = -\left[\frac{1}{\lambda}-(-\beta)\frac{\gamma}{\bar{v}^2}\exp\left\{-\gamma\left(\frac{1}{\bar{v}}-1\right)\right\}\right] \quad (2.23)$$

式 (2.15) の解を求めるために,指数関数行列を次式で定義する.

$$\exp(\underline{A}t) = \underline{I} + \underline{A}t + \frac{1}{2!}(\underline{A}t)^2 + \cdots + \frac{1}{n!}(\underline{A}t)^n + \cdots \quad (2.24)$$

ただし,$\underline{I}$ は次式で表せる単位行列である.

$$\underline{I} = \begin{bmatrix} 1 & 0 \\ 0 & 1 \end{bmatrix} \quad (2.25)$$

式 (2.23) の両辺を t で微分すると

$$\frac{d}{dt}\exp(\underline{A}t) = \underline{A} + \underline{A}^2 t + \cdots + \frac{1}{(n-1)!}\underline{A}^n t^{n-1} + \cdots$$

$$= \underline{A}\left\{\underline{I} + \underline{A}t + \frac{1}{2!}(\underline{A}t)^2 + \cdots + \frac{1}{n!}(\underline{A}t)^n + \cdots\right\}$$

$$= \underline{A}\exp(\underline{A}t) \quad (2.26)$$

式 (2.15) と式 (2.26) を比較すると,自由系の解として次式を得る.

$$\begin{bmatrix} x_1 \\ x_2 \end{bmatrix} = \exp(\underline{A}t)\begin{bmatrix} x_1(0) \\ x_2(0) \end{bmatrix} \quad (2.27)$$

指数関数行列は式 (2.24) に従って算出可能であるが,以下では,解析的に求める方法を記述する.状態変数のラプラス変換を次式で表す.

$$X_i = L[x_i(t)] = \int_0^\infty x_i(t)e^{-st}dt \quad (2.28)$$

式 (2.15) の両辺をラプラス変換すると,次式を得る.

$$s\begin{bmatrix} X_1 \\ X_2 \end{bmatrix} - \begin{bmatrix} x_1(0) \\ x_2(0) \end{bmatrix} = \underline{A}\begin{bmatrix} X_1 \\ X_2 \end{bmatrix} \quad (2.29)$$

したがって,以下を得る.

$$\begin{bmatrix} X_1 \\ X_2 \end{bmatrix} = (s\underline{I} - \underline{A})^{-1}\begin{bmatrix} x_1(0) \\ x_2(0) \end{bmatrix} \quad (2.30)$$

両辺を逆ラプラス変換すると,次式を得る.

$$\begin{bmatrix} x_1 \\ x_2 \end{bmatrix} = L^{-1}[(s\underline{I} - \underline{A})^{-1}]\begin{bmatrix} x_1(0) \\ x_2(0) \end{bmatrix} \quad (2.31)$$

式 (2.27),(2.31) を比較すると,次式に従って指数関数行列を解析できることがわかる.

$$\exp(\underline{A}t) = L^{-1}[(s\underline{I} - \underline{A})^{-1}] \quad (2.32)$$

行列 $s\underline{I} - \underline{A}$ に対応する下記行列式 (determinant) を,特性方程式 (characteristic polynomial) とよぶ.

$$\begin{vmatrix} a_{11}-s & a_{12} \\ a_{21} & a_{22}-s \end{vmatrix} = 0$$

$$s^2 - (a_{11}+a_{22})s + (a_{11}a_{22} - a_{12}a_{21}) = 0 \quad (2.33)$$

特性方程式の根は固有値 (eigenvalue) を与える.$\mathrm{Tr}\underline{A} = a_{11}+a_{22}$,$\det\underline{A} = a_{11}a_{22}-a_{12}a_{21}$ とおくと

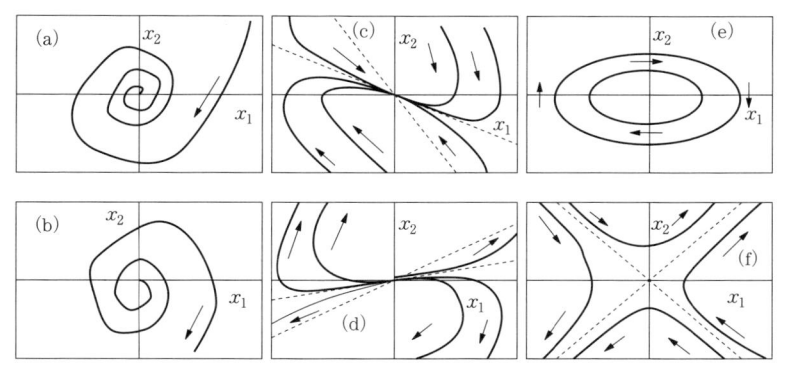

図 2.2 濃度変動 x_1, x_2 の挙動
(a) 渦状安定点, (b) 渦状不安定点, (c) 安定結節点, (d) 不安定結節点, (e) 中立安定点, (f) 鞍状点.

$$s = \frac{\text{Tr}\underline{A} \pm (\text{Tr}\underline{A}^2 - 4\det\underline{A})^{1/2}}{2} \quad (2.34)$$

である．固有値によって状態変数の挙動は決まるが，図 2.2 に 2 つの状態変数の動的挙動を示す．$\text{Tr}\underline{A}^2 - 4\det\underline{A} < 0$ のとき，固有値は虚部を有するため状態変数は時間の経過に伴い振動する．$\text{Tr}\underline{A}$ が負であれば漸近的安定性を示す渦状安定点（図(a)；stable focus）であり，正であれば不安定性を示す渦状不安定点（図(b)；unstable focus）となる．$\text{Tr}\underline{A}^2 - 4\det\underline{A} > 0$ のとき，固有値は実数である．2 つの実数がともに負であれば安定結節点（図(c)；stable node），ともに正であれば不安定結節点（図(d)；unstable node）を与える．純虚数の場合，中立安定点（図(e)；center）を与える．2 つの状態変数は単振動する．$\text{Tr}\underline{A}^2 - 4\det\underline{A} > 0$ のとき，2 つの実数の一方が正で他の一方が負であれば鞍状点（図(f)；saddle point）となる．

【例題 2.1】 等温操作される逐次 1 次反応を表す式 (1.103), (1.104) をベクトル表示し，指数関数行列を求めることで式 (1.70), (1.106) を導け．

[解答] 逐次 1 次反応は次式で表せる．
$$\frac{d}{d\theta}\begin{bmatrix} u \\ w \end{bmatrix} = \begin{bmatrix} -1 & 0 \\ 1 & -\kappa \end{bmatrix}\begin{bmatrix} u \\ w \end{bmatrix} \quad (E2.1)$$

$\kappa \neq 1$ のとき，指数関数行列は以下で記述される．
$$\exp(\underline{A}\theta) = L^{-1}[(s\underline{I} - \underline{A})^{-1}]$$

$$= L^{-1}\left[\begin{bmatrix} s+1 & 0 \\ -1 & s+\kappa \end{bmatrix}^{-1}\right]$$

$$= L^{-1}\left[\frac{1}{(s+1)(s+\kappa)}\begin{bmatrix} s+\kappa & 0 \\ 1 & s+1 \end{bmatrix}\right]$$

$$= \begin{bmatrix} \exp(-\theta) & 0 \\ \dfrac{1}{\kappa-1}\{\exp(-\theta) - \exp(-\kappa\theta)\} & \exp(-\kappa\theta) \end{bmatrix}$$
(E2.2)

したがって，
$$\begin{bmatrix} u \\ w \end{bmatrix}$$
$$= \begin{bmatrix} \exp(-\theta) & 0 \\ \dfrac{1}{\kappa-1}\{\exp(-\theta) - \exp(-\kappa\theta)\} & \exp(-\kappa\theta) \end{bmatrix}\begin{bmatrix} 1 \\ 0 \end{bmatrix}$$
$$= \begin{bmatrix} \exp(-\theta) \\ \dfrac{1}{\kappa-1}\{\exp(-\theta) - \exp(-\kappa\theta)\} \end{bmatrix} \quad (E2.3)$$

式 (1.70), (1.106) が導出できた．

【例題 2.2】 等温操作される完全混合流れ反応器（空間時間 τ）において，自触媒反応（A+R→R+R；反応速度定数 k）が起こっている．反応器入口流体中の成分 A, R の濃度を c_{A_0}, c_{R_0}, 総和濃度を $c_0 = c_{A_0} + c_{R_0}$ とおく．$\theta = kc_0 t$, $\lambda = kc_0\tau$ とすると，無次元濃度 $u = c_A/c_0$ は定常状態ではどのように表せるか．定常状態に外乱が入り，u が $u+x$ に変化した．反応器の安定性について議論せよ．

[解答] 物質収支は以下で記述できる．

$$\frac{dc_A}{dt} = \frac{c_{A_0} - c_A}{\tau} - kc_A(c_0 - c_A) \quad (E2.4)$$

無次元化を行うと次式を得る.

$$\frac{du}{d\theta} = \frac{u_0 - u}{\lambda} - u(1-u) \quad (E2.5)$$

ただし, $u = c_{A_0}/c_0$ である. 定常状態では次式を得る.

$$\bar{u} = \frac{1}{2}\left(\frac{1}{\lambda} + 1\right)\left[1 \pm \left\{1 - \frac{4\frac{u_0}{\lambda}}{\left(\frac{1}{\lambda} + 1\right)^2}\right\}^{1/2}\right] \quad (E2.6)$$

もし u_0 が1に近似できる場合, u の定常値は $1/\lambda$, 1 となる. 偏差 x に関しては次式を得る.

$$\frac{dx}{d\theta} = -\left(\frac{1}{\lambda} + 1 - 2\bar{u}\right)x + x^2 \quad (E2.7)$$

右辺第2項は小さいと考えると, 定常値が $1/\lambda$ の場合, $1/\lambda$ が1より小さければ反応器は安定, 1より大きければ不安定であることがわかる. 一方, 定常値が1のとき, $1/\lambda$ が1より大きければ反応器は安定, 1より小さければ不安定であることがわかる.

2.3 カタストロフィーと構造安定性

断熱操作される完全混合流れ反応器において生起する液相不可逆1次反応（A→R）定常状態における原料成分濃度, 温度, 操作条件との関係式を式 (1.132) に示した. 定常状態を (u,v) で表すと, (u,v) はこれらの変数以外に係数 λ, γ, β の関数でもある.

反応率 $1-u$ と温度 v との関係を表す式 (1.132) と, 操作線を表す式 (1.133) との交点が完全流れ反応器の出口条件を表している. 図 2.3 は, $\gamma = 10$, $\lambda = 0.02$ とし, 式 (1.132) から求めた温度 v と反応率 $1-u$ との関係を示す. 図中の直線は操作線である. 図中の点Oは反応器入口の温度を示し, この位置での反応率はゼロである. 操作線①は, 点Aが反応器出口条件を与える. 出口温度は発熱反応によって 1.07 倍ほど入

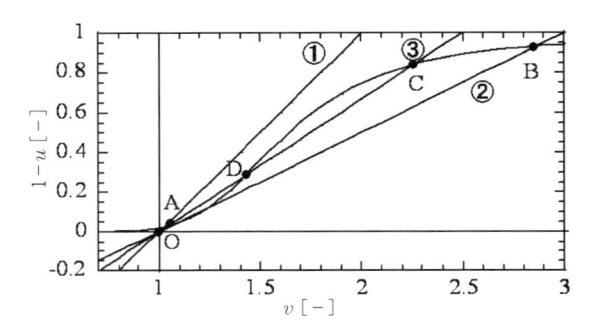

図 2.3 定常断熱操作される完全混合流れ反応器で生起する不可逆1次反応の安定性
$\lambda = k_0\tau = k'\exp\{-E_1/(RT_0)\}\tau = 0.02$.

口温度よりも高くなっている. 条件が点Aよりも高温側にシフトした場合, 操作線①の除熱量は式 (1.132) で算出した発熱量を上回るため, 反応器内流体は冷やされシフト後の状態は点Aに戻ろうとする.

一方, 条件が点Aよりも低温側にシフトした場合, 操作線①の除熱量は式 (1.132) で算出した発熱量を下回るため, 反応器内流体は暖められ, シフト後の状態は点Aに戻ろうとする. 点Aはモデル構造的に安定な操作点である. 操作線②は, 点Bが反応器出口条件を与える. 出口温度は発熱反応によって 2.86 倍ほど入口温度よりも高くなっている. 条件が点Bよりも高温側にシフトした場合, 操作線②の除熱量は式 (1.132) で算出した発熱量を上回るため, 反応器内流体は冷やされシフト後の状態は点Bに戻ろうとする. 一方, 条件が点Bよりも低温側にシフトした場合, 操作線②の除熱量は式 (1.132) で算出した発熱量を下回るため, 反応器内流体は暖められシフト後の状態は点Bに戻ろうとする. 点Bはモデル構造的に安定な操作点である. 操作線③は A, C, D の3点で式 (1.132) で算出した曲線と交差する. 点Aはすでに議論した安定操作点である. 点Cは点Bと同じ挙動を示す安定操作点である.

点Dは条件が点Dよりも高温側にシフトした場合, 操作線③の除熱量は式 (1.132) で算出し

た発熱量を下回るため，反応器内流体は暖められシフト後の状態は点 D から高温側に移動しようとする．一方，条件が点 D よりも低温側にシフトした場合，操作線③の除熱量は式（1.132）で算出した発熱量を上回るため，反応器内流体は冷やされシフト後の状態は点 D から低温側に移動しようとする．点 D はモデル構造的に不安定な操作点である．

式（1.132）より，無次元空間時間 λ，無次元活性化エネルギー γ を一定にした場合の操作点における反応率 $1-u$ は，無次元温度 v と無次元反応熱 β の関数であることがわかる．ここで次の変換を行う．

$$v^* = 1 - u + \frac{1}{\beta} v \quad (2.35)$$

式（1.132）より，次式が冷却操作線を示すことがわかる．

$$v^* = \frac{1}{\beta} \quad (2.36)$$

反応率 $1-u$ は次式を満たす．

$$1 - u = \frac{\lambda \exp\left[-\gamma\left\{\frac{1}{\beta(v^*-1+u)} - 1\right\}\right]}{1 + \lambda \exp\left[-\gamma\left\{\frac{1}{\beta(v^*-1+u)} - 1\right\}\right]} \quad (2.37)$$

v^* と $1-u$ との関係を図 2.4 に模式的に描いた．$-\beta$ の値が小さい場合は，操作線①の A_1 が示す

ように操作点は 1 個存在する．$-\beta$ 値を大きくすると操作点は 2 個となり，さらに大きくすると操作線③の A_3, D, C が示すように操作点は 3 個存在する．さらに $-\beta$ 値を大きくすると操作線②の A_2, B が示すように操作点は 2 個となる．パラメータの値を変化させると，モデルの安定性は構造的に急激に変化する．図中の $(v^*, -\beta)$ 平面上に急激に変化する点が連なっているが，この曲線の形がくさび形であることからくさび形カタストロフィー（cusp catastrophe）とよばれている[2]．くさび先端の点 $(v_c^*, -\beta_c)$ は inflection point とよばれる．A_1 と同様に安定な操作点となっている．

動的反応プロセスの安定性と数式モデルの構造安定性について触れたが，前者に関しては，濃度，圧力，温度に代表される状態変数が外乱の影響を受け変動したときに，変動前の状態に戻るか否かを議論した．後者に関しては，反応を記述する数式モデルの係数の値が変化したときに，操作点はモデル係数変化に対し安定か否かを議論した．前者の不安定性は動的制御の対象であるが，後者の不安定性に関しては変数間のつながりという構造的な問題を考慮することが大切である．

【例題 2.3】 断熱操作される完全混合流れ反応器（空間時間 τ，原料成分濃度 c_{A_0}）内で不可逆 1 次反応（A→R：$-r_A = k c_A = k_0 \exp\{-E/(RT)\} c_A$）が進んでいる．定常操作を行っている最中に外乱が入り，反応器出口における原料成分無次元濃度が $u = c_A/c_{A_0}$ から $u + x_1$ に変化し，出口流体無次元温度が $v = T/T_0$ から $v + x_2$ に変化した．観察期間中，c_{A_0}, T_0, τ は一定とする．反応操作の安定性を議論せよ．

［解答］ 式（1.124），（1.125）で $\delta = 0$ とおくと濃度変動，温度変動にかかわる状態方程式として次式を得る．

$$\frac{dx_1}{d\theta} = -\left(\frac{1}{\lambda} + 1\right) x_1 - \gamma x_2 \quad (E2.8)$$

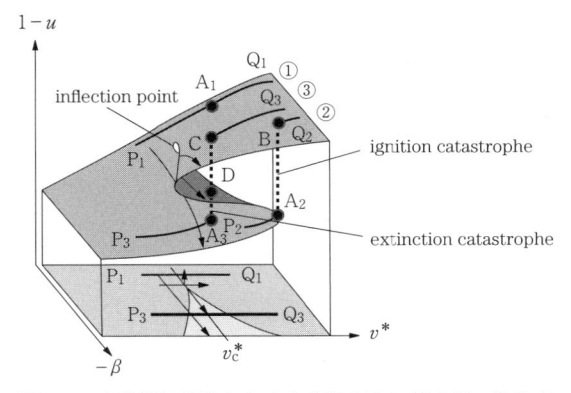

図 2.4 定常断熱操作される完全混合流れ反応器の操作点とモデル係数との相関関係に見られる楔形カタストロフィー

$$\frac{dx_2}{d\theta} = -\beta x_1 - \left(\frac{1}{\lambda} + \beta\gamma\right)x_2 \quad \text{(E2.9)}$$

特性方程式は

$$s^2 + \left(\frac{2}{\lambda} + 1 + \beta\gamma\right)s + \frac{1}{\lambda}\left(\frac{1}{\lambda} + 1 + \beta\gamma\right) = 0$$

(E2.10)

となるため固有値は実根を有し，$-1/\lambda$ および $-(1/\lambda+1+\beta\gamma)$ であることがわかる．吸熱反応では $\beta>0$ であるため 2 つの実根は負であり，安定結節点であることがわかる．発熱反応では $\beta<0$ であるため，$1/\lambda>-1-\beta\gamma$ であれば 2 つの固有値は負であるため安定結節点を与えるが，$1/\lambda<-1-\beta\gamma$ であれば 2 つの固有値は一方が正，一方が負であるため鞍状点を与えることがわかる．

文　献

1) Ogata, K. (1967): State Space Analysis of Control Systems, Prentice-Hall, Englewood Cliffs, N. J., USA.
2) Thom, R. (1977): "Structural stability, catastrophe theory and applied mathematics," *SIAM Rev.*, **19**, 189.

問　題

2.1 断熱操作される完全混合流れ反応器（空間時間 τ，原料成分濃度 c_{A_0}）内で不可逆ゼロ次反応（A→R；$-r_A = k = k_0\exp\{-E/(RT)\}$）が進んでいる．定常操作を行っている最中に外乱が入り，反応器出口における原料成分無次元濃度が $u = c_A/c_{A_0}$ から $u+x_1$ に変化し，出口流体の無次元温度が $v = T/T_0$ から $v+x_2$ に変化したとする．観察期間中，c_{A_0}，T_0，τ は一定とする．反応操作の安定性を議論せよ．

2.2 流通系反応器で反応（A→R）が定常状態に達している．原料成分の入口濃度を c_{A_0}，時間の逆数で記述できる見かけの 1 次反応速度定数を k とし，$u = c_A/c_{A_0}$，$\theta = kt$ とおく．いま，定常状態の原料成分濃度を u とし，外乱を受けた後，これが $u+x$ に変化したとする．実験を繰り返したところ，次式が導かれた．

$$\frac{dx}{d\theta} = \kappa - x^2$$

κ は空間時間，および供給原料中の A 成分濃度で決まる正の関数である．次の問に答えよ．

① $\kappa=0$ のとき，外乱を受けた後の反応系の安定性について考察せよ．

② $\kappa>0$ のとき，外乱を受けた後の反応系の安定性について考察せよ．

③ ① と ② に示唆される構造安定性を折り目カタストロフィーに関連づけよ．

3

気 液 反 応

3.1 気液反応と反応吸収

　気液反応とは，気相中の反応成分（A）が液相に溶解し，液相中の反応成分（B）と反応するものを指す．例をあげると，ガス中から炭酸ガスを除去するために，アルカリ性の溶液にガスを通じ液相に吸収させると反応吸収が起こる．これは物理吸収（physical absorption）に対応する言葉であり，化学吸収（chemical absorption）ともよばれる．炭酸ガスのアルカリ性溶液への反応吸収は，酸・塩基反応であるため，液相内での反応はきわめて迅速に起こり，ほとんど液境膜内で反応が完結する．一方，液相空気酸化のように反応が比較的遅い場合，上記の反応吸収とは異なり，液境膜内ではほとんど反応が進行せず，液本体で主たる反応が起こる．

　ここでは，炭酸ガスの吸収といったきわめて迅速な反応の場合と，液相空気酸化のようなゆっくりとした反応の場合に分けて議論する．以下，簡便性を重視し，二重境膜説（film theory）[1]を前提とした議論を進める．浸透説（penetration theory）[2]，表面更新説（surface renewal theory）[3]を前提としたモデル解析に関しては他書を参照されたい．

3.1.1 瞬間反応

　図3.1は気液瞬間反応を示している．反応がき

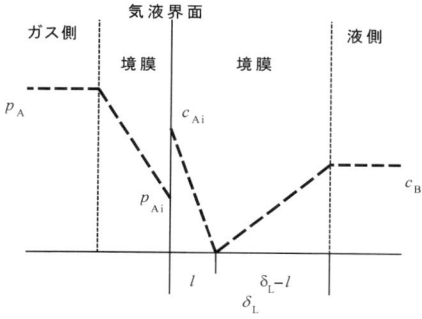

図 3.1 気液反応における界面近傍の濃度分布（瞬間反応）
反応の化学量論 A(G)+bB(L)→R(L)

わめて速いため，液膜内で気相から溶解した分子Aと液相中のBとの反応が完結している．ガス境膜での気相成分Aの拡散流束 J_A[mol·m^{-2}·s^{-1}]は，

$$J_A = k_G(p_A - p_{Ai}) \tag{3.1}$$

で記述できる．ここで，k_G[mol·Pa^{-1}·m^{-2}·s^{-1}]はガス境膜での物質移動係数，p_A[Pa]はガス本体のAの分圧，p_{Ai}[Pa]は界面でのAの分圧である．気液界面では，Henryの法則が成り立っているとすると，

$$p_{Ai} = H_A c_{Ai} \tag{3.2}$$

となる．ここで，H_A[Pa·m^3·mol^{-1}]は，気体Aの純溶媒への溶解のHenry定数である（モデルでは，界面直下の液膜中では，液側の反応物Bは存在せず，純溶媒にAが溶解するだけなのでHenry則が広く用いられている）．成分Aと成分Bが反応する面を反応面とよぶ．反応面は界面か

ら距離 l[m] の位置にあると考える．このとき，液膜内での A の拡散流束は，

$$J_A = D_A \frac{c_{Ai} - 0}{l} = \frac{D_A}{l} c_{Ai} \quad (3.3)$$

と記述できる．D_A[m^2·s^{-1}] は液膜中での A 分子の拡散係数である．

一方，反応物 B の物質移動流束は，以下のように表せる．

$$J_B = D_B \frac{c_B - 0}{\delta_L - l} = \frac{D_B}{\delta_L - l} c_B \quad (3.4)$$

D_B[m^2·s^{-1}] は液膜中での B 分子の拡散係数，δ_L[m] は液側境膜の厚みである．

図 3.1 に示した反応の化学量論式から，$J_A = J_B/b$ が成り立つため，液単位容積当たりの反応速度を $(-r_A)$[mol·m^{-3}·s^{-1}]，液の単位容積当たりの気液界面積を a[m^2·m^{-3}] とすると，反応面では

$$(-r_A) = aJ_A \quad (3.5)$$

が成り立つため，式 (3.3)，(3.4) より次式を得る．

$$(-r_A) = aJ_A = a\frac{D_A}{\delta_L} c_{Ai}\left(1 + \frac{1}{b}\frac{D_B}{D_A}\frac{c_B}{c_{Ai}}\right)$$

$$= k_L a c_{Ai}\left(1 + \frac{1}{b}\frac{D_B}{D_A}\frac{c_B}{c_{Ai}}\right) = k_L a \beta_i c_{Ai} \quad (3.6)$$

k_L[m·s^{-1}] は液相物質移動係数であるが，式 (3.6) では，成分 A の濃度が十分小さい場合に成り立つ次式を使用している．

$$k_L = \frac{D_A}{\delta_L} \quad (3.7)$$

物理吸収の場合の流束は，

$$J_A = k_L c_{Ai} \quad (3.8)$$

なので，式 (3.6) の括弧内の第 2 項目は，反応吸収の加速効果を表しており，

$$\beta_i = 1 + \frac{1}{b}\frac{D_B}{D_A}\frac{c_B}{c_{Ai}} \quad (3.9)$$

である．式 (3.1)，(3.2)，(3.5)，(3.6)，(3.8) から，実験的に求めることの困難な c_{Ai}, p_{Ai} を消去すると次式を得る．

$$(-r_A) = aJ_A = \frac{a\left(\frac{p_A}{H_A} + \frac{1}{b}\frac{D_B}{D_A}c_B\right)}{\frac{1}{H_A k_G} + \frac{1}{k_L}} = k_L a \beta_i \quad (3.10)$$

式 (3.10) の分母は，界面を挟んでの気液両境膜（二重境膜）の総括の物質移動抵抗であり，分子は，物質移動の駆動力である．ちなみに分子が物質移動の推進力で左辺 J_A が流束なので，電気学の I（電流）$= E$（電圧：駆動力）$/R$（抵抗）と等価な式となっている．

気液接触型の反応では，液単位容積当たりの気液界面積 a が重要な変数となっている．気泡が液と接触する場合には，気泡径を d_B，反応器単位容積当たりの気相容積であるガスホールドアップを ε_G[−] とすると，次の関係がある．

$$a = \pi d_B^2 \frac{\varepsilon_G}{\frac{\pi}{6}d_B^3(1-\varepsilon_G)} = \frac{6\varepsilon_G}{d_B(1-\varepsilon_G)} \quad (3.11)$$

ガスホールドアップ，気泡径の計測より a が算出できる．

3.1.2 遅い反応

液相空気酸化にみられるように比較的液相内での反応がゆっくりしているとき，界面近傍での各成分の濃度分布は，図 3.2 で表される．ガス境膜での成分 A の物質移動は式 (3.1)，気液界面での平衡関係は式 (3.2) で記述できる．液境膜での成分 A の物質移動流束は，

$$J_A = D_A \frac{c_{Ai} - c_A}{\delta_L} = k_L(c_{Ai} - c_A) \quad (3.12)$$

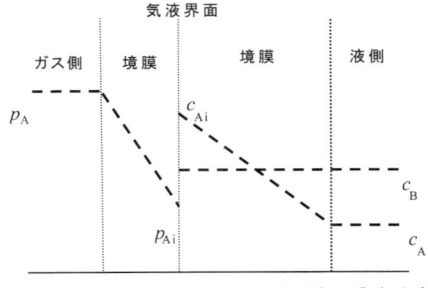

図 3.2 気液反応における界面近傍の濃度分布
（遅い反応）

と表せる.反応は液本体で起こっているため,反応速度は,2次の反応速度定数をkとすると,反応が定常状態にあるときには,次式で表せる.

$$(-r_A) = aJ_A = k_Ga(p_A - p_{Ai}) = k_La(c_{Ai} - c_A)$$
$$= (1-\varepsilon_G)kc_Ac_B \quad (3.13)$$

ここで,$1-\varepsilon_G$は液ホールドアップである.式(3.1),(3.2),(3.12),(3.13)より,測定が困難な各成分濃度,p_{Ai},c_{Ai}およびc_Aを消去すると次式を得る.

$$(-r_A) = \frac{p_A}{\dfrac{1}{k_Ga} + \dfrac{H_A}{k_La} + \dfrac{H_A}{kc_B(1-\varepsilon_G)}} \quad (3.14)$$

ここで,$1/k_Ga$はガス側境膜での反応分子Aの物質移動抵抗,H_A/k_Laは液側境膜での溶解したAの物質移動抵抗および第3項が液中での反応抵抗である.

3.1.3 中庸な速度の反応

3.1.1項の条件では,反応が液膜中の反応界面でのみ進行し完結するのに対し,3.1.2項では,逆に液膜中で全く反応しない両極端の条件である.この中間の状態(図3.3)では,液膜内で徐々に反応が進行するので,界面をとおして気相から溶解するAの濃度c_Aと液相中の反応分子Bの濃度c_Bが変化する.物質収支も物質移動および反応が同時に起こるため複雑になる.分子Aについて,液境膜内の微小区間で物質収支をとる

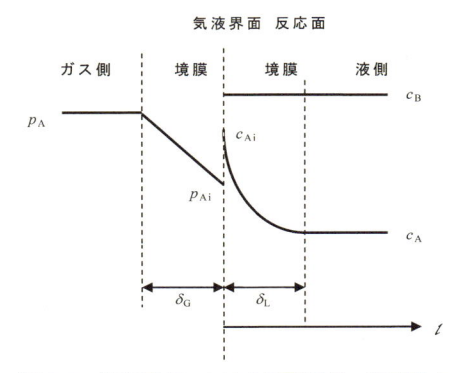

図3.3 気液反応における界面近傍の濃度分布(中庸な反応)

と,最終的に次の微分方程式を得る.

$$D_A \frac{d^2c_A}{dl^2} = kc_Ac_B \quad (3.15)$$

ここで,界面を基点として液境膜側方向にl軸をとる.また,簡単のためにc_Bは,液境膜中で大きくは減少せずほぼ一定とみなすと,反応は不可逆擬1次反応として近似でき,境界条件$l=0$で$c_A=c_{Ai}$および$l=\delta_L$で$c_A=0$の下,式(3.15)の微分方程式を解くと,

$$c_A = \frac{\sinh\left[\gamma\left(1-\dfrac{l}{\delta_L}\right)\right]}{\sinh\gamma} c_{Ai} \quad (3.16)$$

を得る.ただし,式中の係数$\gamma [-]$は

$$\gamma = \delta_L \left(\frac{kc_B}{D_A}\right)^{1/2} \quad (3.17)$$

であり,反応速度と拡散速度の比を表す無次元数で反応-拡散数または八田数(Hatta modulus)[4]とよんでいる.係数γは次式のように展開でき,γ^2は液側境膜での反応速度の最大値を物質移動流束の最大値で割った値となっている.

$$\gamma = \delta_L \left(\frac{kc_B}{D_A}\right)^{1/2} = \left(\frac{kc_{Ai}c_B\delta_L}{\dfrac{D_A}{\delta_L}c_{Ai}}\right)^{1/2} = \frac{(kc_BD_A)^{1/2}}{k_L}$$
$$(3.18)$$

定常状態の反応速度$(-r_A)$は,

$$(-r_A) = aJ_A = a(J_A)_{l=0} = a\left[-D_A\frac{dc_A}{dl}\right]_{l=0}$$
$$= k_La\frac{\gamma}{\tanh\gamma}c_{Ai} = k_La\beta c_{Ai} \quad (3.19)$$

となる.式(3.10)のβ_i,式(3.19)のβは,物理吸収速度と反応吸収速度との比を表しており,反応係数(enhancement factor)とよんでいる.式(3.19)が成り立つ場合,反応係数βは次式で表せる.

$$\beta = \frac{\gamma}{\tanh\gamma} \quad (3.20)$$

反応-拡散数γと反応係数βの関係は,γがゼロのとき,βは1となり,$\gamma<0.02$では成分Aのモル数変化は遅い反応または物理吸収で近似できる.γの増加に伴いβは増加し,$\gamma>5$では$\beta=\gamma$

となる．このとき，式(3.19)より

$$(-r_A) = k_L a \beta c_{Ai} = k_L a \gamma c_{Ai} = \frac{(kc_B D_A)^{1/2}}{k_L} k_L a c_{Ai}$$
$$= (kc_B D_A)^{1/2} a c_{Ai} \quad (3.21)$$

となる．反応が迅速である場合，成分Aのモル数変化は境膜の厚みとは無関係となることが確認できる．

3.1.4 不可逆2次の非瞬間反応

式(3.20)は不可逆擬1次反応を前提として導出した．不可逆2次反応の場合，瞬間反応であれば，式(3.9)で反応係数を推算できる．不可逆2次非瞬間反応の場合には，式(3.15)は，非線形問題として記述されるが，近似的には次の回帰方程式に従い反応係数が解析されている[5]．

$$\beta = \frac{\gamma \left(1 - \frac{\beta-1}{\beta_i-1}\right)^{1/2}}{\tanh\left\{\gamma\left(1-\frac{\beta-1}{\beta_i-1}\right)^{1/2}\right\}} \quad (3.22)$$

簡便な陽関数近似解として次式が用いられている[6]．

$$\beta = 1 + (\beta_i - 1)\left\{1 - \exp\left(-\frac{\gamma-1}{\beta_i-1}\right)\right\} \quad (3.23)$$

図3.4は反応-拡散数γと反応係数βとの関係を示す．図中，上段の曲線は擬1次不可逆反応（式(3.20)）の計算結果を表す．β_iが付記された一連の曲線群は式(3.23)を用いた第ゼロ近似的な計算結果を示す．図より係数γの大小に応じ，気液界面反応は以下のように分類できる．

1) $\gamma<0.05$: 反応は緩慢であり，βは1に近似でき，物理吸収が成分Aのモル数変化を表している．気相成分Aのほとんどが液主流中に分子拡散し反応する．

2) $0.05<\gamma<3$: 反応は緩慢でも迅速でもなく中間状態で進行する．

3) $\gamma>3$: 反応は液膜中で生起する．特に$\gamma>5$では反応係数は係数γと等しい．

3.2 気液接触反応器の選定

気液接触型の反応器として気泡塔（bubble column），通気式撹拌槽（aerated agitation tank），段塔（plate tower），スプレー塔（spray tower）をとり上げる（図3.5）．

気泡塔は，円筒型の塔の底部からガス分散器を介して液または粒子懸濁液（スラリー）中にガスを吹き込み，気泡を生成させて気液を接触させ，

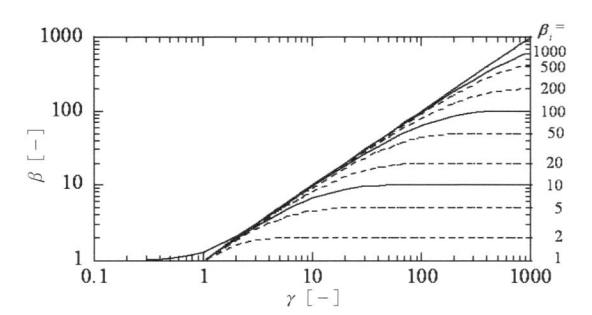

図3.4 反応-拡散数(γ)と反応係数(β)との関係
β_i：瞬間反応の反応係数．

(a) 気泡塔　　(b) 通気式撹拌槽
(c) 段塔　　(d) スプレー塔

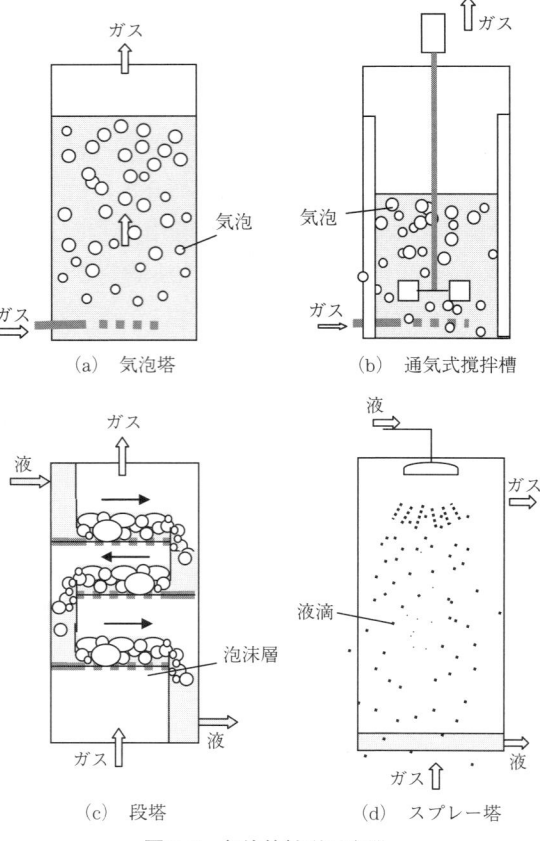

図3.5 気液接触型反応器

気液界面を介して物質移動を行わせ反応を行わせる装置である．ガス分散器を有する円筒型の塔の中に撹拌装置を設備した反応器を通気式撹拌槽とよぶ．段塔は，ガス分散器を底部とする段上に液または粒子懸濁液を保持し，ガス分散器から気泡を分散させて泡沫層を形成させ，気液接触を促す反応器である．スプレー塔は，ノズルより液を噴霧し，多数の微細な液滴，液膜片をガス中に分散させ，気液接触を促す反応器である．

γ が小さい場合，反応が緩慢であるため懸濁液単位容積に占める液容積の割合を大きくし，ガスホールドアップ ε_G を小さくする必要がある．気泡塔の ε_G は 0.02 程度，通気式撹拌槽の ε_G は 0.1 程度であるため，γ が小さい場合には，これらの反応器が適している．γ が大きい場合，反応は迅速であり，境膜内で反応が起こるため，気液界面積を大きくすることが大切となる．ε_G を大きくする必要がある．向流式反応器を例にとると，スプレー塔の ε_G は 0.95，段塔式反応器の ε_G は 0.85 であるため，γ が大きい場合にはこれらの反応器が適している．

3.3 気泡塔，エアリフト反応器の設計

気液接触型の反応器の代表例として気泡塔およびその変形であるエアリフト反応器（airlift reactor）（図3.6）を取り上げ，反応器設計の要点を示す．

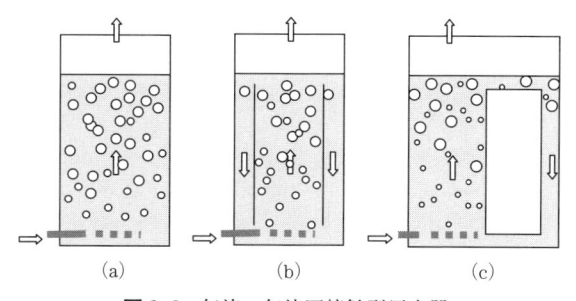

図3.6 気液，気液固接触型反応器
(a)気泡塔反応器，(b)内部循環型エアリフト反応器（二重管型気泡塔），(c)外部循環型エアリフト反応器

エアリフト反応器の一つである二重管型気泡塔は，気泡塔内液循環を安定化するために，気泡塔の内側にドラフトチューブとよばれる内管を設置した装置である．二重管型気泡塔は，液または粒子懸濁液を装置に入れたあとに内管底部にガスを吹き込み，そのエアリフト作用によって液または粒子懸濁液を強制的に内管底部から上部へ，装置上部の中心から装置壁面方向に，外管上部から外管底部へ，装置下部の壁面から中心方向へと循環させる反応器である．内管内をライザー，外管と内管との間をダウンカマーとよぶ．この装置を内管ガス吹き込み型エアリフト反応器とよぶ．二重管型気泡塔では，ガスを環状部に吹き込んで外管と内管との間をライザーとし，内管内をダウンカマーとして取り扱う装置もあるが，この装置を環状部ガス吹き込み型エアリフト反応器とよぶ．二重管型気泡塔は，内部循環型エアリフト反応器ともよぶ．

一方，気泡塔全体をライザーとして活用し，気泡塔の外側にダウンカマーを付設する装置があるが，この装置を外部循環型エアリフト反応器とよんでいる．内部循環型エアリフト反応器，外部循環型エアリフト反応器をあわせてエアリフト反応器とよぶ．気泡塔，エアリフト反応器は，化学反応器，生物反応器，廃水処理反応器，浸出装置として実用化されている．

これらの気液接触反応器，気液固接触反応器を設計する際の重要因子は，ガスホールドアップ（$\varepsilon_G[-]$）および物質移動容量係数（$k_La[\mathrm{h}^{-1}]$）である．これらの変数を液物性，装置形状因子に関連付けた相関式がいくつか提出されているが，気泡塔，二重管型気泡塔に関し代表的な相関式を引用する．

液中にガスを分散させる気泡塔の ε_G, k_La に関する相関式として，以下がある[7]．

$$\frac{\varepsilon_G}{(1-\varepsilon_G)^4}=0.20\left(\frac{gd_T^2\rho_L}{\sigma}\right)^{1/8}\left(\frac{gd_T^3\rho_L^2}{\mu_L^2}\right)^{1/12}\left\{\frac{U_G}{(gd_T)^{1/2}}\right\}$$

(3.24)

$$\frac{k_L a d_T^2}{D_L} = 0.6 \left(\frac{\mu_L}{\rho_L D_L}\right)^{0.500} \left(\frac{g D_T^2 \rho_L}{\sigma}\right)^{0.62} \left(\frac{g d_T^3 \rho_L^2}{\mu_L^2}\right)^{0.31} \varepsilon_G^{1.1}$$
(3.25)

ここで，U_G[m·h^{-1}]はガス空塔速度，d_T[m]は塔径，ρ_L[kg·m^{-3}]は液密度，μ_L[Pa·s]は液粘度，D_L[m^2·s^{-1}]は液中における溶存気相分子の拡散係数，σ[kg·m^2·s^{-2}]は気液界面張力，g[m·s^{-2}]は重力加速度である．

粒子懸濁気泡塔に関しては，次式が提出されている[8]．

$$\frac{\varepsilon_G}{(1-\varepsilon_G)^4} = 0.277 \frac{\left(\frac{U_G \mu_L}{\sigma}\right)^{0.918} \left(\frac{g \mu_L^4}{\rho_L \sigma^3}\right)^{-0.252}}{1+4.35 \phi_S^{0.748} \left(\frac{\rho_S - \rho_L}{\rho_L}\right)^{0.881} \left(\frac{\rho_L U_G d_T}{\mu_L}\right)^{-0.168}}$$
(3.26)

$$\frac{k_L a \sigma}{\rho_L D_L g} = 2.11 \frac{\left(\frac{\mu_L}{\rho_L D_L}\right)^{0.500} \left(\frac{g \mu_L^4}{\rho_L \sigma^3}\right)^{-0.159} \varepsilon_G^{1.18}}{1 + 0.000147 \phi_S^{0.612} \left(\frac{U_G}{(g d_T)^{1/2}}\right)^{0.486} \left(\frac{g d_T^2 \rho_L}{\sigma}\right)^{-0.487} \left(\frac{\rho_L U_G d_T}{\mu_L}\right)^{-0.345}}$$
(3.27)

ここで，ϕ_S[-]は固体粒子の体積分率，ρ_S[kg·m^{-3}]は固体粒子の密度である．

液中にガスを分散させる二重管型気泡塔のε_G，$k_L a$に関する相関式として以下がある[9]．

$$\frac{\varepsilon_G}{(1-\varepsilon_G)^4} = 0.124 \frac{\left(\frac{U_G \mu_L}{\sigma}\right)^{0.966} \left(\frac{g \mu_L^4}{\rho_L \sigma^3}\right)^{-0.294} \left(\frac{d_i}{d_T}\right)^{0.114}}{1 - 0.276 \left\{1 - \exp\left(-0.0386 \frac{C r k^2}{\sigma}\right)\right\}}$$
(3.28)

$$\frac{k_L a d_T^2}{D_L} = 0.477 \left(\frac{\mu_L}{\rho_L D_L}\right)^{0.500} \left(\frac{g D_T^2 \rho_L}{\sigma}\right)^{0.873} \times \left(\frac{g d_T^3 \rho_L^2}{\mu_L^2}\right)^{0.257} \left(\frac{d_i}{d_T}\right)^{-0.542} \varepsilon_G^{1.36}$$
(3.29)

ここで，d_iは内管径，Crk^2/σは気泡合一にかかわる Marrucci のパラメータ，$r(=d_B/2)$は気泡半径，kは$(12\pi\sigma/Ar)^{1/3}$，Aは Hamaker 定数である．

粒子懸濁二重管型気泡塔では以下の式が得られている[10]．

$$\frac{\varepsilon_G}{(1-\varepsilon_G)^4} = 0.130 \frac{\left(\frac{U_G \mu_L}{\sigma}\right)^{0.890} \left(\frac{g \mu_L^4}{\rho_L \sigma^3}\right)^{-0.27} \left(\frac{d_i}{d_T}\right)^{0.057}}{\left[1 - 0.369 \left\{1 - \exp\left(-0.046 \frac{C r k^2}{\sigma}\right)\right\}\right](1 - 4.20 \phi_S^{1.69})}$$
(3.30)

$$\frac{k_L a d_T^2}{D_L} = 4.04 \frac{\left(\frac{\mu_L}{\rho_L D_L}\right)^{0.500} \left(\frac{g d_T^2 \rho_L}{\sigma}\right)^{0.67} \left(\frac{g d_T^3 \rho_L^2}{\eta_L^2}\right)^{0.26} \left(\frac{d_i}{d_T}\right)^{-0.047} \varepsilon_G^{1.34}}{1 + 2.00 \phi_S^{1.30}}$$
(3.31)

文　献

1) Lewis, W. K. and W. G. Whitman (1924) : "Principles of Gas Absorption," *Ind. and Eng. Chem.*, **16**, 1215-1220.
2) Higbie, R. (1935) : "The rate of absorption of a pure gas into a still liquid during short periods of exposure," *Trans. Am. Inst. Chem. Eng.*, **35**, 365-388.
3) Danckwerts, P. V. (1951) : "Significance of liquid-film coefficients in gas absorption," *Ind. and Eng. Chem.*, **43**, 1460-1467.
4) Levenspiel, O. (1999) : Chemical Reaction Engineering, 3 rd Ed., John Wiley & Sons.
5) van Krevelen, D. W. and P. J. Hoftijzer (1948) : *Rec. Trav. Chim.*, **67**, 563.
6) Porter, K. E. (1966) : *Trans. Inst. Chem. Eng.*, **44**, 725.
7) Akita, K. and F. Yoshida (1973) : "Gas Holdup and Volumetric Mass Transfer Coefficient in Bubble Columns," *Ind. Eng. Chem., Proc. Des. Dev.*, **12**, 76-80.
8) Koide, K., A. Takazawa, M. Komura and H. Matsunaga (1984) : "Gas Holdup and Volumetric Liquid-Phase Mass Transfer Coefficient in Solid-Suspended Bubble Column," *J. Chem. Eng., Japan*, **17**, 459-466.
9) Koide, K., K. Horibe, H. Kawabata and S. Ito (1985) : "Gas Holdup and Volumetric Liquid-Phase Mass

Transfer Coefficient in Solid-Suspended Bubble Column with Draft Tube," *J. Chem. Eng., Japan*, **18**, 248-254.

10) Koide, K., K. Shibata, H. Ito, S. Y. Kim and K. Ohtaguchi (1992) : "Gas Holdup and Volumetric Liquid-Phase Mass Transfer Coefficient in a Gel-Particle Suspended Bubble Column with Draught Tube," *J. Chem. Eng., Japan*, **25**, 11-16.

問　　題

気液反応（A(G→L)＋B(L)→R(L)）を考え，以下の問に答えよ．

3.1 液相中で分子AとBを反応させたところ，反応速度は成分A，B濃度の積に比例し速度定数は1 m^3·mol^{-1}·h^{-1}であった．次に気体のA成分（分圧，200 Pa）を準備し，B成分（濃度60 mol·m^{-3}）水溶液中にA成分を気泡分散させ反応を進めたところ，ガスホールドアップは0.99，$k_G a$は0.1 mol·m^{-2}·Pa^{-1}·h^{-1}，$k_L a$は80 h^{-1}，反応器単位容積当たりの気液界面積は100 m^{-1}であった．反応器単位容積，単位時間当たりのA成分のモル数変化を求めよ．成分AのHenry定数は50 Pa·m^3·mol^{-1}，液中における成分Aの拡散係数は1×10^{-9} m^2·s^{-1}とする．

3.2 設問3.1と同一の系で成分Aの分圧，ガスホールドアップ，気液界面積は同一とし，成分Bの濃度を上げ，成分Aの消費速度を5倍としたい．成分Bの濃度を求めよ．

4 固気反応,固液反応

4.1 固気反応,固液反応とは

ここで取り扱う固気反応,固液反応は,いずれも流体-固体反応であり,反応原料が流体(気相または液相)と固相の両相に存在し,それらが反応することで進行するものである.反応式で表すとたとえば次のような化学量論式である.

$$A(G)+B(S)\longrightarrow R(G)+S(S) \quad (4.1)$$

いくつか例をあげると,製鉄プロセスなどで利用されているように,石炭(あるいはコークス)を部分的に燃焼させて熱源とし,炭素(固相)や副生するCOなどを還元剤として利用し,鉄鉱石(鉄酸化物)から金属鉄(実際には溶融鉄)を得る反応がまずあげられる.この過程での石炭の燃焼反応を単純に化学式で示すと,

$$C(coal, cokes:S)+O_2(G) \longrightarrow CO_2(G)+Ash(S) \quad (4.2)$$

となり,流体(O_2)-固体(石炭)反応である.反応系は,気相と固相に分離されていて反応は気固界面で進行する.理想的には純粋な炭素であれば生成物は,CO_2あるいはCOのみであり,固体残渣は生成しないが,実際にはSiO_2やアルカリおよびアルカリ土類金属などが含まれるため,灰とよばれる固相生成物が生成する.次に,石炭(下記),バイオマスのガス化あるいは液化反応の流体-固体反応があげられる.

$$C(coal:S)+2H_2(G)\longrightarrow CH_4(G) \quad (4.3)$$

$$nC(coal:S)+nH_2(G) \longrightarrow \text{\textendash}(CH_2)_n\text{\textendash}(hydrocarbon:G \text{ or } L) \quad (4.4)$$

通常の薪の燃焼反応,固体触媒上の気相反応も流体-固体反応のモデルであり,かなり一般的な反応系であるといえよう.本章では固体触媒反応以外の固体-流体反応について議論し,固体触媒反応は5章で取り扱う.

4.2 考慮すべき動力学的プロセスおよび物性値

1) 反応の化学量論

たとえば,2分子の気相成分Aと1分子の固相成分Bが反応し,R,Sそれぞれ1分子を生成する場合には次式を準備する.

$$2A(G)+B(S)\longrightarrow R(G)+S(S) \quad (4.5)$$

2) 流体中の反応分子(A)の固体反応物(S)粒子表面への拡散

対象となる固体が流体中の球形粒子である場合には,以下を考慮する.

・流体中のAの拡散係数:D_A
・固体粒子の大きさと形状:代表径 d_p,球形
・固体粒子周囲の流体の流動状態:線速度(u),粘度(μ),密度(ρ)

以上の情報から,Re(Reynolds数),Sc(Schmidt数)およびSh(Sherwood数)を求め,物質移動係数を得る.流体中の粒子表面への物質移動における物質移動係数の求め方について

は，5章に詳述するので参照されたい．

3) 固体生成物層（C）内での反応分子（A）の拡散

・固体生成物の内部構造（多孔質構造など）：密度（ρ_p），空隙率（ε），反応分子Aの多孔質内での有効拡散係数（D_{eA}）など

4) 流体-固体界面での反応の速度式

反応次数，速度定数：$(-r_A)=kc_A^n$ など

4.3 流体-固体反応のモデルと解析方法

流体-固体反応のモデルとして，未反応核モデル（shrinking core model）があげられる．図4.1にそのモデルを示した．反応は，固体粒子外表面から進行し，燃え殻などの生成物層が形成される．この生成物層は，多孔質であり，気体反応物は，生成物層を拡散して未反応核の界面に達し反応する．この際，生成物層内の流体中の分子の拡散速度が反応の全体のプロセスに影響を与える．

未反応核モデルにおいて，反応の過程は，次の3つのプロセスからなる．

1) 粒子外部に形成される流体-固体境膜内における流体中の反応分子の拡散

2) 多孔質生成物層内における分子の拡散

3) 生成物層-未反応核界面での分子と固体との反応

反応にかかわる分子Aに着目して，その濃度分布を考えると，図4.2のようになる．図中，流体本体での反応分子Aの濃度をc_{Ab}[mol·m^{-3}]，固体粒子表面での分子Aの濃度をc_{AS}

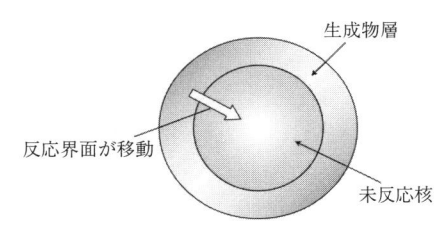

図4.1 未反応核モデルの概念図

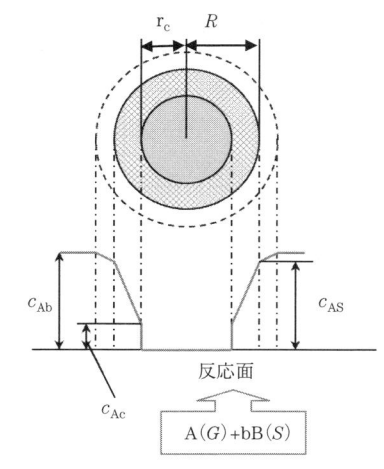

図4.2 流体-固体反応における流体中の分子の固体粒子および近傍での濃度分布

[mol·m^{-3}]，未反応核-生成物層界面での分子Aの濃度をc_{Ac}[mol·m^{-3}]とする．また，固体粒子は半径R[m]の球形であるとし，未反応核内部は無孔であり，分子Aはそれ以上内部へは進入しないと仮定する．上記1)～3)は以下のようにモデル化できる．

1) 外部境膜中における分子Aの移動速度

外部境膜内のAの物質移動流束J_{A1}[mol·m^{-2}·s^{-1}]は，物質移動係数をk_c[m·s^{-1}]とすると，

$$J_{A1}=k_c(c_{Ab}-c_{AS}) \quad (4.6)$$

で表せる．

2) 多孔質生成物層内の分子Aの移動速度

本章では，成分Aの消費反応速度をイタリック記号$(-r_A)$，$(-r_{pA})$で表し，粒子の半径位置をローマン記号rで表し，区別する．多孔質生成物層内での分子Aの有効拡散係数をD_{eA}[m^2·s^{-1}]とすると，生成物層内の任意の場所（半径r：r$_c$＜r＜R，ここでr$_c$は，未反応核の半径）での球殻単位表面積当たりの分子Aの移動速度である物質移動流束J_{A2}[mol·m^{-2}·s^{-1}]は次式で表せる．

$$J_{A2}=D_{eA}\frac{dc_A}{dr} \quad (4.7)$$

反応が定常的であると仮定すると，$4\pi r^2 J_{A2}$は，r

によらず一定であるので次式を得る．

$$J_{A2} = D_{eA}\frac{dc_A}{dr} = \left(\frac{R}{r}\right)^2 J_{A1} = \left(\frac{R}{r}\right)^2 k_c(c_{Ab} - c_{AS}) \quad (4.8)$$

式（4.8）を $r = r_c$ で $c_A = c_{Ac}$，$r = R$ で $c_A = c_{AS}$ の境界条件のもとで解くと，多孔質生成物層内の分子 A の濃度を記述する式として次式を得る．

$$c_A = c_{AS} - \frac{k_c R^2}{D_{eA}}(c_{Ab} - c_{AS})\left(\frac{1}{r} - \frac{1}{R}\right) \quad (4.9)$$

3）生成物層-未反応核界面での反応速度

半径 r_c の未反応固体粒子の単位表面積当たりの分子 A の反応速度を $r_{pA}[\mathrm{mol \cdot m^{-2} \cdot s^{-1}}]$ で表す．多孔質生成物層の半径 r_c 位置（反応面）に供給される分子 A の物質移動流束 $J_{A3}[\mathrm{mol \cdot m^{-2} \cdot s^{-1}}]$，この位置での分子 A の濃度 c_{Ac} は式（4.8），（4.9）より次式で表せる．

$$J_{A3} = \left(\frac{R}{r_c}\right)^2 J_{A1} = \left(\frac{R}{r_c}\right)^2 k_c(c_{Ab} - c_{AS}) \quad (4.10)$$

$$c_{Ac} = c_{AS} - \frac{k_c R^2}{D_{eA}}(c_{Ab} - c_{AS})\left(\frac{1}{r_c} - \frac{1}{R}\right) \quad (4.11)$$

流体分子 A と固体との反応速度が A の濃度に 1 次で表され，短い時間の間，①〜③の過程が同じ速度で進行すると仮定すると，次式を得る．

$$J_{A3} = (-r_{pA}) = k_S c_{Ac} = \left(\frac{R}{r_c}\right)^2 k_c(c_{Ab} - c_{AS}) \quad (4.12)$$

ここで，$k_S[\mathrm{m^3 \cdot m^{-2} \cdot s^{-1}}]$ は，固体の反応面単位面積当たりの分子 A と固体構成分子との反応の速度定数である．式（4.6），（4.9），（4.12）より，測定によって知ることが困難な仮想的な濃度，c_{AS} および c_{Ac} を消去すると

$$(-r_{pA}) = \frac{c_{Ab}}{\left(\frac{r_c}{R}\right)^2\frac{1}{k_c} + \left(1 - \frac{r_c}{R}\right)\frac{r_c}{D_{eA}} + \frac{1}{k_S}} = \frac{(-r_{pB})}{b}$$

$$(4.13)$$

を得る．$(-r_{pB})$ は反応面表面積基準の成分 B の反応速度，b は図 4.2 に示した化学量論係数である．b は，1/2 などの 1 以下の値も取りえるとする．したがって，物質移動係数 k_c，有効拡散係数 D_{eA}，反応速度定数 k_S，反応面位置 r_c がわかれば，速度を見積もることが可能である（c_{Ab} は，流体本体での A の濃度であり，測定は容易である）．

流体-固体反応においては，流体中の反応にかかわる分子 A の反応速度で定義することはまれで，通常，次式で定義される固体の反応率 x_B で表される．

$$x_B = 1 - \frac{\frac{4}{3}\pi r_c^3 \rho_B}{\frac{4}{3}\pi R^3 \rho_B} = 1 - \left(\frac{r_c}{R}\right)^3 \quad (4.14)$$

$\rho_B[\mathrm{mol \cdot m^{-3}}]$ は，固体粒子単位容積に含まれる成分 B のモル数である．このとき，

$$(-r_{pB}) = \frac{1}{4\pi r_c^2}\frac{d}{dt}\left(\frac{4}{3}\pi r_c^3 \rho_B\right) = \rho_B\frac{dr_c}{dt} \quad (4.15)$$

であるため，反応面位置の変化速度は次式で表される．

$$-\frac{dr_c}{dt} = \frac{1}{\rho_B}r_{pB} = \frac{bc_{Ab}/\rho_B}{\left(\frac{r_c}{R}\right)^2\frac{1}{k_c} + \left(1 - \frac{r_c}{R}\right)\frac{r_c}{D_{eA}} + \frac{1}{k_S}}$$

$$= \frac{R}{3}(1 - x_B)^{-2/3}\frac{dx_B}{dt}$$

$$= \frac{bc_{Ab}/\rho_B}{(1-x_B)^{2/3}\frac{1}{k_c} + \{1-(1-x_B)^{1/3}\}(1-x_B)^{1/3}\frac{R}{D_{eA}} + \frac{1}{k_S}}$$

$$(4.16)$$

初期条件，$t = 0$ のとき $r_c = R$ で解くと，

$$\frac{\rho_B R}{bc_{Ab}}\left[\frac{1}{3k_c}x_B + \left\{\frac{1}{2} - \frac{1}{3}x_B - \frac{1}{2}(1-x_B)^{2/3}\right\}\frac{R}{D_{eA}}\right.$$
$$\left. + \{1 - (1-x_B)^{1/3}\}\frac{1}{k_S}\right] = t \quad (4.17)$$

を得る．ここで，$x_B = 1$ のときが，固体 B がすべて反応する反応終了時であるので，そのときの時間が反応終了時間 t_f である．以下にこれを示す．

$$t_f = \frac{\rho_B R}{bc_{Ab}}\left[\frac{1}{3k_c} + \frac{1}{6}\frac{R}{D_{eA}} + \frac{1}{k_S}\right] \quad (4.18)$$

式（4.13）を電流-電圧-抵抗の関係とのアナロジーで考えてみよう．左辺の反応速度は電流に相当し，右辺分子の A の流体中での濃度 c_{Ab} は，反

応の推進力になるので，電圧に相当する．そうすると，（電流）＝（電圧）／（抵抗）の関係から類推すると，式（4.13）の右辺分母は，流体-固体反応プロセスの抵抗に相当することがわかる．分母第1項の $1/k_c$ は，外部境膜物質移動係数の逆数であるので，境膜物質移動抵抗を表す．同様に第2項（R/D_{eA} を含む項）は，生成物層内の拡散抵抗を，第3項（$1/k_s$ を含む項）は，反応界面での反応の抵抗となる．すでに述べたように3つのプロセスは直列過程であるので，それぞれの過程の抵抗の合計が全体のプロセスの総括抵抗となる．

4.4 律速段階の見分け方

4.3節で示したように，流体-固体反応は，1) 外部境膜拡散，2) 生成物層内拡散，3) 未反応核界面での反応の3つの直列のプロセスより構成されている．どのプロセスが律速段階であるかを判定することは，反応操作および反応終了時間を推定する上で重要である．ここでは，固体の反応率 x_B と反応時間との関係から律速段階を推定する方法について述べる．

式（4.17），（4.18）より，反応時間と反応終了時間の比 (t/t_f) は，次式で与えられる．

$$\frac{t}{t_f}=1-\frac{\frac{1}{3k_c}-\frac{1}{3k_c}x_B+\left\{-\frac{1}{3}+\frac{1}{3}x_B+\frac{1}{2}(1-x_B)^{2/3}\right\}\frac{R}{D_{eA}}+(1-x_B)^{1/3}\frac{1}{k_s}}{\frac{1}{3k_c}+\frac{1}{6}\frac{R}{D_{eA}}+\frac{1}{k_s}}$$
(4.19)

1) 外部境膜拡散が律速段階である場合

これは，外部境膜拡散抵抗（$1/3k_c$）が他の生成物層内拡散抵抗（$R/6D_{eA}$）および界面反応の抵抗（$1/k_s$）に比べ大きいとき，すなわち，$1/3k_c \gg R/6D_{eA}, 1/k_s$ のとき，式（4.18），（4.19）は，以下となる．

$$t_f=\frac{\rho_B R}{3k_c bc_{Ab}}$$
(4.20)

$$\frac{t}{t_f}=1-\frac{\frac{1}{3k_c}(1-x_B)}{\frac{1}{3k_c}}=x_B$$
(4.21)

2) 生成物層内拡散が律速段階である場合

$R/6D_{eA} \gg 1/3k_c, 1/k_s$ のときなので，

$$t_f=\frac{\rho_B R^2}{6bc_{Ab}D_{eA}}$$
(4.22)

$$\frac{t}{t_f}=1-\frac{-\frac{1}{3}\left(\frac{R}{D_{eA}}\right)(1-x_B)+\frac{R}{2D_{eA}}(1-x_B)^{2/3}}{\frac{1}{6}\frac{R}{D_{eA}}}$$
$$=1+2(1-x_B)-3(1-x_B)^{2/3}$$
(4.23)

3) 界面反応が律速段階である場合

$1/k_s \gg 1/3k_c, R/6D_{eA}$ のときなので，

$$t_f=\frac{\rho_B R}{bc_{Ab}k_s}$$
(4.24)

$$\frac{t}{t_f}=1-\frac{\frac{1}{k_s}(1-x_B)^{1/3}}{\frac{1}{k_s}}=1-(1-x_B)^{1/3}$$
(4.25)

となる．反応時間 t と反応率 x_B の関数型が異なるので，反応時間と固体の反応率の関係を調べれば，律速段階が推定可能である．反応終了時間 t_f は，固体の種類・大きさ，反応温度，流体中に含まれる反応分子Aの濃度が同じであれば一定であるので，依存性から判別できる．たとえば，反応率 x_B と時間が比例関係にあれば，それは式（4.21）を示しており，外部境膜拡散が律速段階であることを示している．

問　題

4.1 ある流体-固体反応において，固体試料の質量が反応開始時の1/3になる時間（$t_{1/3}$）を，大きさの異なった3種類の固体球形粒子についてそれぞれ測定したところ，下表の結果を得た．

固体粒子の半径 R[mm]	0.5	1	1.5
$t_{1/3}$[s]	75	150	225

反応が未反応核モデルに従うとし，また，未反応核界面での反応が1次反応であるとして律速段階を推定し，それぞれの反応終了時間 t^* を求めよ．

ただし生成物層の重量は無視できるものとし，また外部境膜内拡散は十分速いと考えてよい．

4.2 固体の粒子径を変えて流体-固体反応を行い，反応の律速段階と，反応終了時間を推定する手順を示せ．ここでは，各定数，物質移動係数や有効拡散係数，界面での反応速度定数などは不明である．

5 触媒反応工学

5.1 不均一系触媒反応

化学工業において行われている触媒反応の多くは，反応物が気相や液相に存在し触媒が固相である不均一系（heterogeneous systems）で進行している．反応分子が流体本体から固体触媒表面に拡散移動し，固体触媒表面で分子の組換えが起こり，生成物が固体触媒表面から流体本体に移動するといった，多段階の過程を経て進行する．最も単純な不均一系触媒反応を想定しても，以下の3つの素過程からなる．

吸着過程
$$A(G) + Catalyst(S) \longrightarrow A-Catalyst(S) \tag{5.1}$$

表面反応過程
$$A-Catalyst(S) \longrightarrow R-Catalyst(S) \tag{5.2}$$

脱離過程
$$R-Catalyst(S) \longrightarrow R(G) + Catalyst(S) \tag{5.3}$$

したがって，反応速度式は，吸着（adsorption），表面反応（surface reaction），脱離（desorption）のそれぞれのプロセスの化学量論関係の影響を大きく受け，単純な速度式にはならない．不均一触媒反応独特な濃度あるいは分圧の依存性を示し，また，濃度や反応温度によって速度式が変化することもしばしば起こる．本章では，不均一系触媒反応についての速度論を詳述したのち，不均一系触媒反応を用いた反応器設計，非等温系での反応器設計，拡散の影響と不均一触媒反応および気液固の3相が反応に関与する多相系不均一触媒反応の速度論についても取り扱う．

5.2 不均一系触媒反応の速度論

5.2.1 吸着平衡

不均一系触媒反応の第1歩は，反応分子が固体触媒表面に吸着することから始まる．反応全体の速度論を議論する上で吸着-脱着の平衡関係を理解することが重要である．分子の固体表面への吸着には，van der Waals力や凝集力などによって弱く吸着する物理吸着と化学結合を形成することによって吸着する化学吸着がある．物理吸着は，一般的にいって，吸着力が弱く，液体窒素温度（77 K）などの室温よりもかなり低い低温で起こる．一方，化学吸着は，吸着力が強く（化学結合なので），室温付近の比較的高い温度で起こる．不均一系触媒反応で重要なのは化学吸着であるので，化学吸着の吸着平衡について述べる．不均一系触媒反応では，化学吸着種が表面で分子の組み換えにより変化し反応が進行するので，反応速度は，表面の吸着種濃度によって決まる．

a. Langmuir型の吸着等温式

化学吸着で最も単純なモデル式がLangmuir型の吸着等温式である．本モデルでは，重要な3つ

の仮定があり，吸着等温式を用いる際に十分意識しておく必要がある．

① 固体表面には，分子を吸着できる有限の吸着サイトが存在し，吸着サイトにのみ分子が吸着できると仮定する（単分子層の形成）．

② 吸着する表面が均一である．すなわち，吸着する吸着サイトにエネルギー的な分布がない．いい換えると，固体表面に強い吸着サイトや弱い吸着サイトといった分布が存在しない．また，幾何学的にも吸着サイトの分布に偏りがないと仮定する．

③ 固体表面で吸着した分子（吸着種）どうしの相互作用はないと仮定する．

b． 1分子-1吸着サイト間での化学吸着（会合吸着）

たとえば，一酸化炭素（CO）がPt表面上に吸着する場合が該当するが，吸着分子をA，表面の吸着できる空の吸着サイトをσとし，吸着種をAσとすると，吸着の反応式は次のとおりである．

$$A + \sigma \longleftrightarrow A\sigma \quad (5.4)$$

図5.1に吸着過程を模式化して示した．吸着平衡関係を定量的に記述する際に，気体-固体間の化学吸着である場合は，気相の吸着分子Aの分圧（p_A[Pa]），固体触媒表面の吸着サイトの濃度は，全体の吸着サイトの数で規格化した被覆率（coverage）（θ_A[−]）を用いる．

式（5.4）の吸着反応の平衡定数をK_{ad}[Pa^{-1}]とすると，吸着平衡関係は次式で示される．

$$K_{ad} = \frac{\theta_A}{p_A(1-\theta_A)} \quad (5.5)$$

これをθ_Aについて解くと，次の吸着等温式を得る．

$$\theta_A = \frac{K_{ad}p_A}{1+K_{ad}p_A} \quad (5.6)$$

式（5.6）から吸着平衡定数K_{ad}が大きいかあるいはAの分圧p_Aが大きい場合（$K_{ad}p_A \gg 1$のとき），Aの分圧によらず$\theta_A = 1$となり，表面の吸着サイトはほとんど分子Aで飽和吸着されている．一方，K_{ad}あるいはp_Aが小さい場合は，$\theta_A = K_{ad}p_A$となり，表面の吸着種は少なく，被覆率は分圧に比例して増加する．吸着平衡定数K_{ad}は吸着の強さの尺度であり，K_{ad}が大きいほど化学吸着の結合力は強い．吸着の平衡定数K_{ad}と吸着熱ΔH_{ad}[J・mol^{-1}]との間には，平衡反応についてすでに記述したvan't Hoffの関係（式(1.14)）が成り立つ．

$$\frac{d(\ln K_{ad})}{dT} = \frac{\Delta H_{ad}}{RT^2} \quad (5.7)$$

吸着熱が温度にあまり依存しない場合には

$$K_{ad} = K_{ad,0}\exp\left(\frac{-\Delta H_{ad}}{RT}\right),$$
$$\Delta G_{ad} = \Delta H_{ad} - T\Delta S_{ad} \quad (5.8)$$

となり，化学吸着は常に発熱なので[*]，ΔH_{ad}は負であり絶対値が大きいほど（吸着熱が大きいほど，すなわち吸着の強さが強いほど），K_{ad}の値は大きくなる．

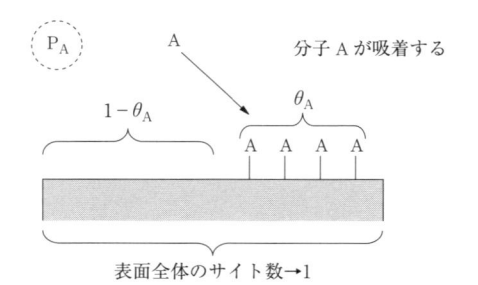

図5.1 Langmuir吸着（会合吸着の場合）
θ：被覆率．

---

[*] 化学吸着は常に発熱！

$$\Delta G_{ad} = \Delta H_{ad} - T\Delta S_{ad}$$

吸着現象は，ガス分子が固体上に固定化されるので，エントロピーは減少する．

$$\Delta S_{ad} < 0$$

化学吸着が進行するとするならば，吸着のGibbs自由エネルギー変化は負となる．

$$\Delta G_{ad} < 0$$

したがって，上記の自由エネルギーの定義から，

$$\Delta H_{ad} < 0$$

c. 1分子-2吸着サイト間での化学吸着（吸着分子が解離して吸着する（解離吸着））

不均一系触媒反応では，解離吸着種が重要である場合が多い．たとえば，水素化反応などでは，水素分子（H_2）が解離吸着して固体表面上で解離水素原子となり，反応に関与する．

触媒表面が存在しない場合，水素分子の結合を切断するためにはきわめて大きなエネルギーが必要である．たとえば，Pt 上での H_2 の解離吸着は図 5.2 のように進行する．会合吸着と同様に平衡関係を記述すると，

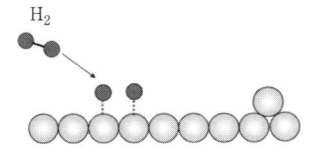

$$H_2 + 2\sigma \longleftrightarrow 2H\sigma \tag{5.9}$$

解離して形成される吸着種 $H\sigma$ の被覆率を θ_H，水素の気相中の分圧を p_{H_2} とすると，

$$K_{ad} = \frac{\theta_H^2}{p_{H_2}(1-\theta_H)^2} \tag{5.10}$$

を得る．式を変形し，θ_H について解くと，吸着種の被覆率は次式で表される．

$$\theta_H = \frac{(K_H p_{H_2})^{1/2}}{1 + (K_H p_{H_2})^{1/2}} \tag{5.11}$$

図 5.2 2 原子分子の固体表面上への解離吸着

d. 吸着サイト数および吸着平衡定数

実際の吸着種の被覆率を求めるためには，吸着サイトの数や吸着平衡定数を知る必要がある．固体触媒表面への吸着に関するこれらのパラメータは，吸着質（吸着分子）と吸着媒（固体触媒）の組み合わせが決まると一義的に決まるものではなく，固体触媒のさまざまな物理化学的性質によって大きく変化するので，基本的には，注目する触媒を用いて吸着実験を行い，吸着等温線から吸着サイトの数と平衡定数を求める．会合吸着の場合の例をあげて説明する．

実際の吸着実験は，秤量した固体触媒に対して，吸着圧（p_A）を変化させて気体分子の吸着量を測定する．たとえば，単位触媒質量当たりの分子の吸着量 v [STP·cm^3·g-cat^{-1}] を測定値から算出する．いま，求めたい吸着サイトの数から仮にすべてに分子が吸着したときの吸着量（飽和吸着量）を v_m とすると，

$$\theta_H = \frac{v}{v_m} \tag{5.12}$$

であるため，式 (5.6) の吸着等温式に代入，変形すると次式を得る．

$$\frac{1}{v} = \frac{1}{v_m} + \frac{1}{v_m K_{ad}} \frac{1}{p_A} \tag{5.13}$$

式 (5.13) の $1/v$ は，実測値であり，吸着実験で設定するパラメータ p_A より $1/p_A$ は計算できるので，$(1/p_A)$ に対して $(1/v)$ をプロットすると，その切片から v_m が，傾きと切片より K_{ad} を求めることができる．実際の吸着実験のデータと式 (5.13) に従ってプロットした結果を図 5.3 に示

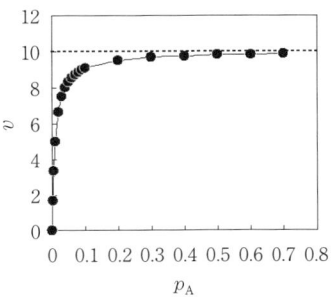

(a) 吸着平衡圧 vs. 吸着率

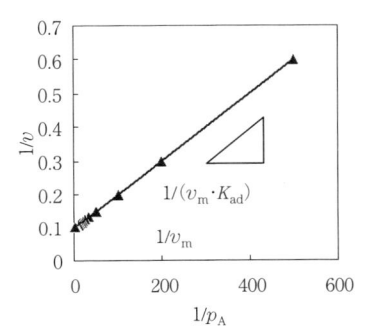

(b) $1/p_A$ vs. $1/v$（Langmuir プロット）

図 5.3 吸着実験データの整理法

e. 化学吸着における留意点

す．特に下図の直線プロットを Langmuir プロットとよぶ．

実際の不均一系触媒反応では，Langmuir 型吸着の仮定が純粋に成立していない場合も多い．たとえば，CO 吸着においては，CO と固体表面の吸着の化学量論が必ずしも一定ではなく，かつ，複数の吸着状態が固体表面に共存する場合もある．

図 5.4 に示したように金属の種類や幾何学的構造によって吸着の化学量論が大きく影響されうる．図にあるように，Pt 触媒上では，CO 分子の炭素原子と結合したリニア型とよばれる吸着種が主であるが，Pd 触媒上では，2 原子の Pd と CO が橋架け状に結合したブリッジ型で吸着することが知られている．また，Rh 触媒上では，1 原子の Rh に 2 つの CO 分子が吸着するツイン型が形成する．金属元素の種類だけではなく，金属集合体の幾何学的構造も吸着の形式に大きく影響する．たとえば，面心立方構造の最密充填面である (111) 面が表面に露出している場合，隣接する原子が多いので比較的ブリッジ型の吸着種が生成しやすい．また，金属粒子サイズが小さく原子が集団の"稜"や"角"の部位に位置する確率が高くなると，金属原子の配位不飽和度が高くなり，ツイン型の吸着種が生成しやすくなる．このように吸着の化学量論関係がはっきりしていないと，表面吸着サイト数を規定することが困難であり注意を要する．実際には，そこまで厳密に適用するわけではないが，化学量論の影響を理解しておくことは重要である．

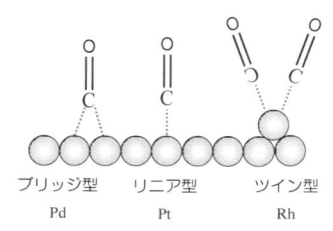

図 5.4 CO のさまざまな吸着の化学量論

5.2.2 不均一系触媒反応における速度式

a. Langmuir-Hinshelwood 機構

前項で，Langmuir 吸着について述べたが，そこで表面吸着種の被覆率を求めた．それをもとに表面反応の速度式を構築したのが，Langmuir-Hinshelwood 機構である．したがって，Langmuir 型吸着での仮定がここでも適用されることになる．不均一系触媒反応の例として，A→R という単純な反応を考え，1 分子の A が固体触媒表面の活性サイト 1 つに対して吸着するものとする．

吸着過程（可逆）　　　$A + \sigma \longleftrightarrow A\sigma$　　(5.14)
表面反応過程（不可逆）　$A\sigma \longrightarrow R\sigma$　　(5.15)
脱離過程（可逆）　　　$R\sigma \longleftrightarrow R + \sigma$　　(5.16)

反応式に示されているとおり，反応原料分子 A と生成物分子 R が同じ吸着サイトを共有すると考える．吸着平衡関係は，A と R が競争的に吸着することになるので，A の吸着したサイトの被覆率を θ_A，R の吸着したサイトの被覆率を θ_R とし，合計の吸着したサイトの被覆率を θ とする．

1) 表面吸着種の反応が律速段階である場合

それぞれの吸着平衡定数を K_A および K_R とし，気相での分圧を p_A, p_B とする．いま，吸着は非常に速く，それぞれの過程は平衡関係が成立すると考えると，

$$K_A = \frac{\theta_A}{p_A(1-\theta_A)}, \quad K_R = \frac{\theta_R}{p_R(1-\theta_R)} \quad (5.17)$$
$$\theta = \theta_A + \theta_R \quad (5.18)$$

と表せる．それぞれの吸着種の被覆率は，次のとおりである．

$$\theta_A = \frac{K_A p_A}{1 + K_A p_A + K_R p_R}, \quad \theta_R = \frac{K_R p_R}{1 + K_A p_A + K_R p_R}$$
$$(5.19)$$

式 (5.17) の表面反応（不可逆反応）が素反応で律速段階であるとすると，触媒単位表面積当たりの分子 A の消費にかかわる反応速度（$(-r_{pA})$ [mol·m^{-2}·s^{-1}]）は

5.2 不均一系触媒反応の速度論

$$(-r_{pA}) = k_S\theta_A = \frac{k_S K_A p_A}{1 + K_A p_A + K_R p_R} \quad (5.20)$$

となる．ここで，k_S [mol·m^{-2}·s^{-1}] は表面反応の速度定数である．

生成物分子 R の表面への吸着が弱いかあるいは分圧が低い場合は，$1 + K_A p_A \gg K_R p_R$，$\theta_A \gg \theta_R \approx 0$ である．したがって，式 (5.20) は，次式で表される．

$$(-r_{pA}) = k_S\theta_A = \frac{k_S K_A p_A}{1 + K_A p_A} \quad (5.21)$$

式 (5.21) が最も単純な不均一触媒反応の速度式である．酵素反応速度式として1章で導出した式 (1.49) と類型であることに注意されたい．ここで，$1 \gg K_A P_A$ とすると，

$$(-r_{pA}) = k_S\theta_A = \frac{k_S K_A p_A}{1 + K_A p_A} \approx (k_S K_A) p_A \quad (5.22)$$

となり，見かけの1次不可逆反応となる．式 (5.22) より，見かけの速度定数は，$k_S K_A$ である．式 (1.35) の Arrhenius の法則を表面反応に応用すると，真の速度定数 k_S は，

$$k_S = k_{S_0} \exp\left(-\frac{E}{RT}\right) \quad (5.23)$$

となる．式 (5.8) に示した吸着平衡定数を成分 A について書くと以下となる．

$$K_A = K_{A_0} \exp\left(\frac{-\Delta H_{ad,A}}{RT}\right) \quad (5.24)$$

したがって，見かけの速度定数 $k_S K_A$ は，次式で表される．

$$k_S K_A = k_{S_0} K_{A_0} \exp\left(-\frac{E + \Delta H_{ad,A}}{RT}\right) \quad (5.25)$$

式 (5.25) から，見かけの活性化エネルギー E_{app} は，

$$E_{app} = E + \Delta H_{ad,A} \quad (5.26)$$

となり，真の活性化エネルギーと吸着エンタルピーの総和で表されることがわかる．前述のように化学吸着は，常に発熱であるので $\Delta H_{ad,A}$ は負値となる．素反応の活性化エネルギーは常に正の値をもつが，不均一系触媒反応では，吸着熱の大きさによっては見掛けの活性化エネルギーが負値を示す場合がある．これは，反応温度の上昇に伴い，表面吸着種の被覆率が急激に減少し，結果として反応速度が低下することを意味する．不均一触媒反応の場合は，常に化学吸着の影響を受けることを考えておく必要がある．

ここでは，触媒単位表面積当たりの反応速度 $(-r_{pA})$ を議論したが，実際には，触媒単位質量当たりの反応速度 $(-r_{mA})$ [mol·g^{-1}·s^{-1}] $(= a_m(-r_{pA}))$ を取り扱うことが多い．a_m [m^2·g^{-1}] は質量基準の比表面積である．これらの反応速度は比例するため，$(-r_{pA})$ の議論は，比例定数を介して $(-r_{mA})$ の議論に転用しえることを特記したい．

2） 反応物の吸着過程が律速段階である場合

反応分子 A の吸着過程が平衡ではなく非常に遅いとし，吸着後生起する表面反応は非常に速く，生成物 R も吸着せずに速やかに脱離すると仮定する．この場合，表面には吸着種はほとんど存在しない（$\theta_A \approx 0$）ので，吸着速度定数を k_{ad} [mol·m^{-2}·Pa^{-1}·s^{-1}] とすると，触媒単位表面積，単位時間当たりの成分 A のモル数変化は次式で表せる．

$$(-r_{pA}) = k_{ad} p_A (1 - \theta_A) - k_S \theta_A \approx k_{ad} p_A \quad (5.27)$$

b． Eley-Redial 機構

Langmuir-Hinshelwood 機構は，吸着種あるいは，吸着種どうしが表面で反応することにより進行する機構であるが，Eley-Redial 機構は吸着種と気相中に存在する反応分子との反応を仮定した反応機構である．

A + B → R なる不可逆反応を考え，B は固体触媒表面に吸着するが，A は吸着せず，吸着種 B と気相の A とが反応するとする．生成物 R は速やかに脱離して表面に留まらないとすると，Eley-Redial 機構を前提とした触媒単位表面積当たりの分子 A の消費にかかわる反応速度 $(-r_{pA})_{ER}$ [mol·m^{-2}·s^{-1}] は，次式で表される．

$$(-r_{pA})_{ER} = k_{S,ER} p_A \theta_B = k_{S,ER} p_A \frac{K_B p_B}{1+K_B p_B}$$

$$= \frac{k_{S,ER} K_B p_A p_B}{1+K_B p_B} \quad (5.28)$$

ここで,$k_{S,ER}$[mol·Pa^{-1}·m^{-2}·s^{-1}] は Eley-Redial 機構を前提とした表面反応の速度定数である.これが,Langmuir-Hinshelwood 機構の吸着種 A と吸着種 B の反応で進行する場合は,触媒単位表面積当たりの分子 A の消費にかかわる反応速度 $(-r_{pA})_{LH}$[mol·m^{-2}·s^{-1}] は

$$(-r_{pA})_{LH} = k_{S,LH} \theta_A \theta_B$$

$$= k_{S,LH}\left(\frac{K_A p_A}{1+K_A p_A+K_B p_B}\right)\left(\frac{K_B p_B}{1+K_A p_A+K_B p_B}\right)$$

$$= \frac{k_{S,LH} K_A K_B p_A p_B}{(1+K_A p_A+K_B p_B)^2} \quad (5.29)$$

とまったく異なる式で表される.ここで,$k_{S,LH}$[mol·m^{-2}·s^{-1}] は Langmuir-Hinshelwood 機構を前提とした表面反応の速度定数である.たとえば,B の吸着が強く,固体表面が B でほとんど被覆されている場合($K_B P_B \gg K_A P_A+1$),Eley-Redial 機構では次の式 (5.30), Langmuir-Hinshelwood 機構では式 (5.31) となり,類似の反応条件,表面状態であっても速度式が大きく異なる.

$$(-r_{pA})_{ER} = \frac{k_{S,ER} K_B p_A p_B}{1+K_B p_B} \approx k_{S,ER} p_A \quad (5.30)$$

$$(-r_{pA})_{LH} = \frac{k_{S,LH} K_A K_B p_A p_B}{(1+K_A p_A+K_B p_B)^2} \approx \frac{k_{S,LH} K_A p_A}{K_B p_B} \quad (5.31)$$

逆に反応速度式から,反応機構に関する示唆が得られる場合がある.式 (5.31) にあるように,Langmuir-Hinshelwood 機構では,負の反応次数を示す場合は,吸着が強すぎてもう一方の反応分子が吸着できない.典型的な反応分子による自己被毒現象である.一方,Eley-Redial 機構では,反応分子 A は,直接気相から供給されるために,反応分子 B の強い吸着の負の影響を受けないことがわかる.実験データから得られる速度式が予想される反応機構で説明できるかを検討することは,速度式の健全性を確認することになろう(注:速度式から反応機構が証明できるわけではない).

「不均一系触媒反応と反応器設計」について本章末にまとめたので,参照されたい.

5.3 非等温系の取り扱い

これまでの触媒反応器設計に関する取り扱いは,すべて等温条件で行ってきた.しかしながら,多くの触媒反応は,比較的大きな吸熱あるいは発熱反応であり,大きな反応器を用いる工業プロセスでは,反応熱による反応器内の温度の変化を考慮しなければならない.たとえば,水蒸気改質工程(steam reforming)では,メタンを主成分とする天然ガスに改質スチームを加え Al_2O_3 担持 Ni 触媒のような改質触媒を充填した反応器に通じ,高温(750~900℃)条件で改質させ,以下の反応式を代表とする改質反応によって,水素や CO などを生成する.

$$CH_4(G)+H_2O(G) \xrightarrow{catalyst} CO(G)+3H_2(G) \quad (5.32)$$

この改質反応は吸熱反応である.実際には発熱反応の水性ガスシフト反応も起こるが,全体としてはきわめて大きな吸熱反応であり,実プロセスでは,火炎バーナーで反応管を直接加熱しないと反応熱の供給が間に合わず,反応管内の温度が低下し反応が停止する特徴を有する.また,多くの接触酸化反応は大きな発熱反応であり,十分な除熱速度を確保しないと,反応管内の温度が暴走し,爆発時事故を引き起こす.化学プロセスを安全に運転するためにも,反応器設計においては,物質収支だけでなく,反応熱および外部とのエネルギー収支を考慮しなければならない.特に反応速度定数の温度依存性は,式 (1.35),(5.23) に示すような Arrhenius 式に従うため,温度によって指数関数的に変化するので,反応速度に大きく影響する.

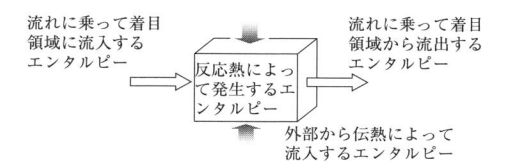

図5.5 触媒充填層着目領域のエネルギー収支

触媒充填層が押出し流れ反応器として取り扱える場合，等温条件であれば固気接触時間が同じ（触媒充填層容積が同じ）場合，反応成績が反応器の径に影響を受けることはないが，非等温条件では，触媒充填層全容積は同じであっても，小さな直径の反応管を束ねた多管式反応器にすることが多い．これは，直径の小さな管のほうが大きな総伝熱面積を確保できるためである．

図5.5に触媒充填層のエネルギー収支上，考慮すべき熱の流入・流出を示した．触媒充填層でのエネルギー収支式は次の形で示される．

[触媒充填層の着目容積に蓄積するエンタルピー]
　＝[流体の流れに乗って流入するエンタルピー]
　　－[流体に乗って流出するエンタルピー]
　　＋[反応熱]
　　＋[伝熱による外部から流入するエンタルピー]　(5.33)

触媒充填層で反応 A→R が起きている．この反応速度式を代表するモデルとして式 (5.20), (5.27)〜(5.29) を提示したが，これらを一括し，1章で定義した式 (1.30) の関数 C は下記の式に従い，c_{A_0} が一定である場合，反応率 x_A の関数として表記できる．

$$(-r_A) = kC(c_A, c_R) = kC(c_{A_0}, x_A) = kC(x_A) \quad (5.34)$$

関数 $C(x_A)$ が c_A の n 乗に比例し，単位が $(\text{mol·m}^{-3})^n$ である場合，反応器単位容積あたりの反応速度 r_A，速度定数 k の単位は $\text{mol·m}^{-3}\cdot\text{h}^{-1}$, $\text{mol}^{1-n}\cdot\text{m}^{-3+3n}\cdot\text{h}^{-1}$ である．1章では，単一反応，複合反応の中で関数 $C(x_A)$ が1次反応として記述できる場合を取り上げ，等温操作および非等温操作の断熱操作，開放系操作について議論したが，触媒反応器では関数 $C(x_A)$ が非線形な関数として記述される場合も多い．ここでは，非線形関数 $C(x_A)$ を意識し，物質収支式および式 (5.33), (5.34) を連立させることで物質量の変化，温度の変化を解析する手法を述べる．

5.3.1 回分式触媒反応器

回分式触媒反応器では，流体の流入出がないので，式 (5.33) 右辺の前2項は必要ない．したがって反応器内で発生する熱は，次のとおりである．ただし，反応器内は完全混合であるとし，反応熱を $(-\Delta H_r)$ [J·mol^{-1}]，反応器内流体の平均的な定容モル熱容量を C_V [J·mol^{-1}·K^{-1}]，反応器周囲流体温度を T_E，反応器の総括伝熱係数を U [J·m^{-2}·K^{-1}·h^{-1}] とする．式 (1.59), (1.60) 中の反応速度式に式 (5.34) を代入することにより，以下の式を得る．

$$\frac{dc_A}{dt} = -c_{A_0}\frac{dx_A}{dt} = -kC(x_A)$$
$$= -k_0 \exp\left(-\frac{E}{RT}\right)C(x_A) \quad (5.35)$$

$$cC_V\frac{dT}{dt} = -\frac{UA}{V}(T-T_E) + (-\Delta H_r)\left(c_{A_0}\frac{dx_A}{dt}\right) \quad (5.36)$$

断熱条件下で反応を行うと，式 (5.36) 右辺第1項がゼロであるため，次式を得る．

$$T - T_0 = \frac{-\Delta H_r}{C_V}\frac{c_{A_0}}{c}x_A \quad (5.37)$$

式 (5.35) を変形して，反応時間 t について求めると，

$$t = \int_0^{x_A}\frac{1}{k}\frac{c_{A_0}dx_A}{C(x_A)} = \int_0^{x_A}\frac{1}{k_0\exp\left(-\dfrac{E}{RT}\right)}\frac{c_{A_0}dx_A}{C(x_A)} \quad (5.38)$$

となる．熱収支式 (5.37) と物質収支式 (5.38) から，反応時間と反応率，反応器内温度との関係を求めることができる．

5.3.2 押出し流れ式触媒反応器

連続流れ反応器であるので、反応器に流れに乗って流入出するエンタルピーを考慮しなければならない。すでに示したエネルギー収支の基礎式である式 (5.33) は、非定常の場合を含んでいるが、簡単のため、連続流れ触媒反応器では、定常状態のみを考える。すなわち式 (5.33) の左辺はゼロとなり、式 (1.135), (1.136) が成り立つため、これらの式に式 (5.34) を代入すると次式を得る。

$$\frac{dx_A}{d\tau} = \frac{1}{c_{A_0}}(-r_A) = k\frac{C(x_A)}{c_{A_0}}$$

$$= k_0 \exp\left(-\frac{E}{RT}\right)\frac{C(x_A)}{c_{A_0}} \quad (5.39)$$

$$cC_P\frac{dT}{d\tau} = -\frac{UA}{V}(T-T_E) + (-\Delta H_r)(-r_A)$$

$$= -\frac{UA}{V}(T-T_E) + (-\Delta H_r)kC(x_A)$$

$$(5.40)$$

ここで、c_{A_0}, c は入口における原料成分 A の濃度 [mol·m^{-3}] および全化学種濃度の総和 [mol·m^{-3}] を表し、k, C は式 (5.34) で定義される反応速度定数 [mol^{1-n}·m^{-3+3n}·h^{-1}] および反応率 x_A の関数 [(mol·m^{-3})^n]、E は触媒の活性化エネルギー [J·mol^{-1}]、R は気体定数 [J·mol^{-1}·K^{-1}]、C_P は触媒充填層における平均的な定圧モル熱容量 [J·mol^{-1}·K^{-1}]、$(-\Delta H_r)$ [J·mol^{-1}] は反応熱、T_E は触媒反応器周囲流体温度 [K]、U は触媒反応器の総括伝熱係数 [J·m^{-2}·K^{-1}·h^{-1}] を表す。

断熱条件下で反応を行うと、式 (5.40) 右辺第 1 項がゼロであるため次式を得る。

$$T - T_0 = \frac{-\Delta H_r}{C_P}\frac{c_{A_0}}{c}x_A \quad (5.41)$$

$$\frac{V}{q} = \tau = \int_0^{x_A}\frac{1}{k}\frac{c_{A_0}dx_A}{C(x_A)}$$

$$= \int_0^{x_A}\frac{1}{k_0\exp\left(-\frac{E}{RT}\right)}\frac{c_{A_0}dx_A}{C(x_A)} = \frac{1}{SV}$$

$$(5.42)$$

式 (5.42) で示される物質収支式は、回分式反応器の場合と同型である。式 (5.41), (5.42) を連立させることによって SV と反応率、反応器内の温度との関係を求めることができる。

5.3.3 完全混合流れ式触媒反応器

完全混合流れ式触媒反応器では、反応器内で濃度および温度に分布ができないので、反応器全体の収支式を考えればよい。定常状態は式 (1.126), (1.127) で表せるため、これらの式に式 (5.34) を代入すると次式を得る。

$$\frac{V}{q} = \tau = \frac{c_{A_0} - c_A}{(-r_A)} = \frac{c_{A_0}x_A}{kC(x_A)}$$

$$= \frac{1}{k_0\exp\left(-\frac{E}{RT}\right)}\frac{c_{A_0}}{C(x_A)}x_A = \frac{1}{SV} \quad (5.43)$$

$$cC_P\frac{T-T_0}{\tau} = -\frac{UA}{V}(T-T_E) + (-\Delta H_r)kC(x_A)$$

$$(5.44)$$

断熱操作では右辺第 1 項をゼロとおくと、式

表 5.1 非等温触媒反応器における物質収支式およびエネルギー収支式（断熱条件）

反応器の形式	物質収支式	エネルギー収支式
回分式反応器	$t = \int_0^{x_A}\frac{1}{k}\frac{c_{A_0}dx_A}{C(x_A)}$ (5.38) （非定常、反応器内非等温）	$T - T_0 = \frac{-\Delta H_r}{C_V}\frac{c_{A_0}}{c_0}x_A$ (5.37)
押出し流れ反応器	$\frac{V}{q} = \int_0^{x_A}\frac{1}{k}\frac{c_{A_0}dx_A}{C(x_A)} = \frac{1}{SV}$ (5.42) （定常、反応器内非等温）	$T - T_0 = \frac{-\Delta H_r}{C_P}\frac{c_{A_0}}{c_0}x_A$ (5.41)
完全混合流れ反応器	$\frac{V}{q} = \frac{c_{A_0}x_A}{kC(x_A)} = \frac{1}{SV}$ (5.43) （定常、入口以外の反応器内等温）	

(5.41) と同一の式を得る．式 (5.41)，(5.43) を連立させることによって，SV と反応率，反応器内の温度との関係を求めることができる．

以上，断熱条件における触媒反応器の物質収支式およびエネルギー収支式を表 5.1 にまとめた．

5.3.4 触媒反応器の安定操作点

非等温反応では，物質収支式のみならずエネルギー収支式も成立する必要がある．そのため，自由に反応温度を設定することができない場合がある．1 次不可逆反応では

$$C(x_A) = c_{A_0}(1-x_A) \tag{5.45}$$

であるため，これを式 (5.43) に代入し断熱操作を仮定すると，次式を得る．

$$x_A = \frac{k\tau}{1+k\tau} = \frac{k_0 \dfrac{V}{q} \exp\left(-\dfrac{E}{RT}\right)}{1+k_0 \dfrac{V}{q} \exp\left(-\dfrac{E}{RT}\right)} \tag{5.46}$$

すでに 1 章において無次元濃度 $u = c_A/c_{A_0} = 1-x_A$，無次元温度 $v = T/T_0$（添え字ゼロは入口条件）を用いて式 (5.45) を一般化した式 (1.132) を導出し，安定操作に関し 2 章で議論した．触媒反応器の場合，関数 $C(x_A)$ として式 (5.46) を採用できるのは，式 (5.22)，(5.27)，(5.30)，(5.31) のように原料成分分圧の低い範囲であり，その他の場合には，非線形関数の取り扱いが大切となる．最も単純な不均一系触媒反応の速度式として導出した式 (5.21) の場合，触媒充填層単位容積当たりの触媒表面積を a_P [m$^2\cdot$m^{-3}] とすると次式を得る．

$$(-r_A) = a_P(-r_{pA}) = a_P k_S(T)\theta_A = \frac{a_P k_S K_A p_A}{1+K_A p_A}$$

$$= a_P k_S \frac{K_A p_{A_0}(1-x_A)}{1+K_A p_{A_0}(1-x_A)} \tag{5.47}$$

したがって，式 (5.47) の関数，係数は以下のように記述できる．

$$C(x_A) = \frac{K_A p_{A_0}(1-x_A)}{1+K_A p_{A_0}(1-x_A)} \tag{5.48}$$

$$k = a_P k_S \tag{5.49}$$

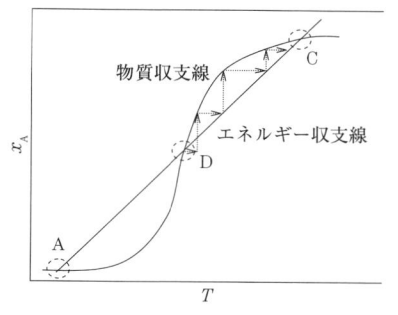

図 5.6 非等温反応系反応の安定操作点
（完全混合流れ反応器）

式 (5.48) を式 (5.43) に代入し，反応率を求めると次式を得る．

$$x_A = \frac{1+K_A p_{A_0}+K_A RTk\tau}{2K_A p_{A_0}}$$

$$\times \left[1+\left\{1-\frac{4RTK_A^2 p_{A_0} k\tau}{(1+K_A p_{A_0}+K_A RTk\tau)^2}\right\}^{1/2}\right] \tag{5.50}$$

1 次不可逆反応の場合には，式 (5.46) が成立する．このとき，横軸に反応率 x_A，縦軸に反応温度 T をプロットすると，模式的に図 5.6 のようになる．2 章で不可逆 1 次反応を対象として図 2.3 を導き安定操作を議論したが，同様な議論が触媒反応器にも適用できる．図ではエネルギー収支線（式 (5.41)）と物質収支線（式 (5.46)）に 3 つの交点 (A, C, D) が存在し，それぞれの点で操作が可能である．2 章の A, C, D 点と同じく，D 点ではわずかな外乱により反応温度が高温側に移動すると，階段状の矢印線で示したように，その温度の物質収支線（その温度における反応率）にジャンプする．すると反応の加速に伴う発熱によって，エネルギー収支線（その反応率のときの反応温度）に移行する（図中では温度が上昇する）．これが自発的に繰り返され，新たな操作点 C に到達する．逆に反応温度が低温側に移動すると，同じ原理に従って新たな操作点 A に向かって状態が移行する．操作点 A と C は，操作点 D と異なり，外乱による温度の変位によって状態が他の操作点へ移行する力は働かない．操作

点AとCは断熱操作される触媒反応器の安定操作点, 操作点Dは不安定操作点である.

5.3.5 押出し流れ反応器内の温度分布

流通系触媒反応器でよく使用される断熱操作型の押出し流れ反応器について, 式 (5.40), (5.42) に従い反応器内での温度分布を求める方法について詳しく述べる.

1次元非等温系の解析法

計算に必要な情報は, 以下のとおりである.

① 反応操作条件；入口温度 (T_0), 周囲流体温度 (T_E), 原料成分A分圧 (p_{A_0}), 原料ガス総圧 (π_0), 原料供給流量 (q), 入口反応率 (ここでは $x_A(0)=0$ とする) など

② 反応器のディメンジョン：管型の場合, 直径など

③ 反応速度式

$$(-r_A) = kC(x_A) \tag{5.34}$$

④ 各物質の熱力学定数：定圧モル比熱, エンタルピーなど

計算手順

① 反応器の流れ方向の計算ステップを設定する. 図5.7のように押出し流れ反応器において, 微小体積部分の Δz を仮定する. この微小体積内は半径方向の混合拡散が十分であるとする. また, 反応は定常操作であるとし, 微小体積内に物質やエネルギーが蓄積しないと考える. 次式のように領域を差分化する.

$$z_{i+1} = z_i + \Delta z \tag{5.51}$$

② 式 (5.40), (5.42) より導出される次式に従い, 入口から出口にかけて, $z=z_i$ の反応率 $x_A(z_i)$, 温度 $T(z_i)$ から $z=z_{i+1}$ の反応率 $x_A(z_{i+1})$, 温度 $T(z_{i+1})$ を順次, 計算する.

$$\begin{aligned} x_A(z_{i+1}) &= x_A(z_i) + \Delta x_A \\ &= x_A(z_i) + k_0 \exp\left(-\frac{E}{RT(z_i)}\right)\frac{A}{q} \\ &\quad \times \frac{C(x_A(z_i))}{c_{A_0}} \Delta z \end{aligned} \tag{5.52}$$

$$T(z_{i+1}) = T_0 + \frac{-\Delta H_r}{C_P}\frac{c_{A_0}}{c_0}x_A(z_{i+1}) \tag{5.53}$$

これによって, 反応器上流側から順次反応率と反応温度を求めることができる.

メタノールの水蒸気改質反応のような大きな吸熱反応では, 断熱条件 (伝熱係数 $U=0$) で計算を行うと, 反応速度が大きいほど, 反応器入口付近で急速に反応温度が低下し, 反応が停止することがわかる. 逆に熱の供給をどのくらいにすれば, 十分反応が進行するか, すなわち伝熱係数をどの程度にしなければいけないかがシミュレーションによって明らかにできる. 伝熱を促進するための反応器形式の工夫, ウォール型反応器などが提案されている.

5.4 不均一系触媒反応における拡散の影響

不均一系触媒反応では, 使用する固体触媒が多孔質体であることが多く, 反応は反応原料分子が細孔を通過して起こることが多い. すなわち, 不均一系触媒反応では次に示すように, 反応終了までに次の4つの過程を経て進行する.

① 流体中の反応分子が固体触媒の粒子外表面に

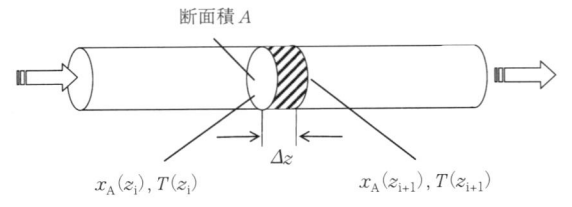

図5.7 断熱操作される押出し流れ式触媒反応器の差分解析

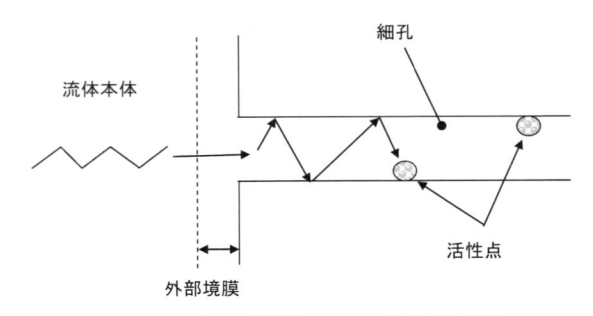

図5.8 不均一系触媒反応の拡散過程と反応

5.4 不均一系触媒反応における拡散の影響

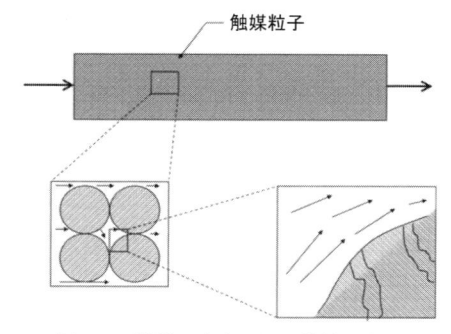

図5.9 触媒固定床から固体粒子まで

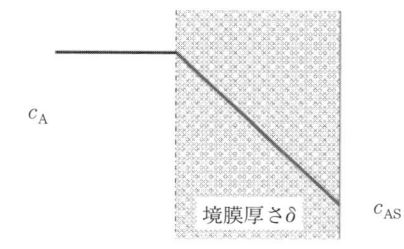

図5.11 境膜内の濃度分布

拡散（外部境膜拡散）

②固体触媒の細孔内部への反応分子の拡散（細孔内拡散）

③細孔内の表面反応の活性点における反応（表面反応）

④生成物の触媒から流体本体への拡散

以上の過程を模式的に示したのが図5.8である．

固定床の反応装置からの関係でみてみると，図5.9に示すようになる．図5.8の粒子外表面は図5.9では右下の拡大図に相当する．

5.4.1 外部境膜拡散

図5.9に示したように，固定床反応器に流体を流通させると，触媒粒子の充填層の間隙を縫って流れる．固体粒子の表面をスイープするように流体が流れるが，そのさいに図5.10に示すような境膜が固体粒子外表面に形成される．境膜が固体に束縛されているため，流体本体に比べ境膜内は混合拡散の度合いが低く，物質の拡散抵抗が大きい．不均一系触媒反応で抵抗となりうる過程である．

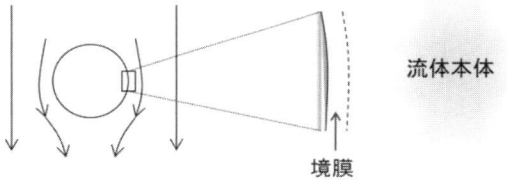

図5.10 固体粒子外表面に形成される境膜

流体本体の反応原料分子Aの濃度をc_{Ab} [mol·m^{-3}] とし，固体触媒粒子外表面での濃度をc_{AS} [mol·m^{-3}] とすると，境膜内の濃度分布は図5.11のように表される．境膜を通過して反応原料分子Aが固体触媒粒子表面に到達する物質移動モル速度 $(-r_{mA})$ [mol·kg^{-1}·s^{-1}] は次式で表される．

$$(-r_{mA}) = k_c a_m (c_{Ab} - c_{AS}) \quad (5.54)$$

ここで，k_c [m·s^{-1}] は濃度基準の境膜物質移動係数，a_m [m^2·kg^{-1}] は固体触媒粒子単位質量当たりの外表面積（充填層であれば，充填層全体の固体触媒粒子表面積を触媒粒子質量で割った値）である．a_m は，粒子の幾何学的情報（粒子形状，平均粒子径）があれば推算可能であるが，物質移動係数 k_c は流体の線速度，粘度や境膜の厚さによって変化する係数である．

固体粒子の周りを流体が流れる場合の境膜内の物質移動に関する式に次のRanz and Marshall 式がある．単独の1個の粒子の場合は，

$$Sh = 2.0 + 0.6 Sc^{1/3} Re^{1/2} \quad (5.55)$$

充填層の場合は，

$$Sh = 2.0 + 1.1 Sc^{1/3} Re^{0.6} \quad (5.56)$$

が成り立つ．ただし，Sh, Sc, Re は無次元のSherwood 数，Schmidt 数，Reynolds 数であり

$$Sh = \frac{k_c d_P}{D_{mA}}, \quad Sc = \frac{\mu}{\rho D_{mA}}, \quad Re = \frac{\rho u d_P}{\mu} \quad (5.57)$$

である．d_P [m] は粒子直径，μ [Pa·s] は流体の粘度，ρ [kg·m^{-3}] は流体の密度，u [m·s^{-1}] は流体の線速度，D_{mA} [m^2·s^{-1}] は気相多成分系での反応原料分子（A）の有効分子拡散係数，

k_C[m·s^{-1}] は境膜物質移動係数である．反応操作条件からSc, Reが決まるので，充填層の場合は式(5.56)からShが求まり，物質移動係数 k_C が算出できる．

いま仮に，先に述べた境膜内の物質移動に続く，細孔内拡散，表面反応などが十分速く，境膜拡散が律速段階であるとすると，固体触媒表面での反応原料分子濃度は0と近似でき，境膜物質移動速度は，

$$(-r_{mA}) = k_C a_m c_{Ab} \quad (5.58)$$

で表される．これは，境膜物質移動速度の最大値を示している．

5.4.2 細孔内拡散

外部境膜での物質移動が律速段階ではないとき（境膜内での拡散が十分に速いとき），総括の速度は，細孔内での拡散あるいは表面反応によって決まる．細孔内での拡散は，細孔の半径（r_e[m]）と反応原料分子の平均自由行程（λ_A[m]）との大小関係によって異なる機構で起こる．ここでは，一様な細孔径を有する毛細管内での拡散を考える．本章では成分Aの消費にかかわる反応速度をイタリック記号 $(-r_A), (-r_{mA})$ で表記し，細孔や粒子の半径はローマン記号 r_e, r で表して区別する．

a. 毛細管内での拡散

1) Knudsen拡散（$r_e/\lambda_A < 0.1$）

細孔半径が拡散する分子の平均自由行程よりも小さいとき，すなわち，細孔内で反応分子が分子どうしで衝突するよりも細孔壁に衝突する確率が高いとき，拡散は分子が細孔壁と繰り返し衝突することによって起こる．このときの拡散流束（単位拡散断面積当たりの物質移動速度）は，

$$J_A = -D_{KA} \frac{dc_A}{dz} \quad (5.59)$$

で表され，D_{KA}[m^2·s^{-1}] はKnudsen拡散係数である．Knudsen拡散係数は次式で見積もれる．

$$D_{KA} = 3.067 r_e \left(\frac{T}{M_A}\right)^{1/2} \quad (5.60)$$

ここで，T は温度 [K]，M_A は拡散する分子の分子量 [kg·mol^{-1}] である．

2) 分子拡散（$r_e/\lambda_A > 10$）

細孔半径が分子の平均自由行程に比べて十分大きいときは，拡散はおもに分子どうしの衝突によって起こる分子拡散が主となる．2成分系の気体の拡散においては，反応分子Aの拡散流束 J_A [mol·m^{-2}·s^{-1}] は，次式で表される．

$$J_A = -D_{AB} \frac{dc_A}{dz} + y_A(J_A + J_B) \quad (5.61)$$

式中，y_A [－] は分子Aのモル分率，J_B [mol·m^{-2}·s^{-1}] は反応分子Bの拡散流束，D_{AB} [m^2·s^{-1}] はA，Bの2成分系の分子拡散係数，右辺第1項は分子拡散による物質移動流束，第2項は2成分混合物全体のz軸方向への移動流束を表している．

いま，Bを反応の生成物とすると，Bは細孔内の活性点で生成したのち，細孔外へ移動する．反応として，A→Bを仮定すると定常状態では，Aが移動した量と同じ量が逆方向に移動する必要がある．すなわち $J_A = -J_B$ となり，式(5.74)右辺第2項は消去されうる．したがって，分子拡散領域では，

$$J_A = -D_{AB} \frac{dc_A}{dz} \quad (5.62)$$

となる．

3) 中間領域（遷移域：$0.1 < r_e/\lambda_A < 10$）

Knudsen拡散が支配的な領域と，分子拡散が支配的な領域の中間領域では，Knudsen拡散係数および分子拡散係数の両者を考慮する必要がある．物質移動流束ならびに中間領域の拡散係数 D_N は，次のとおりである．

$$J_A = -D_N \frac{dc_A}{dz} \quad (5.63)$$

$$\frac{1}{D_N} = \frac{1}{D_{KA}} + \frac{1}{D_{AB}} \quad (5.64)$$

中間領域の拡散係数は，D_{KA} および D_{AB} の小さいほうの拡散係数が支配的になることを意味している．

b. 2元細孔構造を有する多孔質固体粒子中の物質移動と拡散係数

a.では，一様な細孔径を有する毛細管内での拡散について述べたが，実際の多孔質固体触媒の細孔は，直線ではなく屈曲していて，さらに細孔同士が交差したりしてきわめて複雑な構造を有している．そのような構造を考慮に入れた拡散係数を求めることはきわめて困難である．1つの有効なモデルとして並列細孔モデルがあげられる．多孔質体の細孔構造を規定するパラメータとして空隙率（ε）と屈曲係数（tortuosity factor）（τ）をとり上げる．空隙率は，固体内部での自由空間の割合であり，これが大きいほど細孔の空間の割合が大きい．また，屈曲係数は，実際の拡散距離と触媒固体粒子の大きさの比で，この値が大きいと細孔が複雑に折れ曲がって入ることを示している．

いま，円筒粒子（断面積$1.0[m^2]$，長さL [m]）を考える．細孔径r_e，長さ$L_e(L_e>L)$の径の均一な細孔がn本あると考えると，単位断面積当たりの流束は，

$$J_{AS} = n\pi r_e^2 J_A \left(\frac{L}{L_e}\right) \quad (5.65)$$

となる．ここで，J_Aは，1本の毛細管内の拡散流束である．実際の拡散距離は幾何学上のLよりも長いL_eであるので，見かけ上の流束はこの比の分だけ小さくなる．細孔容積は，$n\pi r_e^2 L_e$であるので，空隙率は次式で表せる．

$$\varepsilon = \frac{n\pi r_e^2 L_e}{1.0 \times L} = n\pi r_e^2 \left(\frac{L}{L_e}\right)\left(\frac{L_e}{L}\right)^2 \quad (5.66)$$

式（5.65），（5.66）より次式を得る．

$$J_{AS} = \frac{\varepsilon}{\left(\frac{L_e}{L}\right)^2} J_A = \frac{\varepsilon}{\tau} J_A = -\frac{\varepsilon}{\tau} D_N \frac{dc_A}{dz} \quad (5.67)$$

ここでτは，次式で表せる屈曲係数である．

$$\tau = \left(\frac{L_e}{L}\right)^2 \quad (5.68)$$

τ値は，3～6程度が採用されている．細孔径r_eを求めることも困難であるが，細孔を円筒と仮定すると，細孔全容積（V_g）および全表面積（S_g）から，r_eを推算することができる．

$$r_e = \frac{2(n\pi r_e^2 L_e)}{2n\pi r_e L_e} = 2\frac{V_g}{S_g} \quad (5.69)$$

c. 多孔質触媒内での物質移動と表面反応

図5.7に示したが，細孔内に活性点が広く分布しているため，細孔内拡散と表面反応過程は厳密な直列過程ではない．ある分子は細孔入口付近の活性点で反応するのに対し，ある分子は細孔内の奥に存在する活性点にまで移動し，ようやく反応する場合もありえる．しばしば，細孔内拡散律速という表現を目にするが厳密には正しくない．細孔内拡散が反応に大きく影響するとの表現が正しい．

いま，ここで球形の多孔質固体触媒を仮定し，次の図のとおり系を考える．反応は定常的に進行し，多孔質固体内に物質が蓄積することはない．図5.12に示した半径rの場所の幅drの球殻を考え，物質収支式を作成する．ここで細孔内拡散流束を$J_{AS}[mol \cdot m^{-2} \cdot s^{-1}]$，粒子単位質量当たりの分子Aの消失を表す表面速度を$(-r_{Am})$ $[mol \cdot kg^{-1} \cdot s^{-1}]$とおくと

[球殻に拡散で入ってくる原料A]
－[拡散で球殻から出て行く原料A]
－[反応で消失する原料A] $= 0$ (5.70)

であるので次式を得る．

$$(4\pi r^2 J_{AS})_r - (4\pi r^2 J_{AS})_{r+dr} - 4\pi r^2 dr \rho_P (-r_{mA}) = 0 \quad (5.71)$$

ここで，細孔内拡散流束$J_{AS}[mol \cdot m^{-2} \cdot s^{-1}]$は

$$J_{AS} = D_{eA} \frac{dc_A}{dr} \quad (5.72)$$

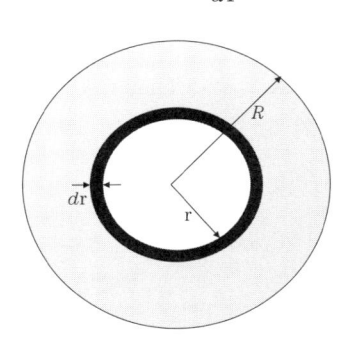

図5.12 多孔質固体触媒のモデル

で表せる．$D_{eA}[\mathrm{m^2 \cdot s^{-1}}]$ は A の粒子有効拡散係数（effective diffusion coefficient in porous structure）である．拡散速度を求めるさいに必要な球殻の内側の面積と外側の面積は異なるはずであるが，球殻の幅 dr が十分小さいとすると，同じであると近似できる．また，球殻の体積も（面積）×（幅）＝$(4\pi r^2) \times (dr)$ と近似できる．いま，表面速度 $(-r_{\mathrm{mA}})$ が A の濃度に1次不可逆であるとすると，

$$(-r_{\mathrm{mA}}) = k_{\mathrm{m_1}} c_A \tag{5.73}$$

と表すことができるので，式 (5.70)〜(5.72) より次式を得る．

$$\frac{D_{eA}}{r^2}\frac{d}{dr}\left(r^2\frac{dc_A}{dr}\right) - \rho_p k_{\mathrm{m_1}} c_A = 0 \tag{5.74}$$

$k_{\mathrm{m_1}}[\mathrm{m^3 \cdot kg^{-1} \cdot s^{-1}}]$ は，触媒単位質量当たりの1次反応速度定数である．この微分方程式を解けば，多孔質触媒内での反応分子 A の濃度分布を知ることができる．多孔質固体中心での濃度の連続性から，中心での濃度勾配はゼロ，粒子外表面での濃度を c_{As} とすると，方程式の境界条件は以下となる．

$$r=0, \quad \frac{dc_A}{dr}; \quad r=R, \quad c_A = c_{AS} \tag{5.75}$$

次の無次元化を行う．

$$\xi = \frac{r}{R}, \quad u = \frac{c_A}{c_{Ae}} \tag{5.76}$$

このとき，式 (5.73) より次式を得る．

$$\frac{1}{\xi^2}\frac{d}{d\xi}\left(\xi^2\frac{du}{d\xi}\right) - (3\phi^2)u = 0 \tag{5.77}$$

ここで，$\phi[-]$ は，

$$\phi = \frac{R}{3}\left(\frac{k_{\mathrm{m_1}}\rho_p}{D_{eA}}\right)^{1/2} \tag{5.78}$$

で表される無次元数で Thiele 数（Thiele modulus）とよばれる．境界条件は，以下のように書き換えられる．

$$\xi = 0, \quad \frac{du}{d\xi} = 0; \quad \xi = 1, \quad u = 1 \tag{5.79}$$

式 (5.76), (5.78) より次式を得る．

$$u = \frac{\sinh(3\phi\xi)}{\xi\sinh(3\phi)} \quad (0 < \xi \leq 1) \tag{5.80}$$

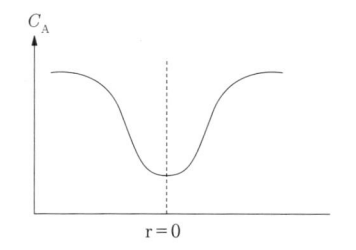

図 5.13 細孔内拡散が反応速度に影響を及ぼすときの多孔質粒子内の濃度分布

$\xi = 0$ のとき，

$$u = \frac{3\phi}{\sinh(3\phi)} \quad (\xi = 0) \tag{5.81}$$

となる．式 (5.76), (5.80), (5.81) から多孔質触媒内での反応分子 A の濃度分布は，図 5.13 のように模式化される．多孔質粒子内の有効拡散係数が小さい場合，すなわち，反応分子 A の粒子外表面から内部への物質移動が間に合わない場合，図のように粒子中心部の A の濃度が低くなる．中心部では A の濃度が低いため反応速度が小さくなる．

d．触媒有効係数（η）

式 (5.77) の左辺第2項は，不可逆1次反応を想定した場合の触媒粒子内の反応速度を示しているが，固体内部での濃度分布が図 5.13 のように生じる場合，固体内部での反応速度は固体表面での反応速度より小さくなる．したがって，触媒粒子1個の実際の反応速度は，その触媒粒子が粒子中心まで固体表面での成分 A 濃度に暴露されたと仮想的な反応速度よりも小さくなる．この実際の反応速度と仮想的な反応速度との比を η で表し，触媒有効係数（effectiveness factor）とよぶ．

$$触媒有効係数 = \frac{触媒粒子1個の実際の反応速度}{その触媒粒子が中心まで表面濃度に曝されたときの仮想的な反応速度} \tag{5.82}$$

分母の仮想的な反応速度は，単位時間当たりの成分 A のモル数変化として表すと，触媒内部まで粒子外表面と同じ濃度になったときであるので，$(4\pi/3)R^3\rho_p k_{\mathrm{m_1}} c_{AS}$ で表せる．分子の実際の反応

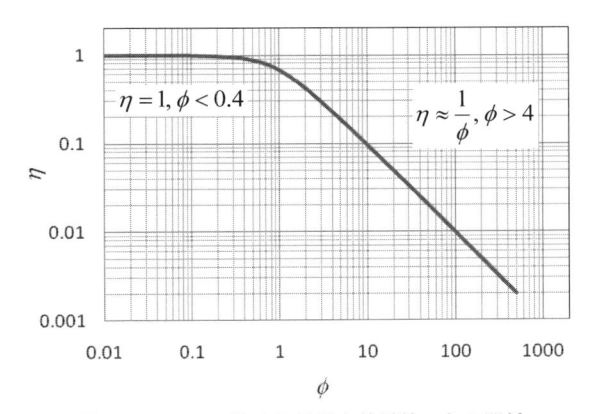

図 5.14 Thiele 数 ϕ と触媒有効係数 η との関係（球形触媒，1次不可逆反応の場合）

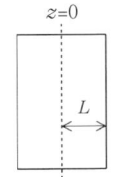

図 5.15 平板触媒粒子の座標

速度は，図 5.13 のような濃度分布での速度を計算する必要があるが，粒子全体にわたって積分するのはかなり煩雑である．しかし，最初の条件で定常状態を仮定しているので，粒子外表面での拡散流束 J_{AS} がわかれば，単位時間当たりの成分 A の実際のモル数変化は $4\pi R^2(J_{AS})_{r=R}$ で表せる．式 (5.82) に式 (5.78)，(5.80) を代入すると次式を得る．

$$\eta = \frac{4\pi R^2(J_{AS})_{r=R}}{\frac{4\pi}{3}R^3\rho_p k_{m_1}c_{AS}} = \frac{4\pi R^2\left(D_{eA}\frac{dc_A}{dr}\right)_{r=R}}{\frac{4\pi}{3}R^3\rho_p k_{m_1}c_{AS}}$$

$$= \frac{\left(\frac{du}{d\xi}\right)_{\xi=1}}{3\phi^2} = \frac{1}{\phi}\left(\frac{1}{\tanh 3\phi} - \frac{1}{3\phi}\right) \quad (5.83)$$

図 5.14 に Thiele 数 ϕ と触媒有効係数 η との関係を示した．$\phi < 0.4$ の範囲では $\eta = 1$，また $\phi > 4$ の範囲では $\eta = 1/\phi$ と近似してよいことが図よりわかる．球形触媒を用いた1次不可逆反応では，速度定数 (k_{m_1})，有効拡散係数 (D_{eA})，粒子径 (R)，密度 (ρ_p) がわかれば，Thiele 数を計算することができるので，あらかじめ触媒有効係数を推定することができる．

球形以外の固体粒子でかつ反応が n 次反応の場合

$$\phi = \frac{V_p}{A_p}\left(\frac{n+1}{2}\frac{\rho_p k_{m_1}c_{AS}^{n-1}}{D_{eA}}\right)^{1/2} \quad (5.84)$$

と表せる．ここで，V_p は，固体粒子の容積，S_p は粒子の表面積である．球形触媒の場合，$V_p = (4\pi/3)R^3$，$A_p = 4\pi R^2$ なので不可逆1次反応の場合，

$$\phi = \frac{\frac{4\pi}{3}R^3}{4\pi R^2}\left(\frac{1+1}{2}\frac{\rho_p k_{m_1}c_{AS}^{n-1}}{D_{eA}}\right)^{1/2} = \frac{R}{3}\left(\frac{\rho_p k_{m_1}}{D_{eA}}\right)^{1/2} \quad (5.85)$$

となり，式 (5.78) と同じになる．

平板の場合には，Thiele 数と有効係数の関係式は，図 5.15 のように座標を定めると

$$c_A = c_{AS}\frac{\cosh(\lambda z)}{\cosh(\lambda L)} \quad (5.86)$$

$$\eta = \frac{\tanh(\lambda L)}{\lambda L} = \frac{\tanh(\phi)}{\phi} \quad (5.87)$$

となる．ただし，

$$\lambda = \left(\frac{k_{m_1}}{D_{eA}}\right)^{1/2}, \quad \phi = \lambda L = L\left(\frac{k_{m_1}}{D_{eA}}\right)^{1/2} \quad (5.88)$$

である．

e. 触媒有効係数の推定法

1) 触媒粉砕法

あらかじめ，前述の粒子外部境膜の物質移動が律速段階ではないことを確認しておく必要がある．これは，接触時間を変えずに流体の線速度を変化させ（触媒量を1/2，体積速度を1/2にすると，接触時間は同じであるが流体の線速度だけが変化する）．活性に変化がなければ，境膜物質移動は律速段階ではないことを示している．ある粒度の固体触媒を用いて，管型流通反応器などで反応を行い，活性を測定する．さらにその触媒を細かく粉砕して，同様にして活性を測定する．粉砕の前後でみかけの活性に差がなければ，触媒有効

係数が1であることを示している．粉砕してみかけの活性が高くなる場合は，触媒有効係数が1以下であることが推定される．これは，図5.14のThiele 数が0.4を超える場合に当たり，ϕの減少に従って触媒有効係数ηが増大している，すなわち，有効係数が1以下であることを示している．

2) 粒径変化法

これは，1)の触媒粉砕法をさらに発展させたものである．細孔内拡散が反応に影響を与える場合には，$\eta=1/\phi$であるので，粒径の異なる2つの粒子（R_1およびR_2）において次のような関係が成り立つ．

$$\frac{(-r_{Am})_2}{(-r_{Am})_1}=\frac{\eta_2}{\eta_1}=\frac{\phi_1}{\phi_2}=\frac{R_1}{R_2} \quad (5.89)$$

この関係を利用して，次に示す手順で Thiele 数および触媒有効係数を求める．

① $R_1<R_2$ として，まずη_1を仮定する（たとえば，0.8）．
② それぞれの粒径の触媒で実際に反応速度を測定し，$(-r_{m_1})_2$および$(-r_{m_1})_1$から，η_2を求める（式(5.89)より）．
③ η_2の値から，ϕ_2を求める（線図より求める）．
④ 式 (5.89) から，ϕ_1を算出する．
⑤ ϕ_1からη_1を求める（線図から）．

はじめに仮定したη_1と⑤で求まるη_1が一致するまで，η_1の初期値を変えて，繰り返し計算を継続する．

3) 単一実験法

式(5.83)分子中の粒子1個の実際の反応速度を次のように記述する．

$$\frac{4\pi}{3}R^3\rho_p(-r_{Am,app})=4\pi R^2\left(D_{eA}\frac{dc_A}{dr}\right)_{r=R}$$
$$=4\pi\rho_p k_{m_1}\int_0^R c_A r^2 dr \quad (5.90)$$

ここで$(-r_{Am,app})$は見かけの反応速度を表す．

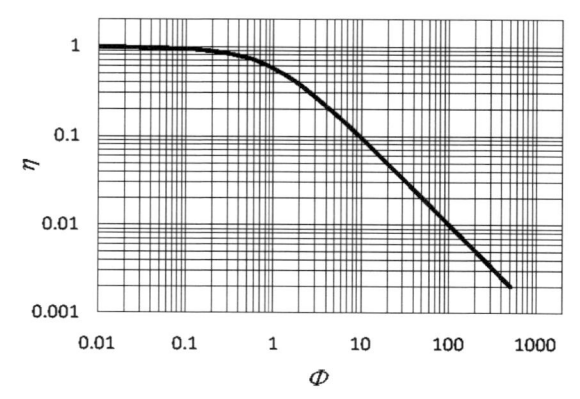

図5.16 修正 Thiele 数Φと触媒有効係数ηとの関係

Thiele 数には，真の速度定数k_{m_1}が含まれているが，これが不明であることが多い．そこで下記，修正 Thiele 数Φを導入する．

$$\Phi=\phi^2\eta=\left\{\frac{R}{3}\left(\frac{k_{m_1}\rho_p}{D_{eA}}\right)^{1/2}\right\}^2\frac{(-r_{Am,app})}{k_{m_1}c_{AS}}$$
$$=\frac{\rho_p(-r_{Am,app})R^2}{9D_{eA}c_{AS}} \quad (5.91)$$

この式をみると，Thiele 数中の真の速度定数k_{m_1}がわからなくても，粒子質量基準の見かけの反応速度$(-r_{Am,app})$および細孔内での有効拡散係数がわかれば左辺の値（修正 Thiele 数）は計算できる．修正 Thiele 数と触媒有効係数との関係を，図 5.16 に示す．実験値$(-r_{Am,app})$より修正 Thiele 数を求めることで，図から触媒有効係数を推定することが可能である．

5.5 気液固接触反応

気液固接触反応は，液相での不均一系水素化反

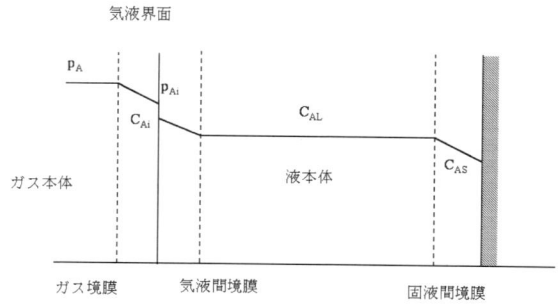

図5.17 気液固接触反応における気相成分の濃度変化

応などでしばしばみられる反応形式である．被水素化物が液体原料で固体触媒を分散させ，水素加圧下で加熱反応させ，水素化生成物を得る．このとき気相の水素ガスは，いったん液相に溶解し，さらに固体触媒表面に移動し，液相に含まれる被水素化原料分子と反応する．これらを模式的に表すと，図 5.17 のようになる．考えるべき物質移動の抵抗および反応の抵抗は，次のとおりである．

①気液界面における物質移動抵抗……ガス境膜物質移動抵抗および液境膜物質移動抵抗

②固液界面における物質移動抵抗……固液境膜物質移動抵抗

③固体触媒表面での反応抵抗

1) 気液界面における物質移動

ガス境膜物質移動の速度 $(-r_A)$ [mol·m^{-3}·s^{-1}] は式 (3.1), (3.5) より次式で表される．

$$(-r_A) = aJ_A = k_G a(p_A - p_{Ai}) \quad (5.92)$$

ここで，J_A [mol·m^{-2}·s^{-1}] はガス境膜での気相成分 A の拡散流束，k_G [mol·Pa^{-1}·m^{-2}·s^{-1}] はガス側物質移動係数，a [m^2·m^{-3}] は液相単位容積当たりの気液界面積（気泡の表面積），p_A [Pa] は気相本体中でのガス反応物 A の分圧，p_{Ai} [Pa] は気液界面での分圧である．気液界面積は，気泡径 d_B，ガスホールドアップ ε_G より，式 (3.11) に従い算出できる．

液境膜物質移動の速度は，次のようである．

$$(-r_A) = aJ_A = k_L a(c_{Ai} - c_{AL}) \quad (5.93)$$

ここで，k_L [m·s^{-1}] は液側物質移動係数，c_{AL} [mol·m^{-3}] は液本体中の A の濃度，c_{Ai} [mol·m^{-3}] は気液界面における A の液中濃度である．

気液界面では，ガス側および液側で Henry の法則（式 (3.2)）を仮定する．

$$p_{Ai} = H_A c_{Ai} \quad (3.2)$$

ここで H_A [Pa·m^3·mol^{-1}] は Henry 定数である．

2) 固液界面における物質移動

固液界面における物質移動の速度は，次式で表される．

$$(-r_A) = a_P J_A = k_P a_P (c_{AL} - c_{AS}) \quad (5.94)$$

ここで，k_P [m·s^{-1}] は固液境膜物質移動係数，a_P [m^2·m^{-3}] は固液界面積（触媒の粒子の表面積），c_{AS} [mol·m^{-3}] は触媒表面での A の濃度である．ここで固液界面積は触媒を球形粒子と仮定すると，次式で与えられる．

$$a_P = \frac{6X}{\rho_P d_P} \quad (5.95)$$

X [kg·m^{-3}] は単位液体積当たりに含有される触媒の質量，ρ_P [kg·m^{-3}] は触媒の密度，d_P [m] は触媒の粒子直径である．液単位容積当たりの触媒容積は，(X/ρ_P) である．触媒粒子 1 個の外面積 (A_P) と容積 (V_P) の比は，$A_P/V_P = \pi d_P^2/(\pi d_P^3/6) = 6/d_P$ であるので，式 (5.95) が得られる．

3) 固体触媒表面での反応

固体表面へ移動してきた分子 A が液相の原料と反応する反応速度を A の濃度に 1 次であると仮定すると，反応速度は次式で与えられる．

$$(-r_A) = a_P k_S c_{AS} \quad (5.96)$$

ここで，k_S [m·s^{-1}] は触媒単位外表面積で定義される反応速度定数である．

すべての過程が定常状態で進行すると仮定すると，式 (5.92)～(5.94), (5.96) で表される速度はすべて同じとなる．これらの式と式 (3.2) から，次の関係が導かれる．

$$\frac{c_A^*}{(-r_A)} = \left(\frac{1}{k_G H_A} + \frac{1}{k_L}\right)\frac{d_B(1-\varepsilon_G)}{6\varepsilon_G} + \left(\frac{1}{k_P} + \frac{1}{k_S}\right)\frac{\rho_P d_P}{6X} \quad (5.97)$$

ただし，c_A^* は，分圧 p_A と平衡にある液相での飽和濃度であり，次式で定義される値である．

$$p_A = H_A c_A^* \quad (5.98)$$

式 (5.97) で右辺第 1 項は，気液界面での物質移動抵抗であり，第 2 項は，固液界面での物質移動および反応抵抗である．気固反応で述べたように，電気学のアナロジーがここでも適応可能である．すなわち，左辺の液相中の A の平衡濃度 c_A^* は反応の推進力で電圧に相当する．反応速度 r_A

は電流であるので，したがって，右辺は抵抗に相当する．気液界面の物質移動，固液界面の物質移動および表面での反応は直列過程であり，直列接続の抵抗の合成抵抗と同じ考え方である．

一般的に上式の中で気液界面のガス側の物質移動抵抗は低いので，$1/(k_GH_A)$ は十分小さく省略されることが多い．少し変形を加えると次式が得られる．

$$\frac{c_A^*}{(-r_A)}=\frac{d_B(1-\varepsilon_G)}{6\varepsilon_Gk_L}+\left(\frac{1}{k_P}+\frac{1}{k_S}\right)\frac{\rho_Pd_P}{6X} \quad (5.99)$$

球形粒子の場合，気液界面積 a_P は次式で表せる．

$$a_P=\frac{\varepsilon_G}{1-\varepsilon_G}\left(\frac{6}{d_P}\right) \quad (5.100)$$

反応操作因子である A の分圧は左辺 c_A^* に，触媒量は右辺第 2 項の $(1/X)$ にまとめられた形となっている．気相の A の分圧の影響および触媒量を変化させたときの，反応速度への影響が容易に推算できることがわかる．

5.6 製造プロセス：不均一触媒反応系の設計例

触媒を用いた工業プロセスの開発は，触媒の性能向上だけでなく，その触媒の使い方について反応系だけでなく，精製系を含めたプロセス全体のことを考えて進める必要がある．本節では 2 つの事例[1~5]について，触媒反応プロセス設計の考え方を述べる．

5.6.1 固気接触反応，設計に重要な目的変数：反応率・選択率の選定

反応プロセス設計にあたって考慮すべきことは，原料の反応率，目的生成物への選択率（selectivity），副生成物の種類と量である．化学平衡などの問題があって，反応率を 100% 近くにできない場合は，原料を回収して反応系へリサイクルする必要があり，反応率・選択率をどう設定するか，原料回収系・精製系を含めて最適化することが重要である．

この項目で紹介する例は平衡により反応率に制限がある系で，さらに反応率と選択率の関係が複雑な挙動を示す系である[3,4]．反応は以下の反応式に示す 2-アミノアルコール（モノエタノールアミン：以下 MEA）を分子内脱水環化してエチレンイミン（以下 EI）を生成する反応である．副反応は脱アンモニア反応によるアセトアルデヒド（以下 AcH）生成と分子間脱水によるピペラジン類（以下 PP）生成である．MEA を A, EI を B, H_2O を C, AcH を D, NH_3 を E, PP を F と略記する．

$$H_2NC_2H_4OH \underset{k_2}{\overset{k_1}{\rightleftarrows}} \underset{(EI)}{\overset{N}{\triangle}H} + H_2O \quad (5.101)$$

$$H_2NC_2H_4OH \xrightarrow{k_3} CH_3CHO + NH_3 \quad (5.102)$$
$$\quad\quad\quad\quad\quad\quad\quad\quad\quad (AcH)$$

$$2H_2NC_2H_4OH \xrightarrow{k_4} \underset{(PP)}{\begin{array}{c}HN\\ \\NH\end{array}} + 2H_2O \quad (5.103)$$

主反応の EI 生成は平衡反応でまた吸熱反応であるが，副反応は平衡の制約がないため，主反応の平衡反応率 x_{Ae} を超えても反応は進行し，主反応は進まないのに副反応が進行して EI 選択率が低下するという現象が起こる．触媒それ自体の選択性がいくら高くても，ある反応率 x_A における選択率 s の上限が理論的に決まる．

式 (5.101) の平衡定数を K_p，全圧を π，初期 MEA 分圧を p_{A_0}，MEA の平衡反応率を x_{Ae} とすると，反応率 x_A が x_{Ae} 以下では EI 収率 Y_R の理論的な最大値は x_A に等しくなるが，x_A が x_{Ae} 以上では Y_R の最大値は x_A より小さくな

5.6 製造プロセス：不均一触媒反応系の設計例

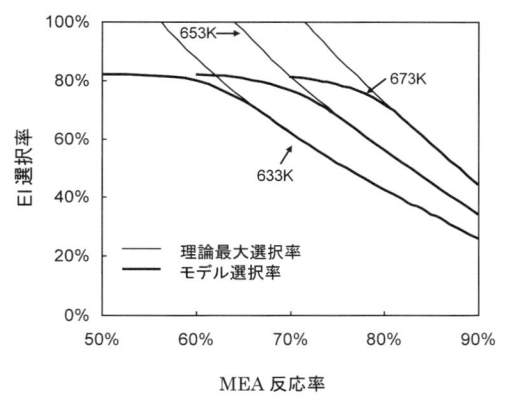

図5.18 反応率と選択率の関係

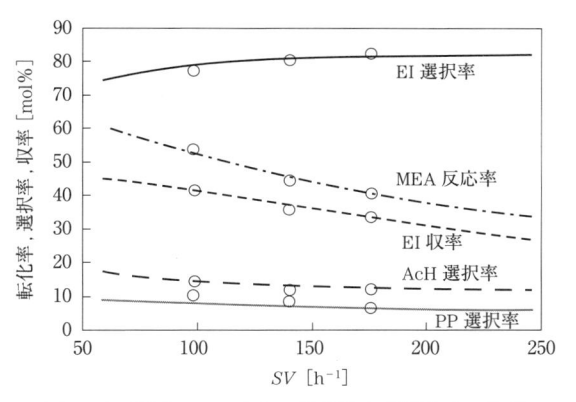

図5.19 速度モデルからの計算値と実測値との比較
（○：ベンチ実測値）

り，副反応が AcH 生成のみの場合，選択率 s $(=Y_R/x_A)$ の上限は，各変数を K_P の定義式に代入した次式（5.104）を s について解いた式（5.105）で表される．

$$K_P = \frac{p_{A_0}\left(\dfrac{sx_A}{1+x_A\dfrac{p_{A_0}}{\pi}}\right)^2}{\dfrac{1-x_A}{1+x_A\dfrac{p_{A_0}}{\pi}}} \quad (5.104)$$

$$s = \frac{\left\{\dfrac{K_P(1-x_A)}{p_{A_0}}\left(1+x_A\dfrac{p_{A_0}}{\pi}\right)\right\}^{1/2}}{x_A} \quad (5.105)$$

見かけの選択率は x_A が x_{Ae} より小さい場合は触媒本来の選択率を示し，x_{Ae} を超えるとしだいに式（5.105）に近づいていく．図5.18に温度を変えた場合の反応率と選択率の理論上限値・実際値の関係を模式的に示した．温度が高く（吸熱反応なので K_P が大きい），MEA 分圧が小さいほど同じ反応率における選択率が高いことがわかる．原料分圧・反応温度・反応率を変化させた場合の選択率は，実測データを説明できる反応速度式モデルを作ることによって予測できる．この速度式モデルを作る場合の注意点は，実測値も誤差を含んでいることを考慮して，理論的に大きな無理がなく，実測値をおおむね説明できるできるだけ簡単なモデルを作ることである．パラメータが多すぎるモデルはそのパラメータを決めるために多くの実測値が必要なうえ，誤差を含んでい

るため，パラメータを一義的に決定するのが困難になる．実験データをおおむね説明できる Langmuir-Hinshelwood 型速度式として次式が導出できる．

$$r_B = \frac{k_1 K_A\left(p_A - \dfrac{p_B p_C}{K_P}\right)}{(1+K_A p_A + K_B p_B)(1+K_C p_C)} \quad (5.106)$$

$$r_D = \frac{k_3 K_A p_A}{(1+K_A p_A + K_B p_B)(1+K_C p_C)} \quad (5.107)$$

$$r_F = k_4\left\{\frac{K_A p_A}{(1+K_A p_A + K_B p_B)(1+K_C p_C)}\right\}^2 \quad (5.108)$$

$$-r_A = r_B + r_D + 2r_F \quad (5.109)$$

$$r_C = r_B + 2r_F \quad (5.110)$$

ここで K_A, K_B, K_C, K_F は MEA, EI, H_2O, PP の吸着平衡定数を表す．図5.19にベンチ実験の実測値と速度モデルによる計算値との比較を示した．

最適な反応条件は反応系だけでは決まらない．気相反応のため，生成物の捕集が必要である．原料の回収系も考慮して反応条件を最適化する．気相反応の生成物捕集には通常吸収液を塔頂に供給する充填塔などの装置が用いられる．吸収液の選択も重要であり，反応系に存在しない溶剤を用いる場合はその溶剤の分離・回収系が必要であるので，新たな物質を系に持ち込まないほうがよい．この反応の場合，EI の安定性のため吸収液は塩基性物質の必要があるため，原料の MEA が採

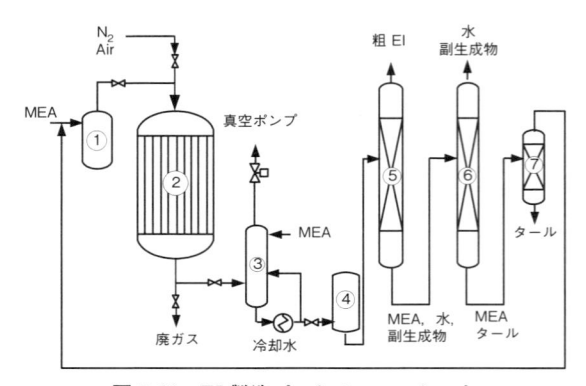

図 5.20 EI 製造プロセスフローシート
① MEA 蒸発器，②反応器，③吸収塔，④中間タンク，
⑤ EI 蒸留塔，⑥ MEA 回収塔，⑦ MEA 蒸留塔

用されている．実験室の装置をそのままスケールアップしてベンチ実験が行われ，MEA の粘度が高いためキャリアーガス中に MEA がミスト状になって失われる問題が明らかにされている．キャリアーガスは原料希釈の役目を担っているが，原料の分圧さえ適切に調整できれば不要とすることが可能である．水蒸気などの凝縮性物質をキャリアーとする方法もあるが，系全体を減圧にすることが有効で，この場合吸収塔も非常に小さくでき，吸収液量を大幅に削減することができる．実プロセス全体の流れを図 5.20 に示した．

このプロセスの設計に関する留意点を，以下に要約する．

①理論的な平衡，反応経路などを考慮して実験データを取得し，プロセス設計に必要な速度モデルを構築する．

②速度モデルを用い，反応熱，回収系の設備・用役費（加熱に必要な蒸気や電力の費用）なども考慮して，最適な転化率・選択率を与える反応条件・反応器形状を決定する．

5.6.2 固液反応：劣化の比較的早い触媒系での触媒再生を含むプロセスの構築

触媒はさまざまな原因で劣化する．不可逆的な劣化では最終的には触媒を交換するが，触媒を再生することができる可逆的な劣化では，再生工程を含むプロセスを工夫することによって実用化を具体化しうる．本項では固液反応での実例として，アンモニアとエチレンオキシド（EO）の反応によるエタノールアミン合成反応を取り上げ，液体-固体反応触媒での留意点と触媒の劣化を含む速度解析とそれに基づくプロセスの設計について述べる．

エタノールアミンには前項で述べた MEA のほかに EO 付加モル数によって生成するジエタノールアミン（DEA），トリエタノールアミン（TEA）がある．希土類元素で修飾して高活性としたゼオライト触媒の形状選択性の発現で，分子径の大きな TEA の副生を抑えて需要の多い DEA を選択的に製造することができる[2]．ゼオライトは分子の大きさを識別するミクロポアを有するがゆえに，そのミクロポアの閉塞による触媒の劣化が起こりやすい．この触媒でも比較的速い劣化が起こるが，アンモニアによる高温処理によって再生できる．プロセス設計のためには，反応条件変化による性能変化の予測ができる劣化現象のモデルが必要である[5]．

10MPa を超える高圧反応のため反応器は単純な構造がよく，反応器出口温度を高くして EO 転化率を 100% とするため，断熱型の反応器が採用されている．反応で生成した熱はすべて反応液の温度上昇に使われるので，触媒層温度分布が EO の反応率分布に対応している．EO がすべて反応するとそれ以上触媒層の温度上昇は起こらな

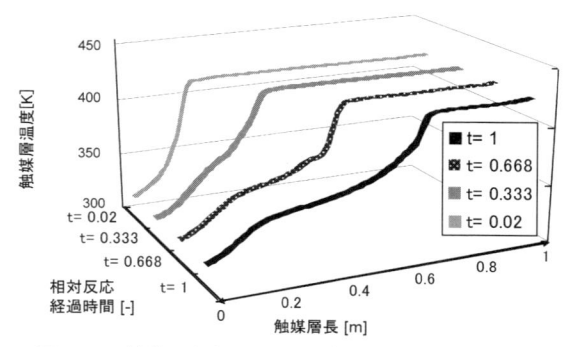

図 5.21 触媒の劣化にともなう触媒層温度分布の経時変化

くなる．触媒の活性が変化すると温度分布が対応して変化するので図5.21に示すように，触媒劣化が起こると触媒層温度上昇のピーク位置が徐々に反応器出口へ移動する．また温度分布の形も特徴的で，劣化が進むと分布曲線が単一ピークではなく2つのピークを有する特異的な形状となる．これは，反応器内で触媒の劣化の進行度が一様でないためである．すなわち，反応器から少し入った部分で劣化の進行が速いために起こる現象である．

触媒の劣化には種々の原因があり，それらが複合していることもある．原因が解明できても定量化することは困難であることが多い．プロセス設計のためには，劣化速度を何らかのモデルを立てて定式化し，反応条件変化に対して劣化挙動を予測することが必要である．この反応では，先に述べたように触媒層での温度分布から EO 反応率分布の変化が精密にわかることから，劣化のモデル化が比較的容易である．種々のモデルを仮定して，触媒層の温度分布を求め，実測値と比較するとモデルをさらに精密化することが可能である．また劣化の原因は分析され，その知見もモデルに反映されている．途中経過を省略し，最終的な劣化のモデルは，

①劣化は DEA と EO の累積反応量に比例する（劣化した触媒中で DEA の OH 基に EO が付加したタイプの物質が検出されたことを考慮）

②DEA 存在による一律の劣化がある

③触媒が劣化しても活性は完全にゼロにならない

ことに要約される．これらを定式化すると，触媒層位置 z，時間 t における活性係数 $a(z,t)$ は k_d を比例係数として $1-k_d r a_{DEA}(z,t)$ が残存活性 a_r より大きい場合は $1-k_d r a_{DEA}(z,t)$，それ以外は a_r とする．ここで $r a_{DEA}(z,t)$ は k を DEA と EO との反応速度，k_0 を DEA のみの効果の係数，c を原料濃度とすると，$z \sim z+dz$ の微小区間において $(kc_{EO}+k_0)c_{DEA}$ を時間ごとに累積し

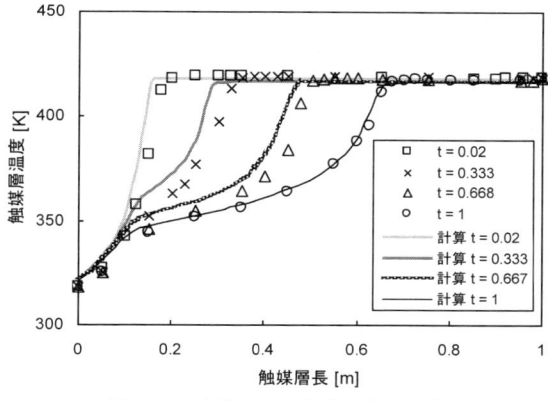

図5.22 劣化モデルと実測値の比較

た値となる．各パラメータを実測に合うように試行錯誤で決定した結果を図5.22に示す．

触媒の活性劣化に伴い選択性が変化する場合もある．この反応でも経時的に選択性が低下するが，これはある程度触媒層温度が上がり，かつ触媒の活性が低い部分（肩の部分）でのエタノールアミンによる自己触媒反応によると考えられる．この観点を速度式に取り込むと選択性変化も説明できる定式化が可能となる．これによって，実際のプラントでの条件変更による生成物分布・触媒寿命の予測ができ，プロセス設計が具体化されている．

《参考》不均一系触媒反応と反応器設計
— CO 変性反応を例にあげて —

実際の不均一系触媒反応を連続流れ反応器を用いて行う場合，反応器設計段階では反応速度式の選択が重要課題となる．気固接触反応の場合は，別途速度論の情報を得ることは困難なことが多く，連続式反応器で速度論のデータを取得し，かつ解析し，反応速度式を決定する場合がある．その場合は，不均一系触媒反応の速度式を仮定し，その速度式を連続式反応器の基礎式に適用して各種速度パラメータを取得する必要がある．ここでは，水性ガスシフト反応による CO の除去問題を取り上げ，反応器設計を例示する．水性ガスシフト反応は，次式に示す反応で，水蒸気改質反応

の出口ガス中に含まれる CO を除去する反応であり，たとえば，炭化水素から燃料電池の水素源を製造するさいの水素精製過程で生起している．

$$CO + H_2O \longrightarrow CO_2 + H_2, \quad \Delta H^0 = -41.2 \text{ kJ/mol} \quad (1)$$

本反応は平衡反応で発熱反応であることから，低温ほど平衡論的に有利で，Cu 系触媒を用いた低温反応では 473～523 K 付近で操作される．実験室では，CO と H_2O の混合ガスを用いて反応する場合が多いが，実際の天然ガスの水蒸気改質器からのガスには 5～10% の CO_2 および H_2 が含まれており，反応速度の各ガス成分に対する濃度依存性を調べることが反応器を設計する（反応器の大きさを決める）上できわめて重要である．

CO および H_2O の混合ガスを原料にした場合，反応温度（473 K），触媒単位質量当たりのガス流量（28800 $cm^3 \cdot g \cdot cat^{-1} \cdot h^{-1}$）が同じであっても，低 CO 濃度で CO 反応率が 100% に達するのに対し，同じ反応温度，接触時間で生成物の CO_2 および H_2 を混合した場合では，CO 反応率が 10% 程度にまで低下する[1]．473 K 程度の反応温度では，逆シフト反応（$CO_2 + H_2 \rightarrow CO + H_2O$）はほとんど進行しないため，$CO_2$，$H_2$ 共存下での活性低下は生成物による阻害効果として取り扱う必要がある．

Cu 系触媒上での水性ガスシフト反応は，古くから検討されており，ギ酸中間体説や H_2O による Cu 活性点の酸化による水素生成および CO による再還元による CO_2 生成の酸化還元機構などが報告されている．既往の報告に基づくと反応次数は，Cu 系触媒の場合 CO に対して 0.5～1.0 次，H_2O に対して 0.5～1.0 次，CO_2 に対して -0.5～-1.0 次であることが予想される．

活性種や反応機構に関しては，必ずしも確定しているとはいいがたいため，それらを参考にして速度式を組み立てることはできず，このような場合には実験式を構築する．ここでは，式 (5.29) を基礎とする Langmuir-Hinshelwood 型類似の速度式を次のように仮定し，押出し流れ反応器の空間速度 SV（space velocity[h^{-1}] = 標準状態に換算した供給ガス流量 [$Nm^3 \cdot h^{-1}$]/触媒充填層容積 [m^3]）を調節して，CO 反応率が 20% 程度を超えないようにし，実験解析を進める手法を紹介する．

$$(-r_{CO})_{LH} = \frac{k p_{CO}^{n_1} p_{H_2O}^{n_2}}{1 + \alpha p_{CO_2}^{n_3} + \beta p_{H_2}^{n_4}} \quad (2)$$

ここで，k[$mol \cdot dm^{-3} \cdot h^{-1}$]，$\alpha$[$Pa^{n_1+n_2-n_3}$]，$\beta$[$Pa^{n_1+n_2-n_4}$]，$n_1$[-]，$n_2$[-]，$n_3$[-]，$n_4$[-] はモデル定数である．反応速度 $(-r_{CO})$[$mol \cdot L^{-1} \cdot h^{-1}$] は触媒単位容積，単位時間当たりの CO のモル数変化を表す．式 (5.30)，(5.31) では，触媒単位表面積当たりの反応速度を議論した．触媒充填層単位容積当たりの触媒表面積を a_P[$m^2 \cdot m^{-3}$] とすると，触媒充填層容積基準の反応速度 $(-r_{CO})$ と触媒表面積基準の反応速度 $(-r_{P,CO})$ との間には次の関係がある．

$$(-r_{CO}) = a_P(-r_{P,CO}) \quad (3)$$

SV 定義式中の供給ガス流量とは，原料成分とキャリア成分を合わせた供給流量 q[$Nm^3 \cdot h^{-1}$]，触媒充填層容積とは触媒と充填物から構成される触媒充填層全体の容積 V[m^3] を指す．触媒と気相成分との接触時間（$= V/q = 1/SV$）は，1 章の式 (1.119) で記述した空間時間 τ に等しいため次式が成り立つ．

$$SV = \frac{1}{\tau} \quad (4)$$

原料成分 CO に対し式 (1.135) に提示した押出し流れ反応器の基礎式を以下に示す．

$$-\frac{dc_{CO}}{d\tau} = (-r_{CO}) \quad (5)$$

反応器入口，出口での CO 濃度を $c_{CO,0}$，c_{CO}，反応率を x_{CO} とすると，

$$c_{CO} = c_{CO,0}(1 - x_{CO}) \quad (6)$$

であるため，式 (5) を反応器の入口から出口まで積分すると次式を得る．

$$\frac{1}{SV} = \tau = -\int_{c_{CO,0}}^{c_{CO}} \frac{dc_{CO}}{(-r_{CO})} = c_{CO,0}\int_0^{x_{CO}} \frac{dx_{CO}}{(-r_{CO})}$$

$$\frac{1}{SV} = \frac{y_{CO,0}\pi}{RT} \int_0^{x_{CO}} \frac{dx_{CO}}{(-r_{CO})} \quad (7)$$

ここで，π は全圧，$y_{CO,0}$ は入口における CO のモル分率である．式 (2) の $(-r_{CO})_{LH}$ を式 (7) に代入すると

$$\begin{aligned}\frac{1}{SV} &= \frac{y_{CO,0}\pi}{RT} \int_0^{x_{CO}} \frac{dx_{CO}}{(-r_{CO})} \\ &= \frac{y_{CO,0}\pi}{kRT} \int_0^{x_{CO}} \Big[\frac{1}{p_{CO}^{n_1} p_{H_2O}^{n_2}} \\ &\quad + \alpha\frac{p_{CO_2}^{n_3}}{p_{CO}^{n_1} p_{H_2O}^{n_2}} \beta\frac{p_{H_2}^{n_4}}{p_{CO}^{n_1} p_{H_2O}^{n_2}}\Big] dx_{CO}\end{aligned} \quad (8)$$

を得る．以下，アンモニア水による共沈殿法で調製した $Cu\text{-}ZnO\text{-}Al_2O_3$ 触媒上での水性ガスシフト反応に関する指数 n_1, n_2, n_3, n_4 の決定法を示す．

計算手順

① 原料ガスは，調製ために不活性ガスである N_2 を加えて総体積流量が変化しないようにし，N_2 以外に CO と H_2O のみを供給する．ただし，H_2O 分圧を一定として，CO 分圧を変えて供給し，CO の反応率が 20% を超えないように SV を調節する．式 (8) において CO 反応率が低く H_2O の分圧変化や CO_2 および H_2 の生成も無視できるとすると（微分反応管近似）

$$\frac{1}{SV} = \frac{y_{CO,0}\pi}{kp_{H_2O}^{n_2} RT} \int_0^{x_{CO}} \frac{1}{p_{CO}^{n_1}} dx_{CO} \quad (9)$$

が成り立つ．CO の反応次数である指数 n_1 を仮定し，速度定数 k を 0 から x_{CO} で数値積分することで算出し，この値が入口 CO 分圧の増減によって変わらず一定となるような n_1 の値をトライ・アンド・エラーで求める．同様な実験を H_2O 分圧を変化させて行う．使用する式は，次式である．

$$\frac{1}{SV} = \frac{y_{CO,0}\pi}{kp_{CO}^{n_1} RT} \int_0^{x_{CO}} \frac{1}{p_{H_2O}^{n_2}} dx_{CO} \quad (10)$$

指数 n_2 を仮定し，速度定数 k を算出し，この値が入口 H_2O 分圧の増減によって変わらず一定となるような n_2 の値をトライ・アンド・エラーで求める．n_1 および n_2 が決まると自動的に k の値が求まる

② 不活性ガス N_2 以外に CO, H_2O および CO_2 のみを供給し，反応を行う．CO 反応率は CO_2 の混合によって低下するので（実験的に確かめられている），CO 反応率は①，②の反応条件で 20% を超えない．このとき式 (8) は，H_2 の生成量が少ないとして，次式に近似される．

$$\frac{1}{SV} = \frac{y_{CO,0}\pi}{kRT} \int_0^{x_{CO}} \Big[\frac{1}{p_{CO}^{n_1} p_{H_2O}^{n_2}} + \alpha\frac{p_{CO_2}^{n_3}}{p_{CO}^{n_1} p_{H_2O}^{n_2}}\Big] dx_{CO} \quad (11)$$

すでに n_1 および n_2 は決まっているので，式中の n_3 および α を仮定して，CO_2 の分圧を変化によらず一定となる n_3 および α の値をトライ・アンド・エラーで求める．

③ 不活性ガス N_2 以外に CO, H_2O および H_2 のみを供給し，反応を行う．ここでも CO 反応率は，20% を超えない．このとき式 (8) は，CO_2 の生成量が少ないとして，次式に近似される．

$$\frac{1}{SV} = \frac{y_{CO,0}\pi}{kRT} \int_0^{x_{CO}} \Big[\frac{1}{p_{CO}^{n_1} p_{H_2O}^{n_2}} + \beta\frac{p_{H_2}^{n_4}}{p_{CO}^{n_1} p_{H_2O}^{n_2}}\Big] dx_{CO} \quad (12)$$

すでに n_1 および n_2 は決まっているので，式 (12) の n_3 および β を仮定して，CO_2 の分圧を変化によらず一定となる n_3 および β の値をトライ・アンド・エラーで求める．

以上の実験解析を進めると次式を得る．

$$(-r_{CO})_{LH} = \frac{kp_{CO}^{0.5} p_{H_2O}^{0.5}}{1 + 7p_{CO_2} + 2p_{H_2}^{0.5}} \quad (13)$$

実験速度式であるので，Cu 系触媒上での水性ガスシフト反応の反応機構について情報を与えるものではないが，速度式の形式が Langmuir-Hinshelwood 型類似であることから，CO_2 についての負の次数が H_2 よりも大きく，シフト反応において生成物である CO_2 による自己被毒の影響が非常に強いことがわかる．また，その指数項の前の係数も H_2 に比べて大きい．Langmuir-Hinshelwood 型速度式では，指数項の前の係数

は，吸着平衡定数であるので，この係数が大きいと吸着が強く他の成分の吸着を阻害する．このことも CO_2 の反応阻害効果が大きいことを示している．必ずしも決定的な情報ではないが，他の反応結果や触媒の分析結果などから反応機構に関するより確かな情報が得られるものと思われる．

以上，CO 変性反応を例にあげ反応速度式を実験解析する手法を例示したが，当該手法に準じれば，対象とする不均一系触媒反応に対し，ある処理量で目的とする反応成績を得るためには反応器体積（触媒量）をどれほどにする必要があるかを計算することができ，工学的には大変重要である．

文　献

1) Ishikawa, T., K. Shimada, O. Okada, S. Tsuruya, Y. Ichihashi and S. Nishiyama (2008) : *5th International Conference on Environmental Catalysis*, Belfast, P-244.
2) Tsuneki, H., M. Kirishiki and T. Oku (2007) : "Development of 2,2′-Iminodiethanol Selective Production Process Using Shape-Selective Pentasil-type Zeolite Catalyst," *Bull. Chem. Soc. Jpn.*, **80**, 1075-1090.
3) 常木英昭，嶋崎由治，有吉公男，森本　豊，植嶋陸男 (1993) : "エチレンイミン新規製造法の開発," 日本化学会誌, **1993**, 1209-1216.
4) 常木英昭，日野洋一 (2008) : "モノエタノールアミン気相脱水によるエチレンイミン生成反応の解析と反応プロセスの構築," 化学工学論文集, **34**, 249-253.
5) 常木英昭 (2008) : "ジエタノールアミン合成用ゼオライト触媒の結果解析とモデル化," 化学工学論文集, **34**, 119-124.

問　題

5.1 A は，2 原子分子の気体である．5 wt%Pt/Al_2O_3 を用いて，A の吸着実験を 0℃ の温度一定，低圧力領域で圧力を変化させて行った．各平衡圧力 p_A で測定した吸着量 v[STP·cm^3] を下表に示した．A は Pt に吸着するとして，実験データから，解離吸着か会合吸着かを判定しなさい．また，飽和吸着量（モル数）を求めなさい．ただし，STP·cm^3 とは，0℃，1 atm での体積を表し，気体は理想気体としてよい．

p_A[Pa]	0.2	0.4	0.6	0.8	1	5	10
v[STP·cm^3]	0.887	1.11	1.25	1.36	1.44	1.98	2.18

6

生物反応工学

6.1 細胞増殖，遺伝子の複製，転写，翻訳と発現

6.1.1 細胞増殖

生物反応器で用いられる生物材料には，乳酸菌 *Streptococcus thermophillus*, *Lactobacillus bulgaricus*, *L. casei*, *L. platarum*, 大腸菌 *Escherichia coli*, 枯草菌 *Bacillus subtilis* などのバクテリア，酵母 *Saccharomyces cerevisiae*, 緑藻 *Chlorella vulgaris* などの単細胞生物，麹菌 *Aspergillus oryzae*, 動物培養細胞株 CHO (Chinese Hamster Ovary), HEK293, HeLa, S2, Sf9, Vero などの多細胞生物がある．細胞の増殖機構は，細胞の種類に依存するため，本書では，単細胞生物から多細胞微生物を網羅した増殖過程の記述は行わず，基礎的概念を構築するために，単細胞微生物の増殖過程だけを議論する．単細胞のバクテリアは，温度，原料成分，酸素雰囲気などの環境条件が適していれば世代時間（generation time, doubling time）ごとに細胞分裂し，個体数は増加する．

図6.1は回分反応器における細胞濃度の経時変化を示す．増殖活性が低い生物材料を用いた場合，増殖活性が高められる時間が必要である．この期間を誘導期（lag phase）という．この期間ののちに全細胞が世代時間 t_2[h] ごとに細胞分裂を繰り返す対数増殖期（logarithmic growth phase）が観察される．単位容積当たりの細胞個

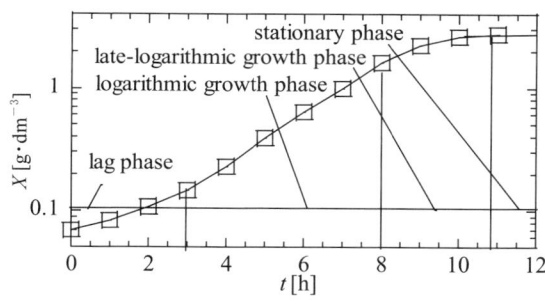

図6.1 D-グルコースを原料成分とする酒精酵母 *Saccharomyces cerevisiae*（醗研1号）の回分増殖過程[1]

反応器，通気攪拌槽（液量，3 dm³）；温度303 K；通気速度3 dm³·min⁻¹；攪拌速度450 rpm

体数として定義される個体密度（population density）を N[dm⁻³]，対数増殖開始時点での初期個体密度を N_0 で表す．時間 t が経過したときの個体密度は次式で表せる．

$$N = N_0 2^{t/t_2} \tag{6.1}$$

E.coli では，$t_2 = 1/3$ h であるため，4 h 経過すると個体密度は初期個体密度の 4100 倍となる．この式より，個体密度の増加速度式として以下が導出できる．

$$\frac{dN}{dt} = \frac{\ln 2}{t_2} N = \nu N \tag{6.2}$$

係数 ν[h]（$=\ln 2/t_2$）は，細胞個体密度当たりの個体密度の増加速度であり，比分裂速度とよばれている．この式に従う個体密度の変化は Malthus 的成長[2]として知られている．反応液単位容積に含まれる細胞の乾燥質量を細胞濃度（cell mass concentration) とよび，$X[\mathrm{g \cdot dm^{-3}}]$ で表す．細胞の平均容積を $\bar{v}[\mathrm{dm}^3]$，細胞単位容積当たりの細胞乾燥質量を $\rho_\mathrm{D}[\mathrm{g \cdot dm^{-3}}]$ で表すと，次式が成り立つ．

$$X = \rho_\mathrm{D} \bar{v} N \tag{6.3}$$

細胞の平均容積が一定であれば，X と N は比例し，次式が成立する．

$$\frac{dX}{dt} = \mu X \tag{6.4}$$

この式の係数 μ は比増殖速度（specific growth rate）とよばれ，細胞単位質量当たりの細胞質量増加速度を表す．式 (6.1) に従うと，個体密度は指数的に爆発的に増加する．しかし，実際には対数増殖期の後，細胞集団の増殖活性は徐々に低下する．この時期を対数増殖後期（late-logarithmic growth phase）とよぶ．細胞濃度変化は増殖活性を表す係数 ϕ を用いると，以下で記述できる．

$$\frac{dX}{dt} = \mu \phi X \tag{6.5}$$

ϕ は対数増殖期では 1，誘導期，対数増殖後期では 0〜1 の値をとる．対数増殖後期では，直線増殖が観察されることがある．対数増殖期から対数増殖後期に移行するときの細胞濃度を X_C とすると，この時期は次式で記述できる．

$$\frac{dX}{dt} = \mu X_\mathrm{C} \tag{6.6}$$

$$\phi = \frac{X_\mathrm{C}}{X} \tag{6.7}$$

対数増殖後期ののち，細胞濃度が時間的に変化しない停止期（stationary phase）が観察される．生物細胞の増殖過程を説明するために Verhulst は式 (6.2) に対し，個体密度には上限があり，上限値 N_f に近付くと反応速度は低下することを仮定し，下記のロジスティック式を考案した[3]．

$$\frac{dN}{dt} = kN(N_\mathrm{f} - N) \tag{6.8}$$

このロジスティック式は，自触媒反応の速度式としてすでに式 (1.50) において同型の式が議論されている．式 (6.2) と式 (6.8) とを比較すると $\nu = k(N_\mathrm{f} - N)$ であり，ν は一定であるため，$N \ll N_\mathrm{f}$ のときだけ対数増殖期を説明しうることがわかる．

式 (6.2)，(6.8) は，成長を律している条件として個体密度の影響だけを考えているが，この記述は不十分であり，原料成分濃度の影響も考慮する必要がある．Monod は D-グルコースの初期濃度 c_{A_0} を変えて $E.\,coli$ を培養した実験の結果より下記速度式を見出した[4]．

$$\mu = \frac{\mu_\mathrm{m} c_{\mathrm{A}_0}}{K_\mathrm{S} + c_{\mathrm{A}_0}} \tag{6.9}$$

この式は Michaelis-Menten 式（式 (1.49)）と同型であり，Monod 式とよばれる．μ_m は比増殖速度の最大値，$K_\mathrm{S}[\mathrm{mmol \cdot dm^{-3}}]$ は飽和定数である．図 6.2 は，酵母 *Saccharomyces cerevisiae* の μ と c_{A_0} との関係を示し，この場合 μ_m は 0.526 h^{-1}，K_S は 4.41 $\mathrm{mmol \cdot dm^{-3}}$ である．

動物細胞のような多細胞生物も単細胞の集団として個体を形成しているため，上記議論は，反応の基礎を与える．しかし動物細胞は，増殖細胞が常に存在している骨盤，皮膚細胞，通常は増殖しないが増殖因子に促されて増殖を行う臓器細胞，まったく増殖活性を有しない神経細胞など増殖の仕組みはさまざまである．

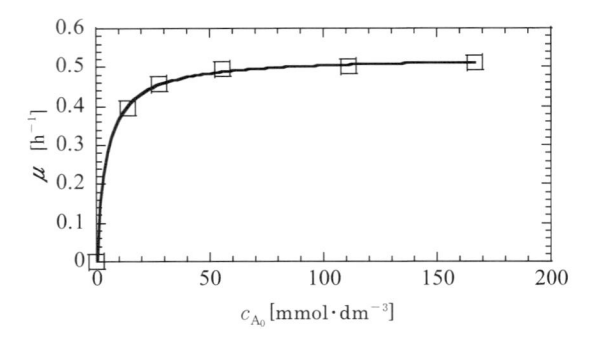

図 6.2 D-グルコースを原料成分とする酒精酵母 *Saccharomyces cerevisiae*（醗研 1 号）対数増殖期の比増殖速度 μ と原料成分初期濃度 c_{A_0} との関係[2]

6.1.2 遺伝子の複製,転写,翻訳と発現

2003年4月のヒトゲノム全解読後,生命科学領域の進展はきわめて激しく,タンパク質翻訳領域を含む遺伝子の網羅的解析,ゲノム構造進化の究明,Encyclopedia of Human DNA Elements 研究の推進,遺伝子間ネットワークおよびタンパク質間相互作用の解明,システム生命科学の体系化などが進められている.当該知識に基礎をおくゲノム医科学,ゲノム創薬は,がん,生活習慣病の診断・治療・予防を目指して成果を出しつつあり,また SNP のように患者個人に焦点を当てた解析手段を構築している.

システムとしての生命現象の理解を深めるためには分子生物学の最新情報に接することは無論であるが,分子レベルでの生物反応工学に関して概念構築しておくことも必要である.

DNA 塩基配列に蓄えられた遺伝情報は,DNA→RNA→タンパク質といった情報の流れ(セントラルドグマ,図6.3)に従い機能に変換されるが,この遺伝子の複製,転写,翻訳と発現にかかわる動的過程を記述するために,単細胞原核生物の大腸菌 *Escherichia coli* を例にとり,反応過程の見方を記述する.細胞内の反応速度の取り扱いについてまず議論する.

細胞構成分子を B, C, D, … で表し,単位乾燥細胞質量当たりの構成分子 B のモル数を m_B で表す.この分子の分子量を M_B で表す.すべての構成分子質量の総和は細胞の質量であるため,次式が成り立つ.

$$1 = M_B m_B + M_C m_C + \cdots\cdots = \sum_i M_i m_i \quad (6.10)$$

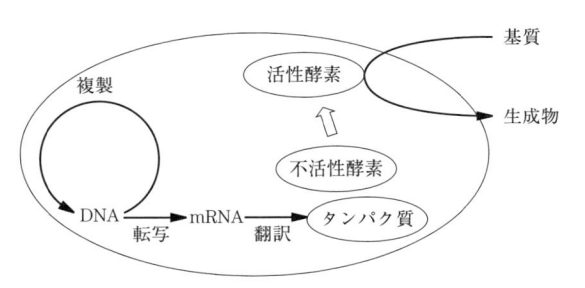

図6.3 分子遺伝学のセントラルドグマ

細胞内で生起する反応に番号付け($j = 1, 2, \cdots\cdots, J$)を行い,単位乾燥細胞質量当たりの j 番反応の反応速度を $r_{mj} = d\xi_{mj}/dt$,この反応における細胞構成分子 B の化学量論係数を a_{Bj} とする.式(1.25)の反応速度 $r(=d\xi/dt)$ は単位時間単位容積当たりのモル数変化量(反応進行度)を表しているのに対し,r_{jm} は単位時間単位質量当たりのモル数変化量を表している.反応液単位容積当たりの細胞構成分子 B の変化速度は,以下で記述できる[5].

$$\frac{d(m_B X)}{dt} = \sum_j (a_{Bj} r_{mj}) X \quad (6.11)$$

式(6.4)を代入すると,対数増殖中の細胞内反応速度の基礎を与える次式を得る.

$$\frac{dm_B}{dt} = \sum_j (a_{Bj} r_{mj}) - \mu m_B \quad (6.12)$$

細胞構成分子の分子量を掛けて,すべての構成分子の総和を求めると,式(6.12)より次式を得る.

$$\frac{d\sum_i M_i m_i}{dt} = \sum_i M_i \sum_j (a_{ij} r_{mj}) - \mu \sum_i M_i m_i$$
$$= \sum_i M_i \sum_j (a_{ij} r_{mj}) - \mu = 0 \quad (6.13)$$

式(6.10)より左辺はゼロである.したがって,比増殖速度は細胞内で生起するすべての反応の速度によって,下記の式で記述できる.

$$\mu = \sum_i M_i \sum_j (a_{ij} r_{mj}) \quad (6.14)$$

図6.4は大腸菌 *E. coli* の DNA 複製機構の概要を示す.情報単位レプリコンは,開始(*ori*)と終結(*ter*)のシグナルを有するひとつながりで複製される遺伝情報である.原核細胞プラスミド,ファージ,細菌染色体のレプリコンは,複製中は環状である.レプリコンには 10~20 bp(塩基対)が順方向または逆向きに数個繰り返して共通構造を成している.この部位に特異的な複製に必須なタンパク質が結合し,ついで複製タンパク質が順次結合して複合体(プライモソーム)を形成し,*ori* 付近の2重鎖に開裂が生じさせる(図中,複製分岐点で表示).同時に DNA 合成プラ

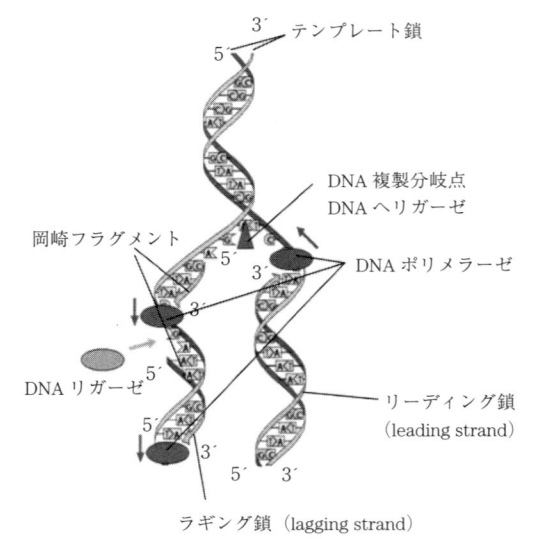

図 6.4 DNA 複製
(http://en.wikipedia.org/wiki/DNA_replication に加筆)

イマーである RNA が合成され複製が開始する.

大腸菌染色体では複製開始を担う 245bp の配列中に4回繰り返される 9bp(TTATCCACA) を認識して, 特異的に DnaA タンパク質が結合することで複製が開始する. 複製は DNA ポリメラーゼに触媒され, 5′末端から 3′末端にかけ相補性原理に従って行われる. 新生鎖の中の1本 (リーディング鎖) は連続的に複製されるが, 他の逆向きの1本 (ラギング鎖) は進行方向 1000 塩基ごと (Okazaki fragment) に 5′末端から 3′末端にかけ不連続的に複製される.

対数増殖中の細胞内で組換え DNA プラスミドにコードされる遺伝情報に従い, 有用タンパク質を生産する過程を考える. DNA 複製は, 部位 *ori* からの複製開始, 伸長および部位 *ter* での終結の3段階からなる. 伸長中の DNA 鎖の塩基数を b, 菌体単位質量中の DNA 鎖の中で塩基数が $b \sim b+db$ である分子数を $g(t,b)db$, DNA 鎖伸長速度を k_D, 対数増殖期の比増殖速度を μ, 複製開始, 終結時の塩基数を B_1, $2B$ とすると, $b=B_1 \sim 2B$ の範囲で DNA 複製は次式で記述できる.

$$\frac{\partial}{\partial t}g(t,b) + k_D \frac{\partial}{\partial b}g(t,b) = -\mu g(t,b)$$

(6.15)

k_D は大腸菌では 310K で一定であり, 約 500 bases·s^{-1} である[6]. 菌体単位質量当たりの DNA のモル数 m_D は, 成熟し開裂していないプラスミドの細胞1個当たりのコピー数を c, 細胞1個の質量を m とすると

$$m_D = \{1/(6 \times 10^{23})\}\left[\int_B^{B_1} bg(t,b)db + (k_D B/\lambda_D)g(t,B_1) + 2Bc/m\right]$$

(6.16)

となる. 6×10^{23} はアボガドロ数, [ ] 内第1項は開始複合体中の塩基数, 第2項は伸長中の DNA 塩基数, 第3項は成熟した DNA 中の塩基数を示す. 式 (6.15), (6.16) より次式を得る.

$$\frac{dm_D}{dt} = (\lambda_D - \mu)m_D$$

(6.17)

ただし, λ_D は DNA の複製速度定数である. 塩基の平均分子量を 160 とすると, DNA の質量濃度は $160 m_D$ である. $\lambda_D = \mu$ であれば, m_D は培養時間の経過によらずに一定となる. 式 (6.17) を用いれば, 形質転換に用いた外来遺伝子の複製速度 $\lambda_D m_D$ は, 当該 DNA 量の経時変化を追跡することで解析できる.

図 6.5 は mRNA への転写機構を示す. 転写段階では, まず RNA ポリメラーゼが非特異的に DNA に結合し, DNA 上をスライド後, プロモータに結合, 二重鎖を開裂し開鎖複合体を形成し, 以後, 一定速度で転写を進める. 転写が完了する以前に mRNA の 5′末端側からヌクレアーゼによる分解反応が進行するが, 原核細胞では転写, 翻訳が共役して進行しており, 関連するプロモータ領域およびリボソーム結合部位はともに 5′末端側に位置し, 先行するリボソームの翻訳はヌクレアーゼによる分解反応よりも早く進むた

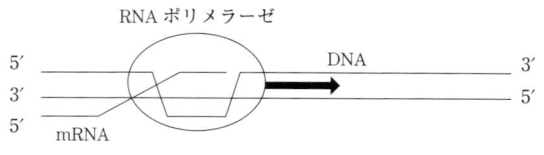

図 6.5 mRNA への転写

6.1 細胞増殖，遺伝子の複製，転写，翻訳と発現

図 6.6 リボソームによる翻訳

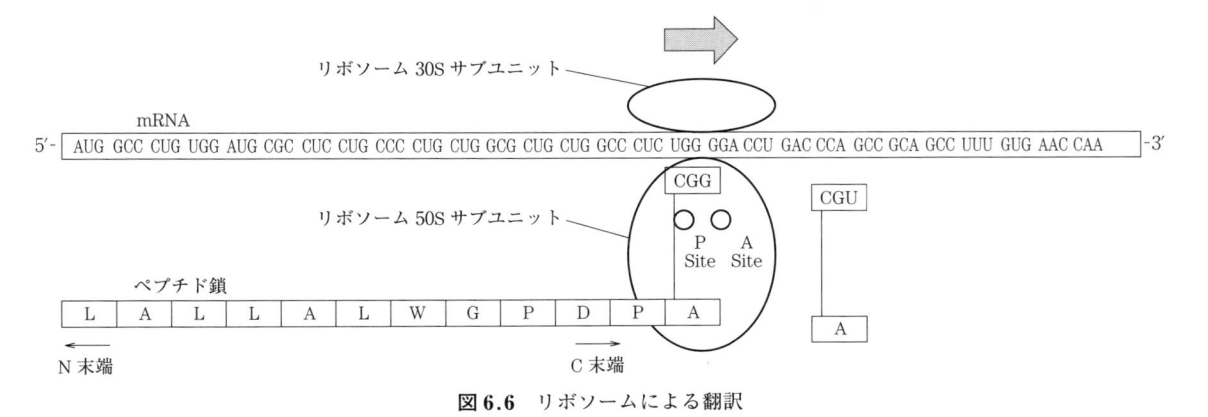

め，SD 配列にリボソームが結合したのちは，リボソームは終結コドンまでの情報を一定速度で翻訳する．

図 6.6 はリボソームによる特定酵素遺伝情報を転写した mRNA から当該酵素ペプチド鎖を合成する機構を示す．ペプチド合成は，開始コドンの位置でリボソーム，N-ホルミルメチニル-tRNA を含む開始複合体をつくることで開始する．リボソームにより延長中のペプチドのアミノ酸数を a，菌体単位質量中のペプチド鎖の中でアミノ基数が $a \sim a+da$ である分子数を $p(t,a)da$，リボソーム単位量当たりのペプチド鎖の延長速度を k_P とすると，タンパク質への翻訳は次式で記述される．

$$\frac{\partial}{\partial t}p(t,a)+k_P\frac{\partial}{\partial a}p(t,a)=-\mu p(t,a) \quad (6.18)$$

ただし，翻訳過程中のペプチド鎖に対するプロテアーゼの分解反応は無視して取り扱った．k_P は大腸菌では 310K で，約 17 amino acids·s^{-1}·ribosome^{-1} である[6]．ペプチド鎖合成が終了した時点でのアミノ酸数を A とし，これが種々の修飾を受け完成した酵素タンパク質となった時点での細胞単位質量当たりの酵素モル数 m_E が $p(t,A)$ に比例すると考えると，次式を得る．

$$\frac{dm_E}{dt}=(\lambda_P-\mu)m_E \quad (6.19)$$

酵素タンパク質の合成速度は $\lambda_P m_E$ であることがわかる．

酵素の比活性（酵素単位質量当たりの酵素活性）を σ_0，分子量を M_E とすると，$\sigma=\sigma_0 M_E m_E$ は細胞単位質量当たりの酵素活性を表す．式 (6.18) より次式を得る．

$$\frac{d\sigma}{dt}=(\lambda_P-\mu)\sigma \quad (6.20)$$

式 (6.20) より遺伝子組換え産物としての外来酵素の活性を追跡すれば，酵素の生成速度 $\lambda_P m_P$ を評価できる．好熱菌 *Bacillus caldotenax* の 3-イソプロピルリンゴ酸脱水素酵素の遺伝子を用いて大腸菌 *E. coli* C600($r_K^- m_K^-$ leuB6 thi trp thr)を形質転換し，酵素の生成速度を解析したところ，当該速度は大腸菌の至適温度 310K よりも高い 312K であったことが報告されている[7]．

原核細胞，真核細胞のゲノム配列データベースはインターネット上に公開されており，有用遺伝子探索の手がかりを提供している．たとえば，http://www.ncbi.nlm.nih.gov/genome/guide/human/, http://rgd.mcw.edu/, http://genome-www.stanford.edu/, http://genome.kazusa.or.jp/cyanobase, http://mbgd.genome.ad.jp/ などを参照されたい．

【例題 6.1】 以下の表は酸化菌 *Pseudomonas fluorescens* を好気的条件下，D-グルコース上に回分培養した実験の対数増殖期の比増殖速度を示

す[2]. 式（6.9）を仮定し，K_S, μ_m を求めよ．

c_{A_0} [mmol·dm^{-3}]	0	5.69	14.7	27.8	42.0	55.6
μ [h^{-1}]	0	0.715	0.79	0.84	0.875	0.89

［解答］ 式（6.9）の両辺の逆数を求めると

$$\frac{1}{\mu} = \frac{1}{\mu_m} + \frac{K_S}{\mu_m}\frac{1}{c_{A_0}}$$

となる．下図に $1/c_{A_0}$ vs. $1/\mu$ を示す．このプロットは Lineweaver-Burl プロットとよばれる．切片，傾きより $\mu_m = 0.879$ h^{-1}，$K_S = 1.47$ mmol·dm^{-3} であることがわかる．

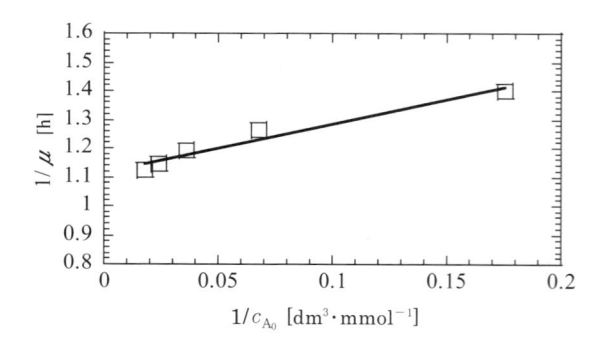

6.2 細胞周期現象と反応特性

細胞分裂が終わってから次の細胞分裂が起こるまでの間を，細胞周期（cell cycle）とよぶ．図6.7は真核細胞の細胞周期を示す．細胞分裂時点から経過した時間を細胞齢（age）a と定義する．多くの細胞では，細胞周期は G_1(gap 1 stage; 間期 1)，S (synthetic stage; DNA 合成期)，G_2 (gap 2 stage; 間期 2)，M(mitotic stage; 分裂期) の4段階から成り立ち，真核細胞では各段階が正確に一定の順序で進行する．

酵母 *Saccharomyces cerevisiae* では，G_1 期は 0.2 h 以上，S 期は 0.6 h，G_2 期は 1 h，M 期は 0.2 h 程度である．4段階の時間の総和は世代時間 t_2 であり，この場合，2 h である．出芽酵母の場合，細胞周期の開始を制御する段階として *cdc*28 遺伝子にかかわるスタートという段階が知られている．α型細胞が生成するα因子はa型細胞のスタート段階を阻害するフェロモンであるといわれている．スタートを発現した細胞は形態学的変化を引き起こし，SPB (spindle pole body) を2倍化する．その後，*cdc*4 遺伝子が発現し SPB 分離が起こり，さらに *cdc*7 遺伝子が発現すると DNA 合成が始まる．また，SPB の2倍化の後，*cdc*24 遺伝子が発現すると出芽が起こる．

培養動物細胞では，G_1 期は 10 h 以上，S 期は 6～8 h，G_2 期は 1～2 h，M 期は 1 h 程度を要する．G_1 期は S 期の準備期間といわれているが培養動物細胞を用いた研究では，S 期で必要なヒストンタンパク質，ヌクレオチドはすべて S 期に入ってのちに準備されることがわかっている．CHO 由来の V79-8 株では G_1，G_2 期なしに細胞周期現象が起こっており，S 期で必要な物質はす

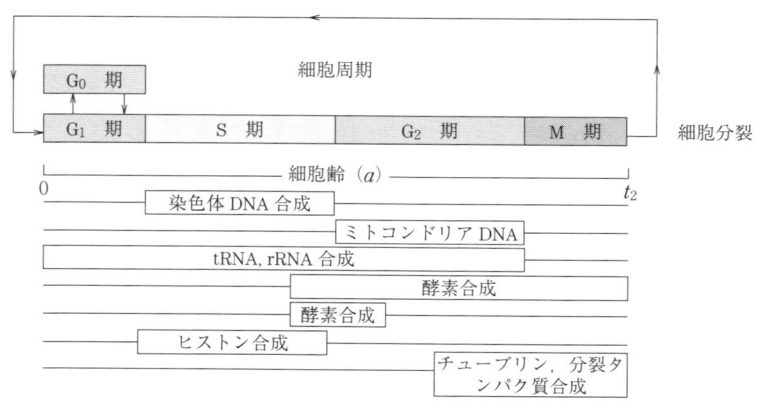

図 6.7 真核細胞の細胞周期

べてS期で整えられ，M期で必要な物質はすべてM期で整えられることが推論されている．

原核細胞は核膜を有しないためM期をもたず，環境条件しだいによっては細胞周期全体がS期になる．大腸菌 *Escherichia coli* B/r では，複製周期を染色体複製中のC期と，複製終了後細胞分裂にいたるまでのD期に分けて検討がなされている[8]．

細胞周期M期が終了したのち，S期に入れず，G_0期という細胞周期外の状態に留まり，増殖を停止している細胞がある．3T3細胞では，S期に入る2h前のG_1期R点を通過するまでの間，血清があれば細胞はこの点を通過し，その後は血清がなくてもM期にいたり細胞分裂をする．酵母 *cdc28* 遺伝子発現部位が動物細胞のR点に該当しているといわれている．

細胞周期現象を考慮した反応操作を達成するためには，細胞齢aが状態変数として重要である．反応液単位容積当たりの細胞齢が$a \sim a+da$の細胞個体数を$n(t,a)da$とする．個体密度は次式で記述できる．

$$N = \int_0^\infty n(t,a)da \quad (6.21)$$

細胞齢aの細胞個体数に関して収支をとると，次式が得られる．

$$\frac{\partial n(t,a)}{\partial t} + \frac{\partial n(t,a)}{\partial a} = -\Gamma(a)n(t,a) \quad (6.22)$$

$\Gamma(a)$は細胞齢aの細胞の分裂速度を表す．分裂後誕生する細胞の個体密度は

$$n(t,0) = 2\int_0^\infty \Gamma(a)n(t,a)da \quad (6.23)$$

で記述できる．すべての細胞が$a = t_2$で分裂する場合には，次式が得られる．

$$n(t,a) = \frac{N \ln 2}{t_2} 2^{1-\frac{a}{t_2}} \quad (6.24)$$

細胞齢は計測が容易ではない変数であり，細胞容積vが代替案として採用されることが多い．細胞容積は細胞の大きさを代表する変数であるため，細胞径（cell size）ともよばれる．反応液単位容積当たりの細胞容積が$v \sim v+dv$の細胞個体数を$n(t,v)dv$とする．個体密度，細胞濃度は次式で記述できる．

$$N = \int_0^\infty n(t,v)dv \quad (6.25)$$

$$X = \rho_D \int_0^\infty v n(t,v)dv \quad (6.26)$$

細胞容積vの細胞個体数に関して収支をとると，次式が得られる[9]．

$$\frac{\partial n(t,v)}{\partial t} + \frac{\partial}{\partial v}\{w(v)n(t,v)\}$$
$$= 2\int_v^\infty p(v,v')\Gamma(v')n(t,v')dv' - \Gamma(v)n(t,v) \quad (6.27)$$

wは単一細胞の容積成長速度（$=dv/da$），$\Gamma(v)$は細胞容積vの細胞の分裂速度，$p(v,v')$は容積v'で分裂した細胞の中で容積vの細胞となるものの割合を表す．細胞径の分布の特性を，以下の無次元量で把握する[10]．

$$\Psi = \frac{n(t,v)\bar{v}}{N} \quad (6.28)$$

$$\eta = \frac{v}{\bar{v}} \quad (6.29)$$

これらは次式を満足する．

$$\int_0^\infty \Psi d\eta = \int_0^\infty \eta \Psi d\eta = 1 \quad (6.30)$$

個々の細胞の容積増加を記述する速度式として，直線型増殖，指数関数型増殖，シグモイド型増殖の3例を考える．*Chlorella, S. pombe, S. cerevisiae, Tetrahymena pyriformis, Amoeba proteus* では直線型増殖，*B. cereus, Salmonella typhimurium* では直線型増殖または指数型増殖，*B. megaterium, Pseudomonas aeruginosa, Serratia mercescens, Proteus morganii, Paramecium aurelia* では指数型増殖，*E. coli* では直線型増殖，指数関数型増殖，シグモイド型増殖，*Streptococcus faecalis, Azotobacter agilis, A. vinelandii, Euglena gracilis,* CHO細胞ではシグモイド型増殖に近い成長曲線が報告されてい

る. 直線型増殖では

$$w = \frac{dv}{da} = W = \text{constant} \tag{6.31}$$

である. この場合, 細胞分裂直後の細胞容積を v_0 とすると, 次式を得る.

$$\Psi = 4e^{-\eta} \tag{6.32}$$

$$\bar{v} = 1.44 v_0 \tag{6.33}$$

$$\mu = \bar{\Gamma} = \frac{\ln 2}{t_2} = \frac{W \ln 2}{v_0} = \frac{\Gamma(2v_0) \ln 2}{v_0} \tag{6.34}$$

指数関数型増殖では

$$w = \frac{dv}{da} = kv \tag{6.35}$$

である. この場合, 次式を得る.

$$\Psi = \frac{1.44}{\eta^2} \tag{6.36}$$

$$\bar{v} = 1.39 v_0 \tag{6.37}$$

$$\mu = \bar{\Gamma} = \frac{\ln 2}{t_2} = k = \frac{\Gamma(2v_0)}{2v_0} \tag{6.38}$$

シグモイド型増殖では, V を定数とし, 以下の自触媒反応速度式（式 (1.50)）を仮定する.

$$w = \frac{dv}{da} = k_1 v \left(1 - \frac{v}{k_2 V}\right) \tag{6.39}$$

最初の例として, 世代時間分布が無視でき, すべての細胞が世代時間 t_2 で 2 分裂する場合を考える. この場合, 次式を得る.

$$\Psi = \frac{\mu}{k_1 \eta_0} \{2(2^{k_1/\mu} - 1)\}^{\mu/k_1} \left(\frac{\eta}{\eta_0}\right)^{-\mu/k_1 - 1}$$
$$\times \left\{1 - \left(\frac{\eta}{\eta_0}\right)\left(\frac{1 - 2^{k_1/\mu - 1}}{1 - 2^{k_1/\omega}}\right)^{\mu/k_1 - 1}\right\} \tag{6.40}$$

$$v_0 = \frac{k_2}{1 + k_3} \bar{v} \tag{6.41}$$

$$k_3 = \eta_0 \frac{1 - 2^{k_1/\omega}}{1 - 2^{k_1/\omega - 1}} \tag{6.42}$$

$$\mu = \bar{\Gamma} = \frac{\ln 2}{t_2} \tag{6.43}$$

$$\frac{\Gamma(2v_0)}{2v_0} = \frac{k_1}{2^{k_1/\mu} - 1} \tag{6.44}$$

図 6.8 は, 世代時間が一定である生物細胞が直線型増殖, 指数関数型増殖, シグモイド型増殖を行うさいの細胞径分布 $\Psi(\eta)$ を示している. $\Psi(\eta_0)$ の値は指数関数型増殖の場合が最も高いこ

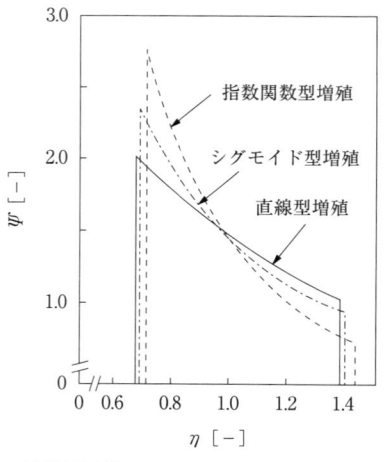

とがわかる. 世代時間分布が無視できない場合, Powell の年齢分布関数を用いると, 次式が得られる.

$$V = k_2 \bar{v} \tag{6.45}$$

式 (6.38), (6.44) を用いると, 次式が得られる.

$$w = k_1 v \left(1 - k_2 \frac{v}{\bar{v}}\right) \tag{6.46}$$

この式を式 (6.26) に代入し, 式 (6.25) を考慮すると, 次式を得る[10].

$$\frac{dX}{dt} = k_1 \{1 - k_2 (1 + \sigma^2)\} X = \mu \phi X \tag{6.47}$$

σ は細胞径分布関数における細胞容積の変異係数である. 生物細胞の生成速度を高めるためには, 細胞径分布の広がりが小さい細胞集団を取り扱う

図 6.8 対数増殖期におけるモデル系の細胞径分布[11]

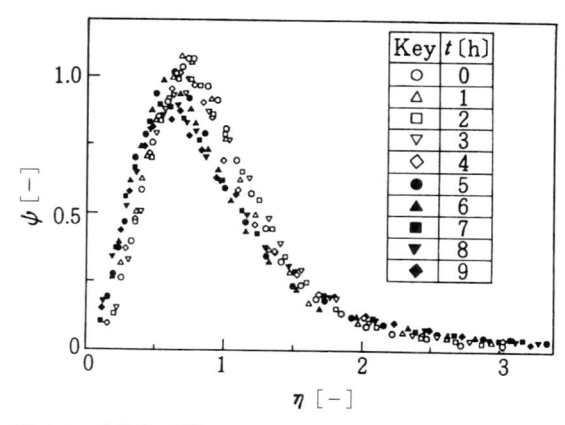

図 6.9 対数増殖期における乳酸桿菌 L. bulgaricus の細胞径分布密度関数（培地 MRS 液；初期乳糖濃度 155 mmol·dm^{-3}；温度 315 K；pH 5.1）[8]

べきことが示唆される．図6.9は乳酸桿菌 *Lactobacillus bulgaricus* の回分培養実験において測定された細胞径分布 $\Psi(\eta)$ の経時変化を示す[10]．白印が対数増殖期，黒印が対数増殖後期に対応している．対数増殖期では $\Psi(\eta)$ は一定であることがわかる．この時期の変異係数は0.54である．一方，対数増殖後期〜停止期では変異係数は0.58〜0.69である．増殖活性の高い時期ほど，σ 値は小さいことが確認できる．

【例題6.2】 G_1 期 0.2 h, S 期 0.6 h, G_2 期 1 h, M 期 0.2 h の酵母 *S. cerevisiae* が直線型増殖をする場合を考える．細胞質量当たりのDNA分子のモル数を m_D，培養液単位容積に含まれる対数増殖細胞中，モル数が $m_D \sim m_D+dm_D$ の細胞数を $n_D(t, m_D)dm_D$ とする．DNA複製速度を k_D，G_1 期細胞のDNA量を $m_{D,0}$ とおき，DNA含量分布を求めよ．

［解答］ 細胞齢が 0〜0.2 h の細胞は $n_D(t, m_D)/N = n_D(t, m_{D,0})/N$ であり，式(6.15)より細胞齢 0.2〜0.8 h の細胞は $n_D(t, m_D)/N = (\mu/k_D)\exp\{-(m_D-m_{D,0})(\mu/k_D)\}$ と記述できる．細胞齢 0.8〜2 h の細胞は $n_D(t, m_D)/N = n_D(t, 2m_{D,0})/N$ である．S 期 0.6 h の間に DNA 量は 2 倍となるため，$k_D = m_{D,0}/0.6$ である．

【例題6.3】 例題6.2の対数増殖 *S. cerevisiae* において G_1 期，S 期，G_2 期，M 期の細胞数の比率を求めよ．

［解答］ 各段階の個体密度を N_{G1}, N_S, N_{G2}, N_M とおき，各段階入口の細胞径を v_0, v_1, v_2, v_3 とおくと，式(6.32)より次式を得る．
$N_{G1}/N = 2 - 2^{2-v_1/v_0}$, $N_S/N = 4(2^{-v_1/v_0} - 2^{-v_2/v_0})$
$N_{G2}/N = 4(2^{-v_2/v_0} - 2^{-v_3/v_0})$, $N_M/N = 2^{2-v_3/v_0} - 1$

直線増殖であることより v_1, v_2, v_3 は $1.1v_0, 1.4v_0, 1.9v_0$ であることがわかる．これより $N_{G1}/N, N_S/N, N_{G2}/N, N_M/N$ はそれぞれ 0.134, 0.352, 0.440, 0.0718 と算出できる．

6.3 医化学分析

6.3.1 バイオセンサー

基質に対する酵素の特異的反応を用いて，血液，尿などの生体試料中の糖，クレアチニン，尿酸，尿素窒素，ビリルビン，中性脂肪，コレステロールなどを測定するバイオセンサー（biosensor）が開発されている．これらの成分が異常値を示すことは，腎臓，肝臓などそれぞれの成分が関与する臓器の機能低下や機能障害を示す．

バイオセンサーの代表的なものとして血糖計がある．糖尿病患者は世界的に増加傾向を示し，2030年には3億6600万人にも上ることが予測されている[12]．血糖値は，糖尿病患者の日々の重要なモニター項目であり，簡易計測型の血糖値バイオセンサーが広く利用されている．

初期のグルコースセンサーは，グルコース酸化酵素（glucose oxidase：GOD）を電極上に固定化し，グルコース酸化酵素と血中の D-グルコースの反応による酸素の減少量，または過酸化水素の生成量をそれぞれ酸素電極や過酸化水素電極で計測し，D-グルコース濃度を求めている．その後，金属錯体などの電子伝達物質を介在させる方式の血糖計が開発され，応答性や再現性に優れ，共存物質の影響を減らすことができる．この場合，図6.10で示す反応が生じている．また，電子伝達型では，グルコース脱水素酵素（glucose dehydrogenase：GDH）も利用され，遺伝子改変酵素による耐熱性や基質特異性の改良なども行われている．

インスリンの自己投与のための血糖自己測定では，測定の簡便性，血液試料の微量化，装置の小

図6.10 電子伝達体利用型グルコースセンサーの反応式

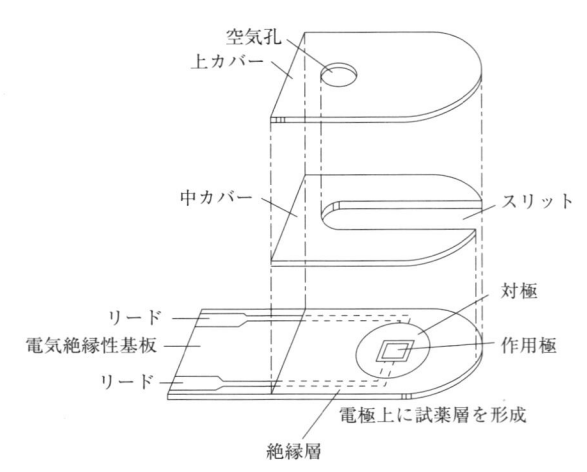

図 6.11 使い捨て血糖センサの構造例[13]
特許 3621084 号(松下電器産業),図 6.10 をもとに作成.
リード:銀ペーストを印刷.対極,作用極:導電性カーボンペーストを印刷.電極上に試薬層を形成:酵素とメディエーターを固定化.絶縁層:絶縁ペーストを印刷.

型化,低コスト化などを目指した開発が行われ,スクリーン印刷方式を採用した使い捨て型センサーチップ(図 6.11)が市場の中心になっている.血糖値を常時モニタリングできる連続計測型血糖計も研究されている.

6.3.2 抗原抗体反応,免疫測定法(イムノアッセイ)

生体内に侵入したウイルス,細菌などを異物としての抗原(antigen:Ag)として認識すると,リンパ球の B 細胞が抗体(antibody:Ab)を産生し,抗原と結合して複合体(抗原抗体複合体)を形成して,これを食細胞が貪食して体内から除去する機構が働く.これを免疫反応という.抗原分子を特異的に認識し結合する抗体の機能を活かして,試料中の抗原分子/抗体分子の特異的な免疫(immune)測定(assay)を行うのがイムノアッセイ(immunoassay)である.疾患特異的に血中濃度が上昇/低下する腫瘍マーカーやホルモンなどの生体分子や,ウイルスタンパク質またはウイルス感染により産生した特異的抗体などの感染症関連分子の測定が診断に用いられている.

1950 年代に Berson と Yalow により開発されたラジオイムノアッセイは,免疫反応の特異性と,標識剤として放射性同位元素を利用することによる高感度を備えた分析方法として,広く医療分野などで用いられてきた.その後,操作が簡便で,特別な施設が不要である種々の非放射性イムノアッセイが開発されている.

イムノアッセイは,抗体(または抗原)試薬と試料中の抗原(または抗体)との特異的結合を検出することにより,目的とする抗原(または抗体)の測定を行うものである.抗体を Ab,抗原を Ag,抗原抗体複合体を Ag-Ab で表すと,免疫反応は以下の反応式で表すことができる(K_a:結合定数).

$$Ag + Ab \rightleftarrows Ag\text{-}Ab, \quad K_a = [Ag\text{-}Ab]/[Ag][Ab] \tag{6.48}$$

免疫反応は可逆反応であるが,抗原と抗体の結合は強固である.抗体の親和性は,結合定数または解離定数($K_d = 1/K_a$)で表され,一般に K_a は $10^{12} \sim 10^{13}$ mol^{-1}·dm^3 程度である.イムノアッセイは,反応工程や検出原理により種々の分類ができる.抗原抗体複合物と未反応の抗体試薬とを分離しないでそのまま計測する均一法と,分離して複合体のみを測定する不均一法による分類,さらに,検出する際の標識物質による分類を組み合わせて表 6.1 に示す.非標識法は抗原抗体複合体を計測するものであり,標識法は,複合体中の標識剤の量を計測するものである.

均一法は反応工程も少ないため,自動化も比較的容易であるが,未反応試薬と免疫複合体が混在した中での検出であり,不均一法に比べると検出感度は高くない.近赤外ラテックス凝集イムノアッセイは,抗原抗体複合体の形成による凝集反応を,ラテックス微粒子を用いて増幅して検出するものであり,凝集反応を従来の目視による計測から光学的計測に変更することで,感度と精度の向上を達成した[14].パーティクルカウンティング法は,免疫反応により凝集した粒子を個別に計数することにより,さらに高感度化を図った測定法で

表6.1 イムノアッセイの分類

分類	標識	測定方法	計測原理
均一法	なし	免疫比濁法 免疫比ろう法	濁度 散乱光強度
	粒子	血球凝集イムノアッセイ ラテックス凝集イムノアッセイ 近赤外ラテックス凝集イムノアッセイ パーティクルカウンティングイムノアッセイ	目視 目視 濁度，散乱光強度 粒子の計数
	蛍光色素	蛍光偏光イムノアッセイ FRET法	蛍光偏光度 蛍光エネルギー移動(蛍光強度)
	酵素	EMIT法	酵素活性
不均一法	放射性同位体	ラジオイムノアッセイ	放射活性
	酵素	酵素イムノアッセイ	吸光度，蛍光強度，発光強度
	蛍光色素	蛍光イムノアッセイ	蛍光強度
	化学発光物質	化学発光イムノアッセイ	発光強度
	金属	金属イムノアッセイ 時間分解蛍光イムノアッセイ 電気化学発光イムノアッセイ	原子吸光 時間分解蛍光強度 発光強度
	遊離ラジカル	スピンイムノアッセイ	電子スピン共鳴(ESR)

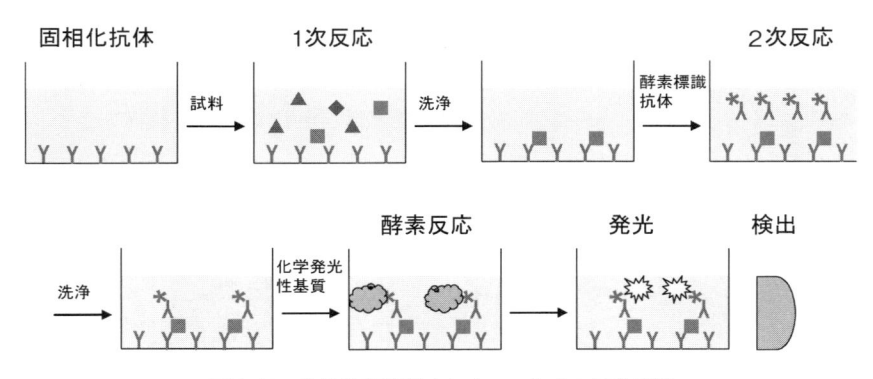

図6.12 化学発光酵素イムノアッセイの反応工程

ある．

均一法は簡便な測定法であり，早くから自動化も行われてきたが，高感度検出に対する要求から，種々の標識剤を用いた不均一系のイムノアッセイが開発され，抗原抗体複合体の分離や洗浄工程などを自動化したシステムも数多く実用化されている．現在，高感度測定法として最もよく使用されている化学発光性基質を用いる酵素イムノアッセイを例にして，不均一法の測定原理を図6.12に示す．臨床検査分野では自動化が進められており，自動化に適した種々のフォーマットの反応方式が開発されている．微量試料，検査の迅速化，特異性の向上などのために，固相にはチューブ，96穴マイクロウェル，ビーズ，フィルター，磁性微粒子などが利用され，反応効率や洗浄効率が改善されている．

標識酵素と化学発光性基質の組み合わせでは，西洋ワサビペルオキシダーゼ(horseradish peroxidase：HRP)とルミノール/過酸化水素，アルカリ性ホスファターゼ(alkaline phosphatase：ALP)とジオキセタン系基質がよく用いられる．これらの反応式および検出限界を表6.2に示

表 6.2 化学発光性基質の酵素反応式

酵素	基質	反応式	検出限界 (mol/assay)
西洋ワサビペルオキシダーゼ (HRP)	luminol/H_2O_2/p-iodophenol	ルミノール $\xrightarrow{H_2O_2/OH^-, HRP}$ アミノフタル酸 + N_2 + H_2O + Light	2.5×10^{-17}
アルカリ性ホスファターゼ (ALP)	AMPPD 3-(2′-spiroadamantane)-4-methoxy-4-(3″-phosphoryloxy)phenyl-1,2-dioxetane	ジオキセタン $\xrightarrow{ALP}$ アダマンタノン + メチルエステル + Light	1×10^{-20}

す[15〜17]．ペルオキシダーゼの系では，p-iodophenolなどのフェノール類を発光エンハンサーとして用いることにより，発光強度の増強と，発光時間の延長などの効果が得られている．

新しい検出原理として，$Ru(bpy)_3^{2+}$錯体を標識剤として，電極表面における酸化還元反応による電気化学発光反応を用いたものも開発されている[18]．作用電極で標識されたRu錯体とトリプロピルアミン（TPA）が酸化され，Ru錯体は2価から3価になり，TPAはカチオンラジカルを経てTPAラジカルとなり，3価のRu錯体を還元して2価の励起状態にする．励起状態のRu錯体は基底状態に戻る際に発光する．この酸化還元発光サイクルを繰り返すことにより高感度な計測が可能となる．ダイナミックレンジが6桁以上にも及ぶことも，この検出法の特長である．

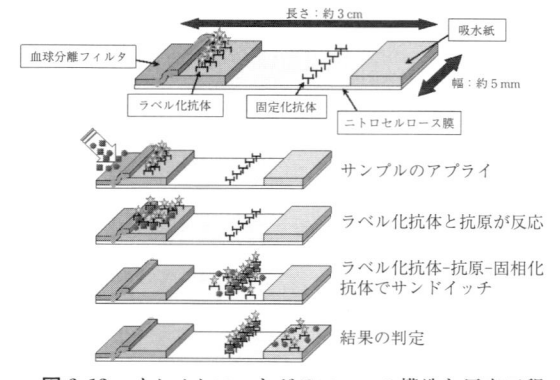

図 6.13 イムノクロマトグラフィーの構造と反応工程
（株式会社地球快適化インスティチュート 磯村哲氏 提供）

より迅速で簡便な検査法として，イムノクロマトグラフィー（immunochromatography）が開発され，簡易検査法として，インフルエンザや妊娠（ヒト絨毛性ゴナドトロピン：hCG），アレルギーなどの検査に適用されている．目視でも判定できるように，金コロイドなどの着色した標識剤や酵素標識と沈着性の酵素基質などが用いられている．数分で結果判定ができる迅速性と，装置を必要としない簡便性という特長をもつが，検出感度では自動化システムに採用されている測定方法に劣る．イムノクロマトグラフィーの構造と反応原理を図6.13に示す．

6.3.3 遺伝子検査

遺伝子検査とは，DNAやRNAなどの核酸を測定することにより，ウイルス・細菌などの病原性微生物の感染の有無を調べる核酸検査（nucleic acid-based testing），がん細胞のDNA検査や遺伝子発現検査によりがんの悪性度や予後の判定，治療方針の決定などを行う遺伝子検査（gene-based testing），遺伝病の判定など一生変化しない遺伝学的情報を扱う遺伝学的検査（genetic testing）などを行うための検査のことである[19]．イムノアッセイが抗原-抗体の相互作用を用いて計測するのと同様に，遺伝子検査は核酸の相補的結合を用いて対象となるDNAやRNAなどの核酸を検出するものであり，おもに標識剤を用いた検出法が利用される．

遺伝子検査はイムノアッセイに比べて非常に高感度であり，これは，PCR（polymerase chain reaction）法などの遺伝子増幅法により試料中の遺伝子を増やすことが可能なためである．

遺伝子増幅技術とは，DNAやRNAなどの核酸中の特定成分を，それ自体を鋳型として複製して核酸の分子数を増加させる技術のことで，近年のバイオテクノロジーに不可欠な技術である．1986年にK. MullisによってPCR法が開発された．耐熱性DNAポリメラーゼ（DNA polymerase）を用いた画期的な遺伝子増幅法であり，鋳型の解離，目的配列と相補的な1対のプライマー（primer）の対合，DNAポリメラーゼによるプライマー伸長のサイクルを繰り返すことにより，目的とするDNA断片を指数関数的に増幅させる技術である．

さらに簡便な遺伝子増幅法も次々と開発され，日本でも，LAMP（loop-mediated isothermal amplification）法，ICAN（isothermal and chimeric primer-initiated amplification of nucleic acids）法などの変温サイクルを必要としない定温法が開発されている．

遺伝子検査は，とくに感染症などの病原性微生物の検出に多く用いられ，たとえば，献血試料中のHIV，HBV，HCVなどのウイルス検出には核酸検査が用いられている．

また，ヒトゲノムの解読などもあり，疾患関連のSNPs（single-nucleotide polymorphisms）（一塩基多型）やハプロタイプ（haplotype）が研究されている．DNAマイクロアレイ（DNA microarray）による多種類の検査を一度に行う新しい測定方法も開発され，薬物の治療効果や副作用に関連する薬物代謝酵素であるチトクロームP450の遺伝子多型を測定するキットや，乳がんの予後を予測するmRNAの発現解析キットなどが診断薬として開発されている．乳がんの予後予測では，初期乳がん患者の腫瘍組織の凍結組織における，70種の遺伝子の発現情報のクラスタリング解析を行い，発症後10年以内に再発する可能性をハイリスクまたはローリスクとして評価し，副作用の高い化学療法を術後に導入するかどうかを判断する材料とするものである[20]．

6.4 生物反応器の設計

6.4.1 生物反応器，生物反応操作の分類

生物細胞または細胞組織を人工環境下で生育させことを培養（culture）とよび，炭素源，無機塩類，ビタミン類などの生物細胞の生育を達成するための人工環境を培地（medium）とよぶ．培地は，液相または固相として調製される．液相培地を用い生物細胞を懸濁させて生育させる培養を液体培養，固相培地を用い生物細胞を固体表面上または固体内に生育させる培養を固体培養とよぶ．

生物細胞の生育にとって水分は不可欠であり，固相培地を用いた固体培養の場合には，固体と接触する気相の湿度を調製したり，固相の水分含量を調製することで水分が提供される．固体を担体とし固体上または固体中に生物細胞を固定化した固定化粒子を触媒のように取り扱う場合，固定化粒子を固定化生体触媒とよぶ．固定化生体触媒の周囲に液体培地をみたす固液培養も多用されている．

生物細胞の中には，酸素に基づく代謝機構を備えた好気性生物（aerobic organism），増殖に酸素を必要としない嫌気性生物（anaerobic organism）がいる．細胞の呼吸のために酸素を要求する生物例としては，*Nocardia* sp.，*Bacillus subtilis*（枯草菌），*Pseudomonas aeruginosa*（緑膿菌），*Mycobacterium tuberculosis*（結核菌）があげられるが，これらは偏性好気性生物（obligate aerobic organism）とよばれる．酸素を利用することができるが嫌気的にエネルギーを産み出す方法をも備え，酸素があってもなくても生育する生物例としては，酵母，ヒト細胞，*Escherichia* coli, Corynebacterium sp., Staphylococcus sp.（ブドウ球菌）などがあげられるが，これらは通性好気性生物（facultative aerobic organism），または通性嫌気性生物（facultative anaerobic organism）とよばれる．エネルギー獲得に酸素は用いず発酵，光合成，硫酸塩還元に依存し，酸素があると死滅する生物例としてはBifidobacteriales sp., 古細菌（Archaea）があげられるが，これらは偏性嫌気性生物（obligate anaerobic organism）とよばれている．

生物細胞の中には，光合成生物のように二酸化炭素などの気相成分の供給が不可欠なものもある．液体培養の場合，液中に気泡を生成させ気液間界面を通しての物質移動を促進することで気相成分を供給する通気培養，0.5から数Hz程度の頻度で培養容器を揺り動かし液面に剪断を与え，気液接触を促し気相成分を供給する振盪培養が行われている．一方，生物細胞の中には，細胞壁を有しない動物細胞のように剪断応力に脆弱な材料がある．また培養目的に応じては，固体担体上に菌糸を増やす操作がある．これらの場合には，攪乱を与えない静置培養が使われている．生物細胞の培養にとって剪断応力をいかに設定するかという問題は，気相成分の物質移動だけでなく，固相成分の液相への溶出，液体成分の混合，固液成分の接触，生物細胞どうしまたは生物細胞と固相と凝集という観点からも重要である．

生物細胞または固定化生体触媒を液体中に懸濁させた液体培養には，図1.2に図示した反応器の中では，回分反応器（槽型），流通系反応器（槽型），半回分反応器（槽型）が実用化されている．各反応器の操作は，回分培養（batch culture）操作，連続培養（continuous culture）操作，流加培養（fed batch culture）操作とよばれている．固定化生体触媒は反応器中にこれを充填し，液体培地を押出し流れ式に流通させる流通系反応器（管型）も応用されている．

回分反応器の数式モデルを取り扱う基礎式として，n次反応を例にとって物質収支式（式（1.59））およびエネルギー収支式（式（1.60））を記述したが，生物反応においては代謝反応に及ぼす温度の影響が大きいため，多くの工業プロセスでは等温操作が実施される．したがって，本章ではとくに断らないかぎり，等温操作を前提に議論を進める．

6.4.2 回分培養器と数式モデル

完全混合流れ反応器を用い等温操作して生物細胞（X）を増殖させ，回分反応（A+X→2X+R）を行わせる場合を考える．式（6.5），（6.9）より，増殖に関し次式を得る．

$$\frac{dX}{dt} = \mu\phi X = \frac{\mu_\mathrm{m} c_{\mathrm{A}_0}}{K_\mathrm{S} + c_{\mathrm{A}_0}}\phi X \quad (6.49)$$

係数 ϕ は対数増殖期では1，対数増殖後期では式（6.7）を用いるとすれば，初期値 c_{A_0}，X_0 が与えられると，式（6.49）より増殖過程は計算できる．原料成分に対する生物細胞の収率 Y が一定であれば，次式によって原料成分濃度の経時変化を計算できる．

$$\frac{dc_\mathrm{A}}{dt} = -\frac{1}{Y}\frac{dX}{dt} = -q_\mathrm{A} X \quad (6.50)$$

q_S は細胞単位質量が単位時間に消費する原料成分の物質量であり，比消費速度とよばれている．生物細胞の生成，または原料成分Aの除去が回分培養の目的であれば，これらの式で反応過程を把握できる．反応の目的が生成物成分の生成である場合，細胞構成分子をB, C, … で表し，単位乾燥細胞質量当たりの構成分子B, C, … のモル数を $m_\mathrm{B}, m_\mathrm{C}, \cdots$ で表す．また，細胞内で生起する代謝反応に番号付け（j=1, 2, …, J）を行うと，単位乾燥細胞質量当たりのj番反応の反応速度 $r_{\mathrm{m}j}$ は，定温条件下では，原料成分濃度 c_A，細胞構成分子B, C, … の濃度 $m_\mathrm{B}, m_\mathrm{C}, \cdots$，細胞外生成物成分濃度 c_R の関数

$$r_{\mathrm{m}j} = r_{\mathrm{m}j}(c_\mathrm{A}, m_\mathrm{B}, m_\mathrm{C}, \cdots, c_\mathrm{R}) \quad (6.51)$$

として表現される．細胞構成分子濃度 $m_\mathrm{B}, m_\mathrm{C}, \cdots$

の変化を表す式は，式（6.12），（6.14）に記した．したがって，回分培養過程は式（6.12），（6.14），（6.49）〜（6.51）を連立させ，取り扱う必要がある．換言すれば，回分培養操作は，初期値 c_{A_0}, X_0, m_{B_0}, m_{C_0}, $\cdots$, c_{R_0} を適切に設定する操作であり，m_{B_0}, m_{C_0}, $\cdots$ は前培養された細胞の組成に依存する量であるため，c_{A_0}, X_0, c_{R_0} 以外に生物細胞の前培養操作が重要であることがわかる[21〜23]．

細胞単位質量が単位時間に生成する生成物成分の物質量を，比生成速度 q_P とよぶ．反応液中の生成物成分の比生成速度に関し，次の経験則[24]を適用できる場合が多い．

$$q_P = b_1 + b_2 \mu \phi \quad (6.52)$$

生成物成分がエタノールである場合，係数 b_1 はゼロに近似できる場合が多く，そのような発酵形式は増殖連動型とよばれる．乳酸の場合は係数 b_1 はゼロに近似できないことが多く，増殖非連動型とよばれる．生成物成分の濃度を c_P とおくと，次式が成り立つ．

$$\frac{dc_P}{dt} = q_P X = b_1 X + b_2 \frac{dX}{dt} = Y_{P/X} \frac{dX}{dt} \quad (6.53)$$

$Y_{P/X}$ は生成物成分の細胞濃度に対する収率で，生産物収率とよばれる．$Y_{P/X}$ は増殖連動型のときは係数 b_2 に等しく定数であるが，増殖非連動型のときは X の変化に応じて変化する量である．ここで，無次元濃度を次式で定義する．

$$u = c_A/c_{A_0}, \quad y = X/(Yc_{A_0}), \quad w = c_P/(Y_{P/X} Y c_{A_0}),$$
$$\theta = \mu_m t, \quad \kappa = K_S/c_{A_0} \quad (6.54)$$

このとき，原料成分濃度，細胞濃度，生成物成分濃度は下記で記述できる．

$$u = 1 - (y - y_0) \quad (6.55)$$

$$\frac{dy}{d\theta} = \frac{\mu}{\mu_m} \phi y = \frac{1}{\kappa + 1} \phi y \quad (6.56)$$

$$\frac{dw}{d\theta} = \kappa_1 y + \kappa_2 \frac{1}{\kappa + 1} \phi y \quad (6.57)$$

ただし，$\kappa_1 = b_1/(\mu_m Y_{P/X})$, $\kappa_2 = b_2/Y_{P/X}$ である．

6.4.3 連続培養器と数式モデル

等温定常操作される完全流れ反応器において，生物細胞（X）が自触媒反応（A→X）によって増加する反応を考える．連続培養定常状態はケモスタット（chemostat）とよばれる．自触媒反応は 2 次反応ではなく，回分培養で見出された Monod の式（式（6.9））が拡張，適用されている．

$$r_X = \frac{\mu_m c_A}{K_S + c_A} X = Y(-r_A) \quad (6.58)$$

c_A, X は連続培養定常状態における原料成分濃度，生物細胞濃度，$(-r_A)$, r_X, r_P は原料成分消費速度，生物細胞生成速度，生成物生成速度，Y, K_S, μ_m は収率，飽和定数，最大比増殖速度とよばれるモデル定数を示す．完全混合流れ反応器の空間時間を τ，原料成分の供給濃度を c_{A_0} とおくと，ケモスタットでの原料成分，生物細胞，生成物成分の濃度を表す式は，以下で記述できる．

$$\frac{dc_A}{dt} = 0 = \frac{c_{A_0} - c_A}{\tau} - (-r_A)$$
$$= \frac{c_{A_0} - c_A}{\tau} - \frac{1}{Y} \frac{\mu_m c_A}{K_S + c_A} X \quad (6.59)$$

$$\frac{dX}{dt} = 0 = \frac{-X}{\tau} + r_X = \frac{-X}{\tau} + \frac{\mu_m c_A}{K_A + c_A} X \quad (6.60)$$

$$\frac{dc_P}{dt} = 0 = \frac{-c_P}{\tau} + r_P = \frac{-c_P}{\tau} + b_1 X + b_2 \frac{\mu_m c_A}{K_S + c_A} X$$
$$(6.61)$$

空間時間の逆数 $D(=1/\tau)$ は反応工学分野では空間速度とよぶが，生物化学工学分野では希釈率（dilution rate）とよばれている．ここで次の無次元化を試みる．

$$u = c_A/c_{A_0}, \quad y = X/(Yc_{A_0}), \quad w = c_P/(Y_{P/X} Y c_{A_0}),$$
$$\kappa = K_S/c_{A_0}, \quad \kappa_1 = b_1/(\mu_m Y_{P/X}), \quad \kappa_2 = b_2/Y_{P/X},$$
$$\Delta = D/\mu_m = 1(\mu_m \tau) \quad (6.62)$$

D は μ_m より小さいので $\Delta < 1$ である．1 次反応に関し完全混合流れ反応器の連続操作を取り扱った際に，式（1.123）で無次元量を定義した．μ_m と k とは同じ反応速度定数であるため，$\Delta = 1/\lambda$ である．このとき，定常状態は以下の式で記述で

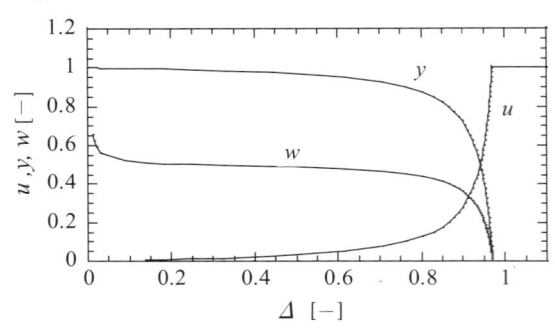

図 6.14 ケモスタットの無次元空間速度に対する無次元原料成分濃度 u, 無次元細胞濃度 y, 無次元生成物成分濃度 w の関係 ($\kappa=0.03$; $\kappa_1=0.96$; $\kappa_2=0.6$ を代入)

きる.

$$\Delta = \frac{u}{\kappa+u} \quad (6.63)$$

$$y = 1-u \quad (6.64)$$

$$\Delta w = \kappa_1 y + \kappa_2 \frac{u}{\kappa+u} y \quad (6.65)$$

ケモスタット状態における無次元の原料成分濃度, 細胞濃度は以下で表せる.

$$u = \frac{\kappa \Delta}{1-\Delta} \quad (6.66)$$

$$y = \frac{1-1(1+\kappa)\Delta}{1-\Delta} \quad (6.67)$$

$$w = \frac{(\kappa_1+\kappa_2\Delta)\{1-(1+\kappa)\Delta\}}{\Delta(1-\Delta)} \quad (6.68)$$

図 6.14 は, ケモスタットの無次元原料成分濃度 u, 無次元細胞濃度 y, 無次元生成物成分濃度 w を無次元空間速度 Δ に対してプロットした図である. Δ がゼロのとき, $u=0, y=1$, Δ が 1 のとき, $u=1, y=0$ である.

6.4.4 流加培養器と数式モデル

図 1.2(c) の半回分反応器を用いた培養操作が流加培養である. 希釈率 $D=q/V=1/\tau$ を式 (1.58) に代入すると, 次式を得る.

$$\frac{dV}{dt} = \frac{d}{dt}\left(\frac{q}{D}\right) = \frac{d(q\tau)}{dt} = q = DV \quad (6.69)$$

流加培養操作で多用される手法としては, 定速流加培養操作, 指数流加培養操作, プログラム制御流加培養操作がある. 定速流加培養操作は流量を一定とする操作である. $q=$ constant であることより, 空間時間は培養時間に比例し長期化することがわかる. 一方, D を一定となるように指数流加培養操作を行うと, 式 (6.69) より流量は指数関数的に変化する. この操作は定率培養操作ともよばれている. 指数流加培養操作では, 供給される原料液によって反応器内に増殖した細胞の濃度が希釈され, 濃度が一定となる状態が観察される. この状態は, 連続培養のケモスタットと類似しており, 式 (6.66)〜(6.68) が適用できる. プログラム制御は, 細胞の代謝反応に対し一定の方向付けを行い, 代謝産物の高濃度化を行う目的で活用されている. ヒト・インターフェロン β 遺伝子組換え大腸菌 E. coli MM294-1 を計算機制御高濃度培養し, 活性のあるインターフェロン β を 0.144 g·dm^{-3} 獲得した研究などがある[25].

【例題 6.4】 回分培養開始直後に対数増殖が始まり原料成分を一定の収率で消費し, 原料成分が枯渇した時点で対数増殖後期なしに細胞は停止期を迎える理想状態を考える. 原料成分の半減期 $t_{1/2}$ と細胞濃度の倍化時間 t_2 との間の関係を求めよ.

[解答] 式 (6.55), (6.56) より以下が得られる.

$$\frac{dy}{d\theta} = \frac{1}{\kappa+1} y$$

$$u = 1-(y-y_0) = 1-y_0\left\{\exp\left(\frac{\theta}{\kappa+1}\right)-1\right\}$$

したがって, 無次元の倍加時間, 半減期は以下となる.

$$\theta_2 = (\kappa+1)\ln 2$$

$$\theta_{1/2} = (\kappa+1)\ln\left(1+\frac{1}{2y_0}\right) = \theta_2 \frac{\ln\left(1+\frac{1}{2y_0}\right)}{\ln 2}$$

【例題 6.5】 活性汚泥法のモデルとして, ケモスタットが使用されることが多い. 処理する対象を原料成分と呼び, 供給液中の濃度, 処理後の濃度を c_{A_0}, $c_A (=uc_{A_0})$ とする. ケモスタット内の

微生物細胞濃度を X, 原料成分に対する収率を $Y=X/(c_{A_0}-c_A)$, 希釈率を D とする. 定常状態の比増殖速度は Monod の式 ($D=\mu_m c_A/(K_S+c_A)$) で相関されると考える. $\Delta=D/\mu_m$ とおくとき, 原料成分の処理速度 $J=DX/Y(=\mu_m c_{A_0}\Delta(1-u))$ を最大とする無次元希釈率 Δ を求めよ.

[解答] Monod の式を前提とすれば, 式 (6.63) より $u=\kappa\Delta/(1-\Delta)$ となる. 原料成分の処理速度は

$$J=\mu_m c_{A_0}\Delta(1-u)=\mu_m c_{A_0}\Delta\left(1-\frac{\kappa\Delta}{1-\Delta}\right)$$

となる. 極値を求めると無次元希釈率が以下のとき, 処理速度は最大となることがわかる.

$$\Delta=1-\left(\frac{\kappa}{1+\kappa}\right)^{1/2}$$

6.5 代謝反応の生物反応操作

図 6.15 は酵母の解糖系 (glycolytic pathway) および TCA 回路 (tricarboxylic acid cycle) を一括している. 解糖系は酸素を必要とせず, D-グルコースはピルビン酸または L-乳酸にまで分解される. この経路では3カ所 (ヘキソキナーゼ (HXK); ホスホフルクトキナーゼ (PFK); ピルビン酸キナーゼ (PYK)) で不可逆反応が働いている. 図ではホスホフルクトキナーゼの位置に逆向きの糖新生 (gluconeogenesis) 方向に働く別の酵素フルクトース-ビスホスファターゼ (FBP) が示されている. これらの酵素は細胞が環境条件の変化に応じて発するシグナル伝達経路を受けてリン酸化, 脱リン酸化することで代謝制御し機能発現する. ホスホフルクトキナーゼは ATP によって阻害される. 酸素の供給が弱いと ATP 消費が合成を上回り細胞内には ADP, AMP が蓄積する. AMP はホスホフルクトキナーゼを活性化するため, 嫌気的条件では解糖系が活性化する.

ピルビン酸からはエタノールが生成するため, バイオエタノール生成条件に合致している. 酸素供給が活発化すると, 細胞は TCA 回路-電子伝達系で酸素呼吸を活発化し, AMP が急減し ATP が急増する. ATP はホスホフルクトキナーゼを阻害するため解糖速度は低下する. この現象はパスツール効果 (Pasteur effect) とよばれ, 従来より生物反応操作の主要課題を提供している.

D-グルコースから生じたグルコース 6-リン酸は代謝の分岐点に位置し, 解糖系またはペントースリン酸回路 (pentose phosphate cycle) を経て代謝される. 五炭糖にかかわる代謝反応を実施するためには, ペントースリン酸回路の活性化が主要課題となる.

6.6 発酵食品製造技術と生物反応操作

発酵食品の多くは伝統的に組み立てられた経験則に基づき, 回分培養によって製造されている. 乳酸発酵で確立された式 (6.53) は, 多くのプロセスに適用されている. 図 6.2 に示すように, 対数増殖期の比増殖速度は原料成分の初期濃度に依存する. 対数増殖が開始したのちの濃度変化過程は式 (6.55) ～ (6.57) に従う. 時間の関数は ϕ だけであり, モデル定数は $\kappa, \kappa_1, \kappa_2$ の3つである. 式 (6.47) を参照すると, 係数 ϕ は細胞径分布密度関数の変異係数 σ に依存する. 生成物成分の生成速度を高めるためには, 式 (6.47) の係数 ϕ を高くすることが必要であり, σ 値を低く保つことが大切である. 前培養条件の変更は細胞濃度を高めるための要件であり, 食品製造技術としても貢献が期待できる[10]. $\kappa, \kappa_1, \kappa_2$ の値は, 回分培養の条件, 微生物種が定まれば定数である. これらの係数に変化をもたらすためには, 前培養条件の変更または変異株の導出, 組換えDNA技術による原料成分に対する親和性の改変などの操作が必要である.

図 6.16 は食品製造プロセス計算機制御の概念

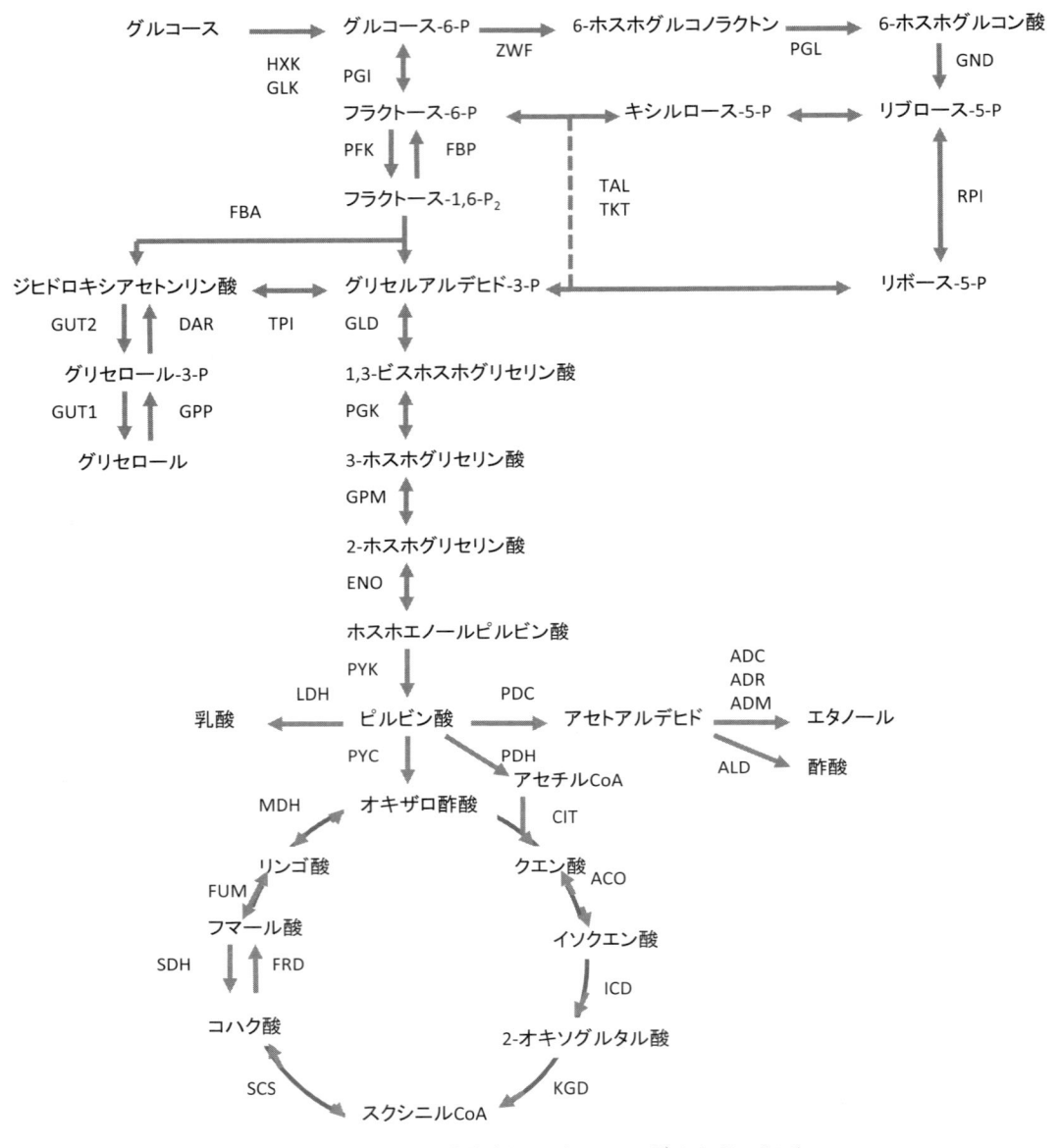

図 6.15 酵母の糖代謝経路（Fraenkel[26]を参考に作図）

ACO：アコニット酸ヒドラターゼ，ADC，ADR，ADM：アルコールデヒドロゲナーゼ，ALD：アルデヒドデヒドロゲナーゼ，CIT：クエン酸シンターゼ，DAR：ジヒドロキシアセトン-P-レダクターゼ，ENO：エノラーゼ，FBA：フルクトース-ビスリン酸アルドラーゼ，FBP：フルクトース-ビスホスファターゼ，FRD：フマル酸レダクターゼ，FUM：フマラーゼ，GLD：グリセルアルデヒド-3-P-デヒドロゲナーゼ，GLK：グルコキナーゼ，GND：6-ホスホグルコン酸デヒドロゲナーゼ，GPM：ホスホグルコン酸ムターゼ，GPP：グリセロール-1-ホスファターゼ，GUT：グリセロールキナーゼ，HXK：ヘキソキナーゼ，ICD：イソクエン酸デヒドロゲナーゼ，KGD：α-ケトグルタル酸デヒドロゲナーゼ，LDH：乳酸デヒドロゲナーゼ，MDH：リンゴ酸デヒドロゲナーゼ，PDC：ピルビン酸デカルボキシラーゼ，PDH：ピルビン酸デヒドロゲナーゼ，PFK：ホスホフルクトキナーゼ，PGI：ホスホグルコースイソメラーゼ，PGK：ホスホグリセリン酸キナーゼ，PGL：6-ホスホグルコノラクトナーゼ，PYC：ピルビン酸カルボキシラーゼ，PYK：ピルビン酸キナーゼ，RPI：リボース5-P-イソメラーゼ，SCS：コハク酸-CoAシンセターゼ，SDH：コハク酸デヒドロゲナーゼ，TAL：トランスアルドラーゼ，TKT：トランスケトラーゼ，TPI：トリオースリン酸イソメラーゼ，ZWF：グルコース-6-デヒドロゲナーゼ．

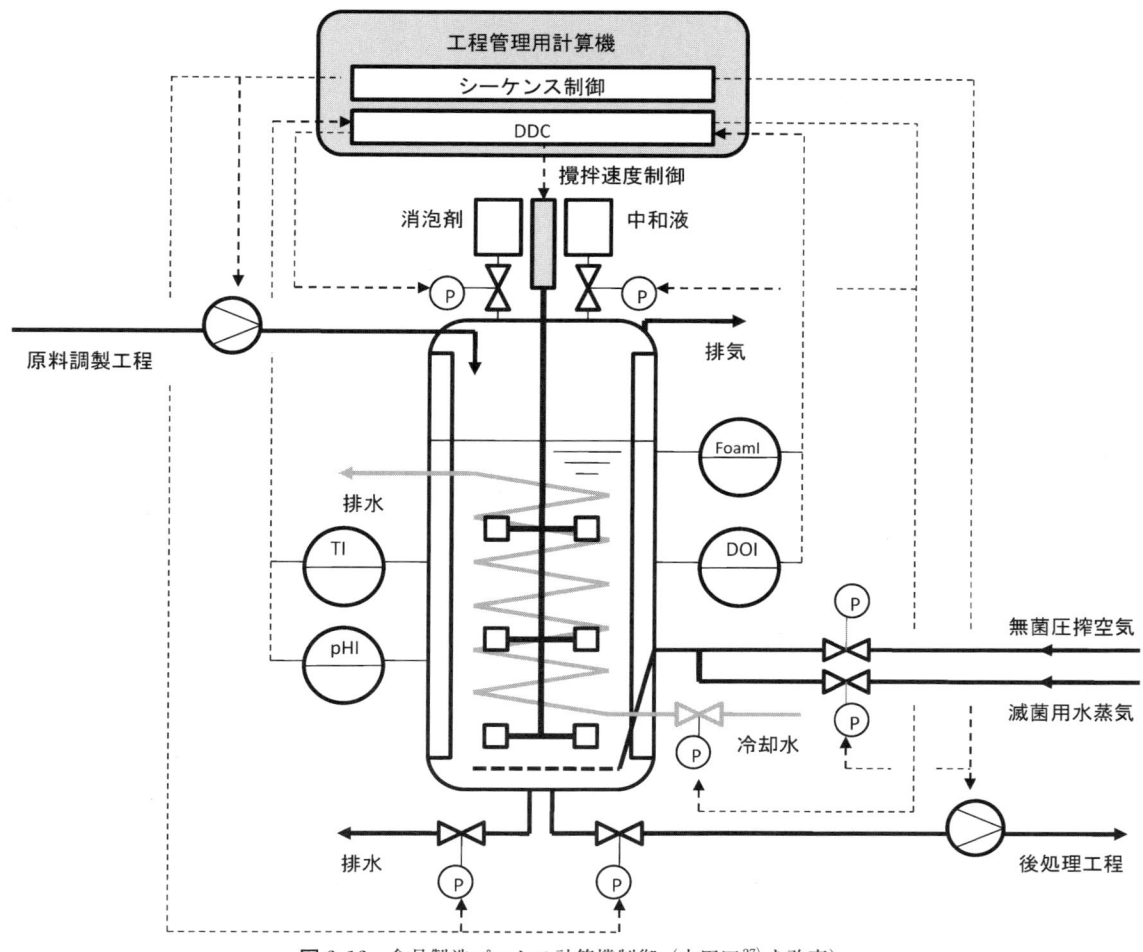

図 6.16 食品製造プロセス計算機制御（太田口[27]を改変）

図[27]を示す．細胞径分布の広がりにかかわる変異係数の値を低く保ち，係数 ϕ を長い期間 1 に保持するためには，式 (6.5)〜(6.7) より，対数増殖期が対数増殖後期に移行する細胞濃度 X_C を高くすることが必要である．未反応状態の原料成分が存在する場合でも，係数 ϕ は 1 以下になることがある．多くの場合，増殖を制限する他の成分の枯渇，または増殖を阻害する成分の蓄積が停止シグナルの起点となっている．グルコースを原料成分とする好気培養では，式 (6.49)〜(6.53) 以外に溶存酸素濃度 c_{O_2} に関する次式が重要視されることが多い．

$$\frac{dc_{O_2}}{dt} = \frac{k_L a}{1-\varepsilon_G}(c_{O_2}^* - c_{O_2}) - q_{O_2}X \quad (6.70)$$

ここで，q_{O_2} は酸素の比呼吸速度，$k_L a$ は酸素の物質移動容量係数，$c_{O_2}^*$ は飽和溶存酸素濃度，ε_G はガスホールドアップである．培養中，左辺および ε_G はゼロで近似できることが多く，比呼吸速度は次式で見積もれる．

$$q_{O_2} = \frac{k_L a(c_{O_2}^* - c_{O_2})}{X} \quad (6.71)$$

好気培養細胞が対数増殖を継続するためには，酸素の呼吸速度に関し最小値 $q_{O_2,\min}(=k_L a(c_{O_2}^* - c_{O_2,C})/X_C)$ が存在し，この値を上回ることが要件であると考えると，細胞濃度が X_C にいたったときに反応液にはこの最小値を下回る細胞が出現し始め，細胞周期から逸脱し細胞径分布が広がり始めると考えうる．式 (6.70) より $k_L a, c_{O_2}^*$ が向上

するように制御をかければ，増殖停止シグナルを受ける時期を遅らし，高濃度培養を実現できることがわかる．

【例題 6.6】 図6.15でグルコースからエタノールまでの代謝経路には，略称 HXK, PGI, PFK, FBA, GLD, PDK, GPM, ENO, PYK, PDC, ADR で示される11種の酵素が作用している．PGIと競合する並行反応として ZWF, GLD と競合する並行反応として TPI, PDC と競合する並行反応として PYC, PDH が作用している．これら合計15種の酵素に $1, 2, \cdots, 15$ と番号を付け，反応進行度を用いた細胞質量当たりの反応速度を $r_{m,1}, r_{m,2}, \cdots, r_{m,15}$ で表す．またグルコースからエタノールへの経路上には，グルコース-6-リン酸，フラクトース-6-リン酸，……，アセトアルデヒドなど，10種の代謝中間物質がかかわっている．これに $1, 2, \cdots, 10$ と番号を付け，細胞単位質量当たりのモル数を $m_1, m_2, \cdots, m_{10}$ で表す．対数増殖細胞を考え，m_i は一定である状態を考える．グルコースの比消費速度を $q_A = \mu/Y$，エタノールの比生成速度を q_P とするとき，q_P は μ に比例することを示せ．

［解答］ m_i が一定であるとき，式 (6.12) より以下を得る．

$$0 = r_{m,1} - r_{m,2} - r_{m,12} - \mu m_1 = q_A - r_{m,2} - r_{m,12} - \mu m_1$$
$$= \frac{\mu}{Y} - (1 + b_{12,2}) r_{m,12} - \mu m_1$$

$$0 = r_{m,2} - r_{m,3} - \mu m_2$$
………

$$0 = r_{m,4} - r_{m,5} + r_{m,13} - \mu m_4$$
$$= r_{m,4} - (1 - b_{13,5}) r_{m,5} - \mu m_4$$

$$0 = r_{m,5} - r_{m,6} - \mu m_5$$
………

$$0 = r_{m,9} - r_{m,10} - r_{m,14} - r_{m,15} - \mu m_9$$
$$= r_{m,9} - (1 + b_{14,10} + b_{15,10}) r_{m,10} - \mu m_9$$

$$0 = r_{m,10} - r_{m,11} - \mu m_{10} = r_{m,10} - q_P - \mu m_{10}$$

$b_{i,j}$ は競合する並行反応における副反応の反応速度と主反応の反応速度との比を表す．

$$m = m_1 + (1 + b_{12,2})(m_2 + m_3 + m_4)$$
$$+ (1 + b_{12,2})(1 - b_{13,5})(m_5 + m_6 + m_7 + m_8 + m_9)$$
$$+ (1 + b_{12,2})(1 - b_{13,5})(1 + b_{14,10} + b_{15,10}) m_{10}$$

とおくと，次式を得る．

$$0 = \frac{\mu}{Y} - (1 + b_{12,2})(1 - b_{13,5})(1 + b_{14,10} + b_{15,10}) q_P$$
$$- \mu m$$

したがって，次式を得る．

$$q_P = \frac{1}{(1 + b_{12,2})(1 - b_{13,5})(1 + b_{14,10} + b_{15,10})}$$
$$\times \left(\frac{1}{Y} - m\right) \mu$$
$$= Y_{P/X} \mu$$

この式よりエタノールの比生成速度を高めるためには，解糖系酵素活性に対するペントースリン酸回路酵素活性を抑えること，グリセロールの比生成速度を抑えること，TCA回路への代謝の流れを抑えること，細胞質量の収率を抑えること，解糖系代謝中間物質の蓄積を抑えることが大切であることがわかる．

【例題 6.7】 ケモスタットの定常状態が Monod の式で相関される細胞培養において，定常状態の原料成分濃度，生物濃度は式 (6.59), (6.60) で記述される．定常状態に外乱が加わったのちの状態にも Monod の式が適用できると仮定した場合，培養状態の安定性を議論せよ．

［解答］ 式 (6.59), (6.60) より変動が加わったのちの状態は次式で記述できる．

$$\frac{dc_A}{dt} = \frac{c_{A_0} - c_A}{\tau} - \frac{1}{Y} \frac{\mu_m c_A}{K_S + c_A} X$$

$$\frac{dX}{dt} = \frac{-X}{\tau} + \frac{\mu_m c_A}{K_S + c_A} X$$

$u = c_A/c_{A_0}$, $y = X/(Y c_{A_0})$, $\theta = \mu_m t$, $\Delta = D/\mu_m$ とおくと次式を得る．

$$\frac{du}{d\theta} = \Delta(1-u) - \frac{u}{\kappa + u} y, \quad \frac{dy}{d\theta} = -\Delta y + \frac{u}{\kappa + u} y$$

定常状態は

$$u = \frac{\kappa \Delta}{1 - \Delta}, \quad y = \frac{1 - (1 + \kappa)\Delta}{1 - \Delta}$$

であるが，外乱を受けたのち，原料成分濃度は定

常状態の u から $u+x_1$ に変化し，細胞濃度は y から $y+x_2$ に変化すると考える．動的挙動を把握するための線形方程式は，以下で記述できる．

$$\frac{dx_1}{d\theta} = \left\{-\Delta - \frac{\kappa}{(\kappa+u)^2}y\right\}x_1 - \left(\frac{u}{\kappa+u}\right)x_2$$

$$= -\left\{\frac{(1-\Delta)^2}{\kappa} + \Delta^2\right\}x_1 - \Delta x_2$$

$$\frac{dx_2}{d\theta} = \frac{(1-\Delta)(1-\Delta-\kappa\Delta)}{\kappa}x_1$$

したがって，係数行列は以下のようになる．

$$A = \begin{bmatrix} -\left\{\dfrac{(1-\Delta)^2}{\kappa} + \Delta^2\right\} & -\Delta \\ \dfrac{(1-\Delta)(1-\Delta-\kappa\Delta)}{\kappa} & 0 \end{bmatrix}$$

式（2.33）に従い特性方程式を求めると，以下のようになる．

$$s^2 + \left\{\frac{(1-\Delta)^2}{\kappa} + \Delta^2\right\}s + \frac{\Delta(1-\Delta)(1-\Delta-\kappa\Delta)}{\kappa} = 0$$

固有値は $-\Delta, -\dfrac{(1-\Delta)(1-\Delta-\kappa\Delta)}{\kappa}$ である．これらの固有値は安定結節点を与える．

6.7 環境生物修復技術と生物反応操作

6.7.1 バイオレメディエーション

汚染物質に生物を作用させて，環境汚染を修復したり，除去したりする技術をバイオレメディエーション（bioremediation）という．生物として植物が用いられることもあるが，多くは微生物が用いられている．また，環境汚染の種類としては原油，有機塩素化合物，重金属などによる土壌や地下水の汚染を対象にしたものが多く，バイオレメディエーションは従来からの物理・化学的方法に比べて安価でしかも効率よく無害化できる方法として期待されている．

よく知られているバイオレメディエーションの例は，1989年にアラスカで座礁したタンカー，Valdez号から流出した原油の浄化である．原油分解除去のために，化学肥料を散布して微生物を活性化したところ，原油の消失速度は無処理の海岸に比べて2～3倍に大きくなることが示された．また，半導体産業などで脱脂洗浄剤として使用されるトリクロロエチレンや，ドライクリーニングの溶剤テトラクロロエチレンなどの有機塩素化合物が土壌や地下水の汚染を引き起こしている場所があるが，これらの有機塩素化合物を分解する微生物を土壌や地下水に注入するバイオレメディエーションの方法も試みられている．

6.7.2 微生物による汚染物質の分解機構

多くの微生物が水に溶解した化合物を取り込んで分解する．そのため，汚染物質が非水溶性化合物，あるいは水に溶解度の低い化合物であるときには分解速度が遅くなり，水に溶け込む速度で分解速度が制限される．なお，微生物によってはそれ自身が界面活性剤や乳化剤を生産して，水に溶けにくい物質をミセルとして取り込むこともある．微生物による汚染物質の分解機構としては，たとえば以下のようなものが知られている．

図6.17に *Pseudomonas* 属細菌によるベンゼン分解機構を示す．ベンゼンの好気的生分解作用の初期段階は，微生物の生産するジオキシゲナーゼ（dioxygenase）の作用による水酸化であり，これに引き続いて開環反応と脱水素反応が起こる．ここではオルト開裂の例を示している．

この分解機構はベンゼンに限らず芳香族炭化水

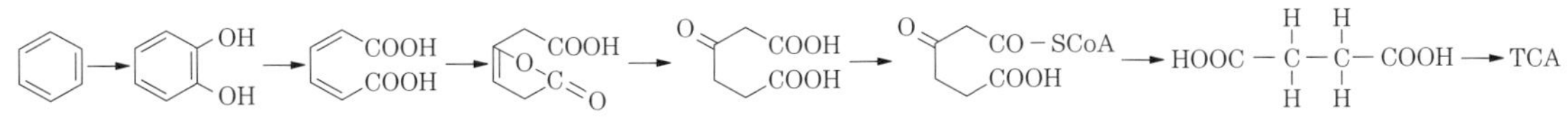

ベンゼン → カテコール → *cis,cis*-ムコン酸 → 3-ケトアジピン酸エノールラクトン → 3-ケトアジピン酸 → 3-ケトアジピル CoA → コハク酸 → TCA

図6.17 *Pseudomonas* 属細菌によるベンゼンの分解機構

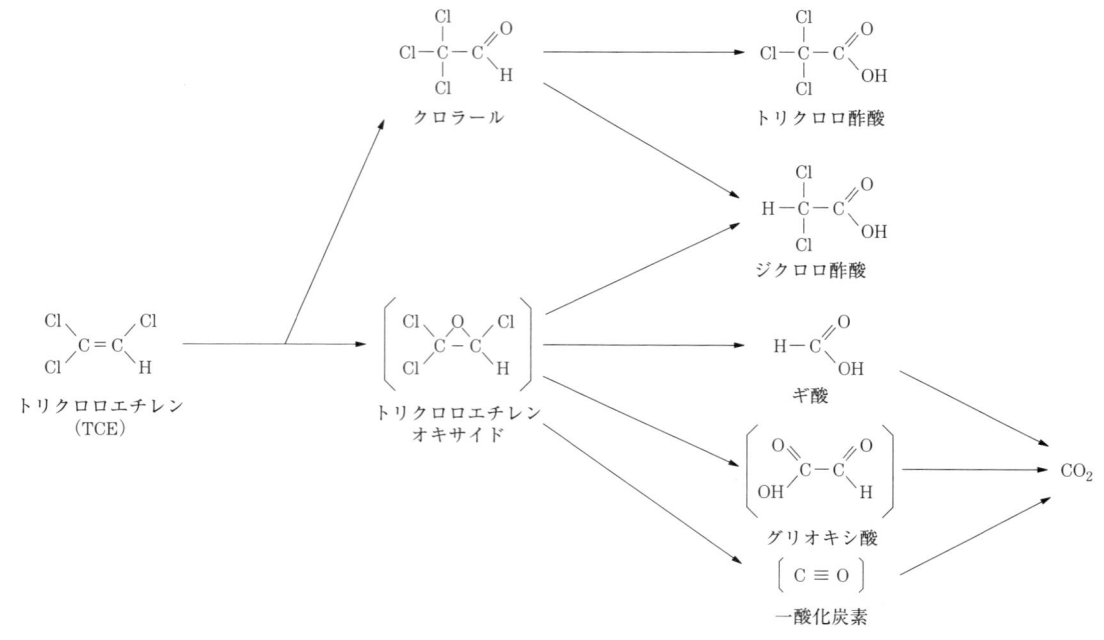

図6.18 トリクロロエチレンの好気的分解経路（Hashimoto, *et al.*, 2002 の原図[28]，一部改変）

素の分解経路として一般的なものであることが知られている．これらの過程を経て生成された分解中間体は，TCA 回路に取り込まれてさらなる代謝を受けると説明されている．また，トリクロロエチレン（TCE）の好気的な微生物分解としては，図6.18に示す分解経路が提案されている[28]．一部未確認の物質もあるが，分解初期にはメタンモノオキシゲナーゼ（methane monooxygenase）の作用で塩素のシフトやエポキシ化の反応が起こり，その後いくつかの中間体を経て炭酸ガスにまで分解されると説明されている．

TCE で汚染された土壌や地下水を浄化するときに，無機栄養塩以外のメタンやトルエンなどを供給することがあるが，これは，これらの有機基質の供給によって TCE 分解菌であるメタン資化性菌（*Methylocystis* sp.）やエタン資化性菌（*Mycobacterium* sp.）のメタンモノオキシゲナーゼ活性を高め，TCE の分解を促進するためである．

これら有機物のみならず，無機物の変換機構として，有毒な重金属である6価クロムはそれを電子受容体として利用する微生物 *Enterobacter* sp. の呼吸作用によって，無毒の3価クロムに還元され低毒化することが知られている．この機構を利用して，クロムによる汚染を難溶性の水酸化クロムとして沈殿回収する方法で浄化する技術が開発されている[29]．

6.7.3 バイオレメディエーションの分類

バイオレメディエーションは，汚染物質が存在しているその場所（原位置）で修復するか，汚染物質を現場から取り出し移動させ，地上の生物反応器などの装置を用いて浄化するかの2つに分類することができる（図6.19）．原位置での修復では，たとえば地下に汚染箇所があった場合，地下を掘削して除去するのではなく，汚染箇所に微生物の栄養基質や微生物そのものを注入する．この方法は米国では地下水の TCE 汚染の除去に広く応用されている．一方，汚染物質を取り出して処理するときには生物反応器が用いられるが，たとえば汚染土壌であれば水と混和してスラリーとし，生物反応器内は微生物濃度を高めるために粒

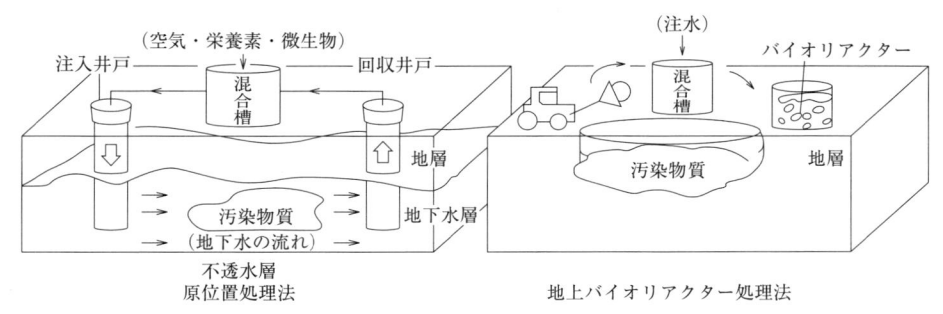

6.7 環境生物修復技術と生物反応操作

図6.19 バイオレメディエーションの分類

状炭，プラスチック粒などを充填して微生物生育のための表面積を大きくして処理する方法がとられることが多い．これらの技術は，単一の微生物を純粋培養系で利用するのではなく，複数の微生物が相互に影響を及ぼし合いながら共存する複合微生物系の利用であることに特徴がある．なお，目的とする機能を付加した遺伝子組換え微生物を創製し，生物反応器を用いた純粋培養系で使用することによって，処理効率を飛躍的に増大させようとする試みも始まっている．

バイオレメディエーションは汚染物質の分解・無害化のために外部から微生物を添加するか否かによっても2つに分類することができる．微生物を添加せず，窒素やリンなどの栄養基質・空気などを注入することで，そこにもとから存在している微生物の環境条件を整え，その微生物を活性化させて汚染物質の分解を促進させる方法はバイオスティミュレーション（biostimulation）とよばれており，化学肥料で微生物を活性化した先述のValdez号からの漏出原油浄化などに広く応用されている．一方，そこにもとから存在している微生物では分解が遅い汚染物質を対象とした浄化には，栄養基質とともに分解微生物を積極的に汚染地点に添加するバイオオーグメンテーション（bioaugmentation）の方法が用いられることがある．

6.7.4 バイオオーグメンテーションの問題点

バイオオーグメンテーションでは，接種した微生物が環境中へ無秩序に拡散しないように留意する必要があるが，それ以外に，試験管の中で汚染物質を強力に分解する微生物も，自然環境中ではほとんどその能力を発揮できないことが多いという問題点のあることが知られている．これは，複合微生物の系では，外部から微生物を接種してもその環境に定着させることが容易でないことを示唆している．特別に培養した微生物を複合微生物の系に接種したときに，効果が期待できるか否かについては，有機質廃棄物のコンポスト（compost）化の研究において長く検討されてきた．コンポスト化においては，有機物分解の促進や，悪臭の低減を目的として原料中に微生物を接種（種菌添加）しても顕著な効果は見られないことが報告されている[30]．なお，種菌添加に効果がみられない理由として，コンポスト原料中にはすでに安定な微生物叢が形成されており，外部から微生物を接種するだけでは，接種された微生物は定着することができないためと説明されている．

複合微生物の系で接種した微生物を作用させることが困難であることは，土壌中での生分解性プラスチックの分解試験においても観察されている[31]．ポリブチレンサクシネートを主成分とする生分解性プラスチックのシートを土壌に埋設し，良好に分解している試験片の表面から単離した2種類の微生物，WF-6株とYB-6株は協同して

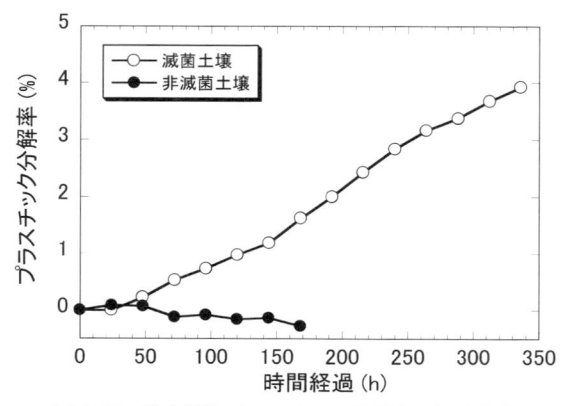

図 6.20 生分解性プラスチック分解率の経時変化

分解に寄与することがわかっているが，これらの微生物を滅菌した土壌に接種して2種培養した場合と，滅菌しない土壌に接種した場合では，土壌中での生分解性プラスチックの分解率は大きく異なった．生分解性プラスチックの分解率は，その分解の結果生ずる炭酸ガス量を定量し，土壌中に混合した生分解性プラスチック中に含まれる炭素量との比として計算しているが，滅菌した土壌中に分解菌を接種した場合には，生分解性プラスチックは分解するが，滅菌しない土壌中では分解が見られず，雑菌が存在するところに分解菌を接種しても，生分解性プラスチックを分解させることができないことが示されている（図6.20）．図中では，滅菌しない土壌中で生分解性プラスチックの分解率が負の値となっているが，これは炭酸ガスを測定するさいに生ずる測定誤差によるもので

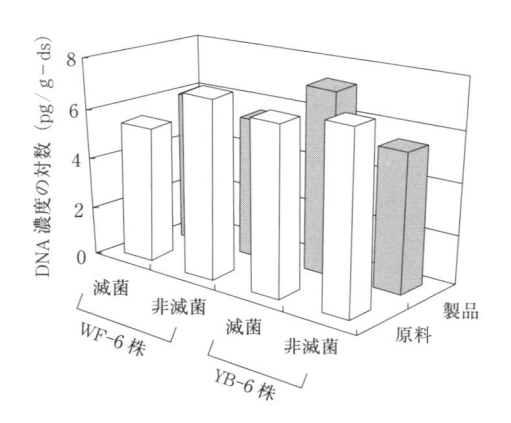

図 6.21 生分解性プラスチック分解菌濃度の経時変化

ある．また，16SrRNA遺伝子の一部の領域をターゲットとし，リアルタイムPCR（real-time PCR）法を用いて測定した分解菌WF-6株，およびYB-6株のDNA濃度は，滅菌土壌を用いた場合，時間経過にともなって増加し，滅菌しない土壌の雑菌存在下では，いずれの微生物も濃度が低下して土壌中に定着できないことが確かめられている（図6.21）．なお，特別に培養した微生物を複合微生物の系に接種したときに効果を発揮させるための方法については，コンポスト化の研究において検討が進んできており[32]，バイオオーグメンテーションにおいてもこの手法が参考になると思われる．効果のあるバイオオーグメンテーションのためには，複合微生物系における微生物環境の制御が重要ということができる．

6.7.5 高効率化に向けた微生物利用

バイオレメディエーションの効率を上げるためには，微生物環境を制御したバイオオーグメンテーション以外に，2つの方法が考えられる．1つは汚染物質を分解する強固な微生物コンソシアム（共生関係を発揮している集団）を形成させたり，それを利用したりすることであり，他の1つは遺伝子工学を利用して微生物の遺伝的性質を改変することである．

自然界の微生物は強く相互に依存した複雑な集合体である．一般的に有機化合物は多くの微生物を含んでいる環境中の方が単一微生物の純粋培養よりも効果的に分解される．ある微生物の部分分解物が他の微生物の基質として用いられることにより，それらの異なる微生物の協同的作用で有機化合物が完全に分解される例もあり，土壌中で農薬のパラチオンが2種類の *Pseudomonas* 属細菌の作用で完全分解されることも知られている．また，コンポスト中では生分解性プラスチックの分解過程において微生物間の典型的な協同作用があることが，より詳細に検討されている[33]．生分解性プラスチックとしてポリカプロラクトン

（PCL）を用い，コンポスト中での完全分解，すなわち炭酸ガスと水にまでの分解について検討したところ，2種類の微生物の協同的作用で分解が加速されることが確かめられている．バイオレメディエーションにおいても汚染物質の分解・浄化を可能にする，強固なコンソシアムを安定的に再現よく形成するための方法論を開発することで，効率的な浄化が可能になるものと期待される．また，バイオオーグメンテーションにおいては，単一菌ではなくコンソシアムを接種する方法も試みられてきている．

一方，遺伝子工学を利用した微生物の遺伝的性質の改変においては，現存する微生物には適しない条件下で，現存する微生物が持ち合わせない分解経路をもつ新しい微生物をつくることが考えられる．たとえば，複数の微生物による共代謝で分解される化合物を単一の微生物で分解させるために，その微生物が本来生産しない酵素を生成させたり，目標とする有害物質を分解するだけでなくその物質に対する抵抗性を高めたり，あるいは非常に濃度の低い汚染物質でも分解可能となるようにするなどの改良が期待される．新しい機能を付与された，あるいは機能を強化された遺伝子組換え菌の使用は自然環境中では大きな制約があるが，生物反応器中で管理した条件のもと作用させることで，バイオレメディエーションの効率化に大きな役割を果たすものと思われる．

6.7.6 まとめ

バイオレメディエーションは汚染物質の分解・無害化を目的としているが，微生物変換の過程で最初の汚染物質よりも，さらに毒性の強い中間体が生成する可能性もあるので，対象とする汚染物質の分解機構についてもよく理解しておく必要がある．また，バイオレメディエーションでは，注目している微生物がもともとその環境中に存在したか，あるいは外部から添加したかによらず，高感度で検出し環境への影響を評価して安全性を確保することが必要とされている．加えて，ここにいくつかの例をあげたように，複合微生物系における微生物利用は，特定の微生物をその他の複数の微生物が共存する系でいかに効率よく働かせるかが問題となる．

これらの問題に対処するために，近年発展著しい，分子生物学の手法は大きな力となる．注目している特定微生物の遺伝子配列を手がかりに微生物を検出するFISH法や，その微生物の濃度を定量する定量的PCR法，微生物のコンソシアムを網羅的に解析するPCR-DGGE法などを有効に用いることができる．これらの手法を用いて微生物による浄化機構の詳細を明らかにするとともに，共存する微生物群の中で特定微生物の活性を高く維持すること，さらに積極的に，特別に活性の高い微生物を添加し，定着させることで格段の効率上昇につなげようとする試みも行われてきている．複合微生物系における特定微生物の定着と制御は，高効率な微生物利用の環境浄化技術を可能にするものと期待されている．

6.8 医薬品製造技術と生物反応操作

6.8.1 抗生物質

抗生物質（antibiotics）とは，「微生物によってつくられ，他の微生物の生育を阻害する化学物質」と定義されたが，現在では「微生物の生産する生物学的活性を有する化学物質」と拡大解釈されている．1929年にFlemingにより発見されたアオカビが産生するペニシリンは，20世紀の医療に大きな影響を与えた．その後，放線菌が産生するストレプトマイシンなど，同様の抗生物質・生理活性物質が次々と発見された．現在では1万種類以上の抗生物質が発見され，約250種類が臨床的に使用され市販スケールで生産されている[34]．代表的なものに，ペニシリン系，セフェム系，マクロライド系，テトラサイクリン系，ホスホマイシン系，アミノグリコシド系がある．アミ

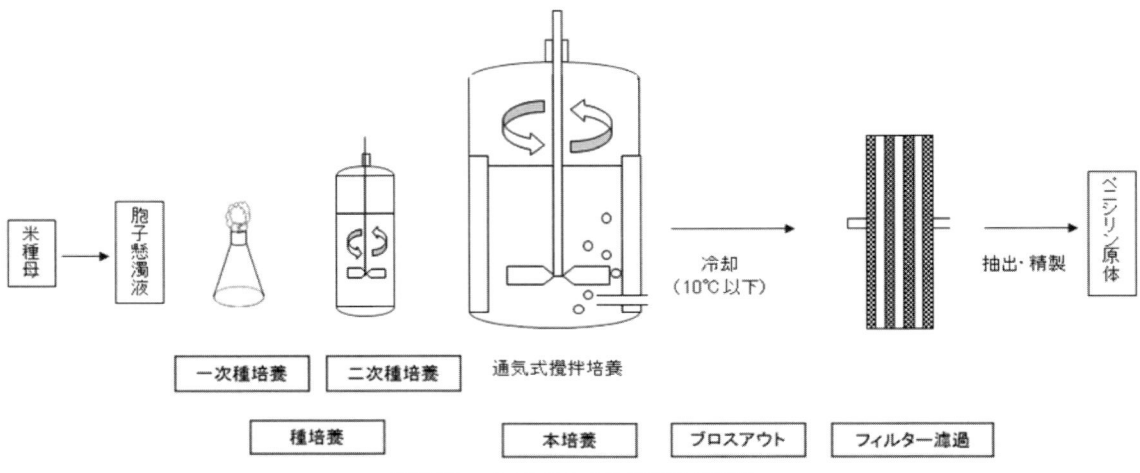

図 6.22 ペニシリンの生産工程の概要

ノ酸，核酸，脂質，糖代謝など生育に必須な物質の代謝を1次代謝といい，抗生物質，生理活性物質など本来の生育に必須ではない物質の代謝を2次代謝という．

作用部位および作用機序で分類すると，①細胞壁の合成阻害，②細胞膜の機能阻害，変質，③タンパク質合成阻害，④核酸合成阻害，⑤葉酸合成阻害となる．ヒトなどの動物細胞と微生物との違いにより，微生物に対して高い毒性を示し，選択毒性を生じる．

ペニシリン発酵は，表面培養から始まり，現在では大型発酵タンクによる通気式撹拌培養が行われ，生産性も表面培養の $30\ \mu g \cdot mL^{-1}$ からタンク培養の $300 \sim 400\ \mu g \cdot mL^{-1}$，さらに菌株改良，培養・培地条件の改良により1990年代には $60\ mg \cdot mL^{-1}$ 以上と，2000倍の生産性の向上を示している．ペニシリンの生産工程を図6.22に示す．通気式撹拌培養は，培地をタンク型の培養槽に入れて，培地に空気を導入しながら培養液を撹拌するもので，好気的な微生物の培養によく用いられる．

抗生物質など微生物による生理活性物質の生産においては，放線菌の生産するストレプトマイシンが発見されて以来，おもに *Streptomyces* 属の放線菌の生産する抗生物質が開発されてきた．これらの開発にはスクリーニング法が重要であり，より特異性が高く，細胞毒性のない新規な抗生物質や生理活性物質を得るために，多くの放線菌がスクリーニングの対象として注目されている．また，近年では遺伝子組換え技術などのバイオテクノロジーや代謝工学技術などを応用し，従来のランダム変異による育種に比べて，短期間で生産性の高い変異株を得ることも行われている．ペニシリン生産の例では，初期の表面培養法におけるFleming株に比べて，10万倍の生産性向上が達成されており，さらなる向上も予測されている[34]．

6.8.2 抗体医薬

病原菌やウイルスなどの生体に対する異物が侵入したさいに，抑止するために働く防御機構が免疫系であり，異物（抗原）に特異的に結合する抗体（immunoglobulin：Ig）が産生される．この異物と特異的に結合する抗体を医薬品として利用するのが抗体医薬である．古くは破傷風菌に対する血清療法など免疫した動物の血清中の抗体を利用していたが，特異的に反応する抗体分子の純度は低かった．

1980年代にモノクローナル抗体（monoclonal antibodies：mAb）技術が開発され，特異的抗体

のみを製造することが可能になった．しかし，マウス由来のモノクローナル抗体をヒトに投与すると，動物種の違いによる抗原性からヒト抗マウス抗体を生じるなどの問題があった．その後，抗体工学技術を用いて，ヒト抗体とのキメラ抗体，ヒト化抗体と進化し，抗原性を低下させたことにより実用化に貢献した．さらにヒト抗体産生マウスの作出やファージディスプレー法の開発などにより，完全ヒト抗体も作製されるようになっている．

1) モノクローナル抗体

脾臓細胞とミエローマ細胞の細胞融合法は，KohlerとMilsteinによって報告され[35]，モノクローナル抗体の産生技術が登場し，その後，癌細胞やウイルスに対するモノクローナル抗体が報告された．モノクローナル抗体は診断用途などに使われてきたが，その特異的親和性に基づくターゲティング医薬品としての応用が期待された．しかしながら，種の違いによるヒトに対する免疫原性のため臨床に応用されることはほとんどなかった．

2) キメラ抗体

遺伝子工学技術の発展によるマウスの抗体遺伝子とヒトの抗体遺伝子を組換える技術の実用化と，分子生物学の進歩による抗体遺伝子の構造の解明により，マウスモノクローナル抗体の抗原認識能を保持したまま，マウス抗体をヒト抗体に近づけることが可能になった．この技術により，異種動物由来による抗原性を低減させることができた．まず，マウスモノクローナル抗体の可変領域（抗原結合部位）と，ヒト抗体の定常領域を融合させたキメラ抗体が登場した．代表的な医薬品として，リツキサンやレミケードがある．

3) ヒト化抗体

マウス由来の要素を減らすために，抗原と結合する可変領域の相補性決定領域（complementarity-determining region：CDR）のみを残し，可変領域のフレームワークと定常領域をヒト抗体に置換したものが，ヒト化抗体である．ヒト化免疫グロブリンを作製する技術には，英国のMRC（Medical Research Council）の特許による，可変領域のCDRを異種の抗体のCDRと置換する方法に関するヒト化抗体の基本技術や，米国のPDL社の特許による，ヒト化抗体の親和力が低下することを防ぐために，もとの抗体と相同性の高いヒト免疫グロブリンのフレームワークを選択すること，CDRの外側のアミノ酸を置換することからなる改善方法がある．代表的な医薬品には，ハーセプチンやシナージスがある．

4) 完全ヒト抗体

キメラ抗体，ヒト化抗体により抗体医薬は実用化され，これらの抗体医薬はヒトへの免疫原性を低減させたが，CDR配列部位はマウス由来であり，場合によっては抗体医薬に対する抗体が出現することがある．そこで完全ヒト抗体の作製技術が開発された．1つはヒト抗体遺伝子を組込んだ遺伝子組換え動物によるヒト抗体の産生であり，もう1つはヒト抗体を表面に提示するファージディスプレー（phage display）技術によるものである．

ヒト抗体産生マウスは，ヒト抗体の重鎖，軽鎖を導入したトランスジェニックマウス（transgenic mouse）と，内在性抗体遺伝子を破壊したノックアウトマウス（knockout mouse）をかけ合せて作製される．代表的なヒト抗体産生マウスとして，Abgenix社のXenoMouse，Medarex社とキリンビール社の共同開発によるKM Mouseなどがある．

ファージには種々の形態のものが知られているが，M13などの繊維状ファージのコートタンパク質（g3pなど）に感染性を損なうことなく外来遺伝子を融合タンパク質として発現させることにより，ランダムに多種類のタンパク質を呈示させることができる．この技術をファージディスプレーといい，1985年のG. Smithの研究に始まり[36]，1991年にJ. D. Marksらによりヒト抗体の可変領

域のVHとVLをつないだscFv（1本鎖Fv）やFabの形でファージ表面に呈示できるヒト抗体ファージライブラリーが報告された[37]．

ヒト抗体の可変領域をコードする遺伝子をファージのg3pをコードする遺伝子上流に連結することにより，ヒト抗体ライブラリーが作製できる．g3pはファージ当たり5分子が発現される．固相化した標的抗原とヒト抗体ファージライブラリーを反応させ，非特異的に結合したファージを洗浄して除去したのち，結合したファージを溶出し，大腸菌に感染させ増幅する．この操作を繰り返し，標的タンパク質に特異的なヒト抗体を発現しているファージを得る．可変領域のアミノ酸配列を人為的に改変し，さらに親和性や特異性などの機能を高めたヒト抗体を得ることもできる．

5）製　　造

抗体医薬品では，一般的に臨床投与量は数mg～数百mgにまで及ぶことから，医薬品として用いるためには抗体の大量生産技術が必要となる．抗体製造技術として，動物細胞による生産が一般的である．高生産性の培養法，高生産株樹立などの技術が開発されている．またヤギ，ウシなどの遺伝子組換え動物の産生するミルクに大量発現させる手法なども研究されている[38]．

また抗体医薬のコストを削減するために，抗体分子の活性を上げることにより，投与に必要な抗体量を減らすことが考えられる．この試みの1つとして，フコース欠失による抗体依存性細胞障害活性（ADCC）の増強がある[39]．ADCC活性は標的抗原をもつ細胞を免疫細胞が破壊する活性であり，多くの抗がん抗体がこの機能を利用していると考えられる．抗体のFc部分にアスパラギン結合型糖鎖があり，この主要構成糖鎖にフコースを欠失した低フコース抗体のADCC活性が，従来の抗体に比べて向上することが発見され，この低フコース抗体を利用した抗体医薬が開発されている．

6.9　生体内医薬品利用技術と生物反応操作

薬剤の投与経路には，経口，経呼吸器，鼻腔内，口腔内・舌下，経皮膚，直腸などからの投与，さらに静脈，皮下，筋肉などの注射による投与があり，薬物は，口鼻腔，消化管，肝臓，直腸，肺，皮下組織などを経て循環血液に移動し，作用部位に運ばれる．薬剤の最適な治療効果を求めるための手法として，作用部位に時間的・濃度的制御を行って送達する薬物送達システム（DDS）と，血中薬物濃度を解析・設計する薬物治療モニタリング（TDM）がある．

生体内に投与された薬物は，投与部位から血液中（全身循環）への吸収，血液中から作用を発現すべき部位（組織，臓器など）への分布，肝臓などにおける代謝，肝臓・腎臓などによる排泄を経て消失するといった薬物動態を生じる．薬物動態（pharmacokinetics：PK）は，薬物の分布容積，バイオアベイラビリティ（投与した薬物が全身循環に到達する割合），消失速度の3つの要素を用いて，血中濃度の時間的推移や，生体内のマスバランスを求めることにより解析される．作用を発現すべき組織や臓器へ分布した薬物濃度と，その薬物が受容体に作用して示す薬効の関係を解析するのが薬力学（pharmacodynamics：PD）である．DDSやTDMでは，PKやPDの観点からの設計や解析が重要であり，最近ではPKとPDを関連づけて解析するPK/PD解析が医薬品の薬物動態試験や，治療の適正化に適用されている[40]．

6.9.1　薬物送達システム

薬物送達システム（drug delivery system：DDS）とは，生体内に投与した薬物を目的とする作用部位（細胞，組織，臓器など）に時間的，濃度的な制御を行って特異的に到達させることにより，薬効を持続させると同時に，不必要な部位

に分布することによる副作用の発生を低減させ，治療効果を向上させる技術のことをいう．DDSは，薬剤放出制御，ターゲティング，薬剤吸収制御にかかわる3つの技術からなる．

薬剤放出制御とは，投与方法，投与形態を工夫することにより，薬物の血中濃度を治療に最適な濃度に維持する時間を制御しようとするものであり，剤形を工夫することが最も多く用いられている．有効成分の放出を遅くすることにより血中の薬物濃度を長時間一定に保つことを目指す徐放型と，服用後一定時間経過後に薬物を放出する時限放出型などがある．

放出制御には，経口投与薬剤では，高分子網目構造による薬剤の拡散制御や表面をおおう高分子膜の厚みや孔サイズによる拡散制御，カプセル内のゲル形成物質がマトリックス形成による放出制御を行うと同時に，低比重の賦形剤によりカプセルが胃内で浮遊して胃内で放出を続けるシステム，半透膜を通じて浸入する消化管中の水分による浸透圧ポンプを利用した放出制御，イオン交換樹脂に結合した薬物イオンの消化管液中のイオンとのイオン交換による放出制御（図6.23)[41]などがある．

ターゲティングとは，薬物を作用させたい部位に選択的に送達させることをいい，不必要な部位で生じる副作用を低減し治療効果を高めるだけでなく，薬物の化学的安定性，生体内動態，経済性などにも効果を示す場合がある．

がんの化学療法ターゲティングでは，①標的部位，臓器，組織への分布，②癌細胞など臓器中の特定部位への指向性，③エンドサイトーシスや細胞融合による細胞内導入を利用した特定の細胞内での薬物の放出の3段階に分けることができる[42]．

具体的方法として，標的部位で特異的に活性発現させる手法，キャリアーを利用して標的部位に運搬させる手法などがある．標的部位で特異的に活性を発現させる例ではプロドラッグがあり，抗腫瘍剤である5-FU（5-フルオロウラシル）のプロドラッグであるドキシフルリジンは，PyNPase（ピリミジンヌクレオシドホスホリラーゼ）により5-FUに変換され抗腫瘍活性を示す．PyNPaseは腫瘍組織に多く存在することから，腫瘍組織で5-FUへの変換が行われ抗腫瘍効果を示す[43]．また，大腸の腸内細菌によりアゾ基が還元されることで，活性成分である5-アミノサリチル酸を生成するサラゾスルファピリジンは潰瘍性大腸炎治療薬として利用されている[44]．キャリアーとしては，リポソーム，リピッドマイクロスフェアなどに薬剤を封入した受動的ターゲティング剤と，これらに抗体，糖鎖，リガンドなど標的部位に特異的に結合する分子を結合させた能動的ターゲティング剤がある．薬物単独では，生体内で不活性化されたり，標的部位以外の一般細胞にも分布し，治療効果が低下したり，副作用を生じたりするが，キャリアー型ターゲティング剤とすることにより不活性化を防止し，一般細胞での副作用を低減して治療効果を高めることができる．

薬剤吸収制御とは，薬物が投与部位（体外）から全身循環（体内）へ移行する過程（吸収）に存在する吸収障壁を制御し，治療効果を向上させることをいう．吸収部位として，消化管，その他の粘膜，皮膚などがあり，具体的には吸収促進剤の利用，プロドラッグ化などが用いられる．たとえば抗生物質のアンピシリンは水溶性が高く，消化

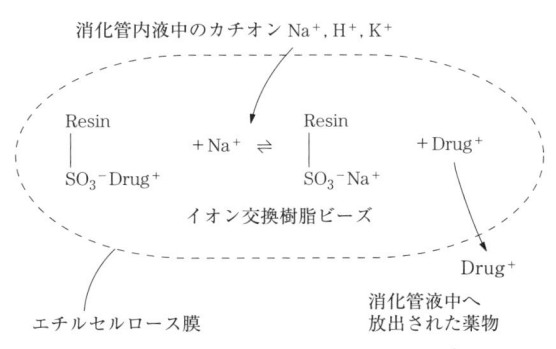

図 6.23 イオン交換による放出制御[41]

管吸収性が低い．そこで，中鎖脂肪酸であるカプリン酸ナトリウムを吸収促進剤とした小児用座剤や，アンピシリンのカルボキシル基に脂溶性の修飾基を導入したバカンピシリンやタランピシリンが経口剤として開発されている．吸収促進剤としては，界面活性剤，胆汁酸，脂肪酸，キレート剤などが代表的である[45]．

遺伝子を用いる遺伝子治療では，標的細胞へ遺伝子を送達し，効率的な転写，翻訳が行われるようにベクター（vector）が利用される．ベクターはウイルスベクターと非ウイルスベクターに大別され，後者は遺伝子導入用DDSと考えられる．ウイルスベクターの場合，組織特異性がない問題があり，指向性を与える種々のアプローチがなされ，標的細胞の特異的表面抗原に対する抗体の結合，特異的レセプターに対するリガンド分子の発現，リガンド配列の直接ウイルス外被への組み込みなどがある．非ウイルスベクターとしては，カチオン性リポソーム，カチオン性ポリマー，カチオン性ペプチド，DEAE-デキストラン，カチオン性リポソームとプラスミドDNAとの複合体などがある．デンドリマーもカチオン性ポリマーとして研究が行われている[46]．さらに，リポソームの表面にウイルスベクターのエンベロープ・タンパク質を融合させたハイブリッド型ベクターも開発されている．

6.9.2 薬物治療モニタリング

薬物治療モニタリング（therapeutic drug monitoring：TDM）とは，患者個人の薬物治療に関する因子（血中薬物濃度，臨床症状など）をモニタリングして，個々の患者に有効な治療効果を与え，副作用を最小限に抑える薬物投与を行う手法のことである．薬物が所定の効果を発揮するには，薬物の血中濃度域が有効濃度以上であり，かつ，副作用を生じさせやすい濃度以下の有効域にコントロールされていることが重要である．同じ量の薬物を投与しても，その血中濃度は個々人により異なる．これは，経口投与の場合の胃や腸からの吸収率，静脈注射の場合は血液中に投与される量は同じでも，血液中に存在するタンパク質の種類，濃度，肝臓で受ける代謝，腎臓における排泄などが個々人により異なるためである．したがって，有効域に血中薬物濃度を維持するには，TDMに基づいた投薬が有効な手段となる．テオフィリン（喘息治療薬），バルプロ酸（抗てんか

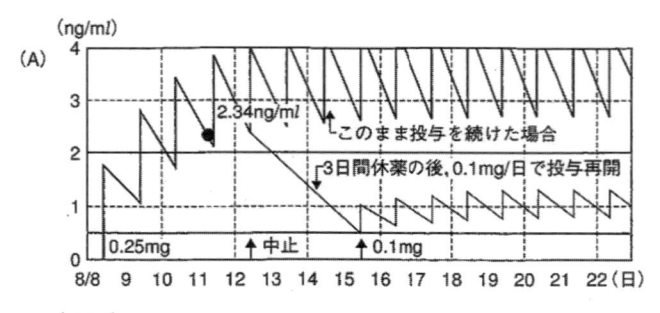

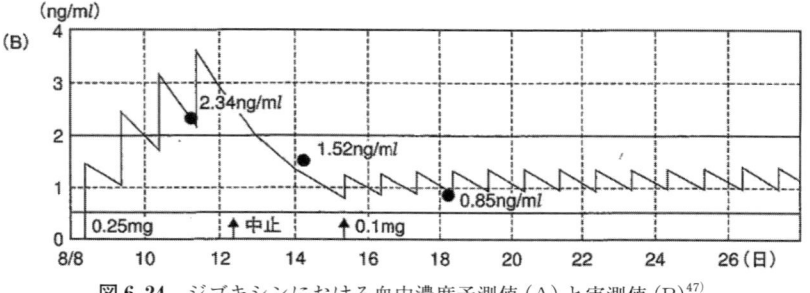

図 6.24 ジゴキシンにおける血中濃度予測値（A）と実測値（B）[47]

ん薬），ジゴキシン（強心薬），バンコマイシン（抗生物質），タクロリムス（免疫抑制薬）などが代表的な例である．

血中薬物濃度は，測定値を薬物動態学（PK）に基づいて解析することで最適な薬物治療に結びつけることが可能になる．図 6.24 は有効治療域が 0.5～2 ng·mL^{-1} であるジゴキシンにおける血中濃度予測値と実測値の例である[47]．0.25 mg·d^{-1} の投薬 3 日後の投与直前の血中濃度（トラフ濃度）が 2.34 ng·mL^{-1} と中毒域下限であった．図（A）は，ベイジアン解析によるシミュレーション結果である．このまま投薬を続けた場合は中毒域を推移すること，3 日間休薬後，0.1 mg·d^{-1} の投薬に変更した場合は有効治療域を維持できることが予測された．図（B）は実際にこの投薬量変更を行った場合の実測値であり，シミュレーション値とよく一致している．TDM により，安全かつ有効な投薬設計が実施できていることがわかる．TDM では，直ちに測定結果を投薬治療に反映させる必要があるため，迅速性，簡便性と試料の微量化が求められる．また代謝物も存在するため特異性も重要であり，測定にはイムノアッセイ（免疫測定法）が用いられている．薬物のような低分子抗原はハプテン（hapten）とよばれ，抗原認識部位を複数もつことが困難で

あるため，通常は，薬物と標識薬物による競合法が用いられている．蛍光色素を標識剤とした蛍光偏光イムノアッセイの測定原理を図 6.25 に示す．

蛍光色素を偏光で励起すると，同一平面の偏光で蛍光を放射するが，励起状態でいる間に蛍光分子が回転運動を行った場合，異なる平面での偏光による蛍光放射となり，全体として蛍光偏光が解消される．分子の運動はその大きさに影響される．低分子では回転運動速度が大きいため蛍光偏光度は小さく，高分子では回転運動速度が小さいため蛍光偏光度は大きくなる．励起光に平行な蛍光の強度を $I_{平行}$，励起光に垂直な蛍光の強度を $I_{垂直}$ とすると，蛍光偏光度 P は次式で表せる．

$$P=\frac{I_{平行}-I_{垂直}}{I_{平行}+I_{垂直}} \quad (6.72)$$

分子体積（V）と分子の回転緩和時間の関係は，

$$\rho=\frac{3V\eta}{kT} \quad (6.73)$$

ρ：回転緩和時間，V：分子の体積，η：溶液の粘度，k：ボルツマン定数，T：絶対温度で表されることから，分子の体積（すなわち分子量）と蛍光偏光度は，

$$\frac{1}{P}-\frac{1}{3}=\left(\frac{1}{P_0}-\frac{1}{3}\right)\left(1+\frac{kT\tau}{V\eta}\right), \quad P_0：T/\eta \to 0$$

のときの P 値，τ：蛍光寿命 (6.74)

の関係にあることが知られている（Peran-

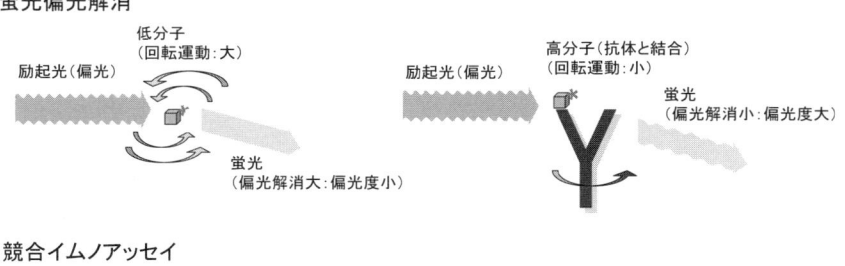

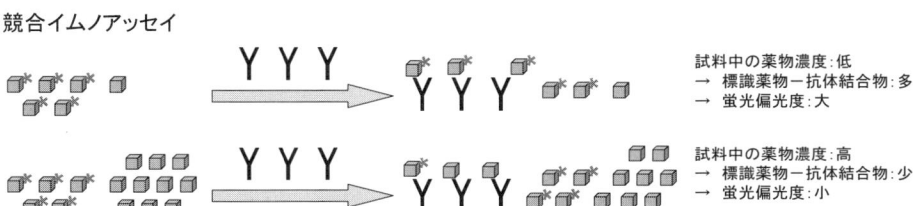

図 6.25 蛍光偏光イムノアッセイによる TDM の原理

Weber のプロット）．

　測定したい薬物を蛍光標識すると，フリーの状態では分子量が小さいため偏光度は小さく，薬物に対する抗体と結合した場合は，抗体の分子量が約16万と非常に大きいため偏光度は大きくなる．薬物を含有する試料と一定量の蛍光標識薬物を抗体と反応させると，試料中の薬物と蛍光標識薬物が競合反応を起こす．試料中の薬物濃度が高いほど標識薬物と抗体の結合量は低下し，フリーの標識薬物の割合が増えるため，蛍光偏光度は小さくなる．このように蛍光偏光度を測定することにより試料中の薬物濃度を測定することができる．

　イムノアッセイ法がない場合や研究用途などには，高速液体クロマトグラフィーやガスクロマトグラフィー，質量分析計なども用いられる．

文　献

1) 太田口和久(1978)："酵母菌，バクテリアの回分混合培養システムに関する基礎研究，"博士論文，東京工業大学．
2) Malthus, T. (1798)：An Essay on the Principle of Population, Printed for J. Johnson, in St. Paul's Church-Yard.
3) Verhulst, P. F. (1845)："Recherches mathématiques sur la loi d'accroissement de la population," *Nouv. mém. de l'Academie Royale des Sci. et Belles-Lettres de Bruxelles*, **18**, 1-41.
4) Monod, J.(1949)："The Growth of Bacterial Culture," *Ann. Rev. of Microbiol.*, **3**, 371-394.
5) Fredrickson, A. G. (1976)："Formulation of structured growth models," *Biotechnol. Bioeng.*, **18**, 1481-1486.
6) Schleif, R. F. (1986)：Genetics and Molecular Biology, p. 65, p. 162, Addison Wesley Publishing, Massachusetts.
7) 小島紀美，複本　勉，武井修一，五十嵐隆夫，太田口和久，小出耕造(1991)："大腸菌による好熱菌3-イソプロピルリンゴ酸脱水素酵素発現に関する動力学，"化学工学論文集，**17**, 694-700.
8) Helmstetter, C. E. (1969)："Methods for Studying the Microbial Division Cycle," *Methods Microbiol.*, 327-363.
9) Eakman, J. M., A. G. Frederickson and H. M. Tsuchiya (1966)："Statistics and Dynamics of Microbial Cell Populations," *Chem. Eng. Prog. Symp.*, **62**, 37-49.
10) Ohtaguchi, K., A. Nasu, K. Koide and I. Inoue (1987)："Effects of Size Structure on Batch Growth of Lactic Acid Bacteria," *J. Chem. Eng., Japan*, **20**, 557-562.
11) 太田口和久(1989)："細胞径分布と応用技術，"粉体工学誌，**26**, 33-39.
12) Wild, S., et al. (2004)："Global Prevalemce of Diabetes: Estimates for the year 2000 and projections for 2030," *Diabetes Care*, **27**, 1047-1053.
13) 渡邊基一，中南貴裕，池田　信，南海史朗(2002)：特許第3621084号．
14) 宗林孝明(2002)：微粒子工学大系　第Ⅱ巻　応用技術　第11節　診断薬, pp. 723-731, フジ・テクノシステムズ．
15) 前田昌子(2003)："イムノアッセイの検出感度の進歩，"臨床検査，**47**(13): 1601-1610.
16) Whitehead, T. P., et al. (1979)："Analytical Luminescence : Its Potential in the Clinical Laboratory," *Clinical Chemistry*, **25**, 1531-1546.
17) Beck, S. and H. Koster (1990)："Applications of Dioxetane Chemiluminescnct Probes to Molecular Biology," *Analytical Chemistry*, **62**, 2258-2270.
18) 難波祐三郎，鈴木　修(2000)："電気化学発光免疫測定法（ECLA），"生物試料分析，**23**, 83-92.
19) JCCLS 特定非営利法人　日本臨床検査標準協議会 (2007)：遺伝子関連検査標準化調査研究成果報告書, http://www.jccls.org/active/trust/18report_genetic.pdf
20) van't Veer, L., et al. (2002)："Gene expression profiling predicts clinical outcome of breast cancer," *Nature*, **415**, 530-536.
21) 太田口和久，井上一郎(1985)："乳酸菌増殖，発酵機能の工学的設計，"化学工学論文集，**11**, 55-61.
22) 太田口和久，石原充也，井上一郎(1986)："回分乳酸発酵プロセスの高濃度化，"化学工学論文集，**12**, 320-326.
23) 太田口和久，片平　拓，井上一郎(1988)："流加式前培養法を用いた回分培養乳酸菌の高濃度化，"化学工学論文集，**14**, 111-114.
24) Luedeking, R. and E. L. Piret (1959)："A kinetic studyof the lactic acid fermentation. Batch process at controlled pH," *J. Biochem. Microbiol.*, **1**, 393-412.
25) Ohtaguchi, K., H. Sato, M. Hirooka and K. Koide (1992)："A High Density Cell Cultivation of *Escherichia coli* for the Production of Recombinant Human Interferon-β," IFAC Modeling and Control of Biotechnical Processes, 375-378.
26) Fraenkel, D. G. (1982)："Carbohydrate Metabolism," The Molecular Biology of the Yeast Saccharomyces, 1-37.
27) 太田口和久(1990)：計算機制御，新しい食品加工技

術と装置, pp.477-480, 産業調査会事典出版センター.
28) Hashimoto A., K. Iwasaki, N. Nakasugi, M. Nakajima and O. Yagi (2002): "Degradation pathways of trichloroethylene and 1,1,1-trichloroethane by Mycobacterium sp. TA27," *Biosci. Biotechnol. Biochem.*, **66**, 385-390.
29) 大竹久夫(1996): 六価クロムの生物学的処理法. バイオレメディエーションの基礎と実際 (児玉 徹監修), pp. 164-171, シーエムシー出版.
30) Nakasaki, K., A. Watanabe, M. Kitano, H. Kubota (1992): "Effect of seeding on thermophilic composting of tofu Refuse," *J. Environ. Qual.*, **21**, 715-719.
31) 中崎清彦, 安部道玄, 小林弘二, 大坪悠登(2008): "土壌中における生分解性プラスチックの分解特性," 第 19 回廃棄物学会研究発表会講演要旨集.
32) Nakasaki, K., S. Hiraoka and T. Nagata. (1998): "A new composting operation for production of biological pesticide from grass clippings," *Appl. Environ. Microbiol.*, **64**, 4015-4020.
33) Nakasaki, K., H. Matsuura, H. Tanaka and T. Sakai (2006): "Synergy of two thermophiles enables decomposition of poly-ε-caprolactone under composting conditions," *FEMS Microbiol. Ecol.*, **58**, 373-383.
34) Rokem, J. S., Lantz, A. E. and Nielsen, J. (2007): "Systems biology of antibiotic production by microorganisms," *Natural Product Reports*, **24**, 1262-1287.
35) Kohler, G. and C. Milstein (1975): "Continuous cultures of fused cells secreting antibody of predefined specificity," *Nature*, **256**, 495-497.
36) Smith, G. P. (1985): "Filamentous fusion phage: novel expression vectors that display cloned antigens on the virion surface," *Science*, **228**, 1315-1317.
37) Marks, J. D., *et al.* (1991): "By-passing immunization Human antibodies from V-gene libraries displayed on phage," *J. Mol. Biol.*, **222**, 581-597.
38) Pollock, D. P., *et al.* (1999): "Transgenic milk as a method for the production of recombinant antibodies," *J. Immunol. Methods*, **231**, 147-157.
39) 岡崎 彰, 設楽研也(2005): "フコース欠失による抗体エフェクター活性の向上," 生化学, **77**, 45-50.
40) 山田静雄, 出口芳春, 木村良平(1995): "ファーマコキネティクスとファーマコダイナミクスの融合を目指して－in vivo でのレセプター占有を中心に," ファルマシア, **31**, 1381-1386.
41) 中野眞汎(1984): "新しい製剤," 医薬ジャーナル, **20**, 263-267.
42) Widder, K. J., A. E. Senyei and D. F. Ranney (1979): "Magnetically responsive microspheres and other carriers for the biophysical targeting of antitumor agents," *Adv. Pharmacol. Chemother.*, **16**, 213-271.
43) Ishitsuka, H., *et al.* (1980): "Role of uridine phosphorylase for antitumor activity of 5'-deoxy-5-fluorouridine," *Gann*, **71**, 112-123.
44) 橋田 充・高倉喜信(1994): 基礎生体工学講座, 生体内薬物送達学, pp. 57-58, 産業図書.
45) 山本 昌(2001): "生理活性ペプチドの経粘膜吸収改善に関する生物薬剤学的研究," 薬学雑誌, **121**, 929-994.
46) 有馬英俊(2004): "遺伝子導入法としてのポリフェクション―α-シクロデキストリンを基本素材とする高機能性遺伝子導入用ベクターの構築を中心として―," 薬学雑誌, **124**, 451-464.
47) 谷川原祐介(1998): "薬物治療における血中濃度測定 (TDM)," 治療学, **32**(3), 169-174.

問　題

6.1 対数増殖期において直線型増殖する細胞が細胞周期 G_1, S, G_2, M 期開始時点に有する細胞容積を v_0, v_1, v_2, v_3 とおく. 各段階の細胞の個体密度が全細胞の個体密度に対する比を $N_{G1}/N, N_S/N, N_{G2}/N, N_M/N$ とおき, それらを v_0, v_1, v_2, v_3 の関数として記述せよ.

6.2 細胞内成分の濃度変化を表す式として導出した式 (6.12) は, 流通系反応器でも成立する. 完全混合流れ反応器を例にとり, このことを立証せよ.

6.3 ケモスタット (供給液中の原料成分濃度 c_{A_0}, 空間時間 τ) 内に生育する生物細胞 (濃度 X) の比増殖速度 μ が原料成分濃度 c_A の関数として次式で表せると仮定する.

$$\mu = \frac{\mu_m}{1 + \frac{K}{c_A} + \frac{c_A}{A}}$$

$y = X/(YK)$, $u = c_A/c_{A_0}$, $\kappa = K/c_{A_0}$, $\alpha = A/K$, $\Delta = 1/(\mu_m \tau)$ とおくとき, Δ と u との関係を導け. 次に Δ を変えたときの定常状態について考察せよ.

6.4 下図は活性汚泥槽のモデルを示す. 濃度 c_{A_0} の原料成分は空間時間 τ で供給される. 生物反応器

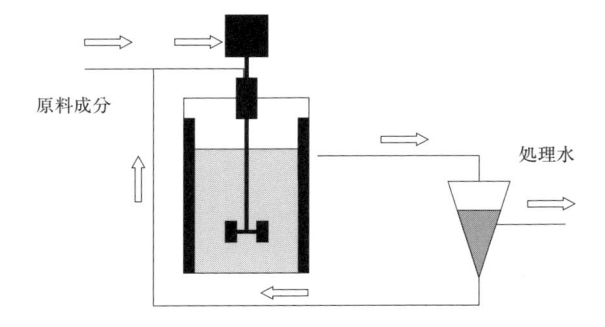

内の細胞濃度を X, 未反応原料成分濃度を c_A, 沈降槽で細胞を沈降させたのちの処理水中の細胞濃度を X_f, 液体の循環比を R とおく. 反応器内での生物細胞の比増殖速度は Monod の式に従う（飽和定数 K_S；最大比増殖速度 μ_m）とする. 定常状態において処理水中に残存する原料成分の濃度を空間時間の関数として記述せよ.

6.5 設問 6.3 のケモスタットに原料成分を競合する 2 種類の生物細胞が生育している場合を考える. 各細胞の比増殖速度を次式で表す.

$$\mu_i = \frac{\mu_{m,i}}{1+\dfrac{K_i}{c_A}+\dfrac{c_A}{A_i}} \quad (i=1,2)$$

$\varDelta$ の値を変化させたときの定常状態の安定性を議論せよ.

7

非理想流れ反応器

7.1 非理想流れ反応器とは

　流通反応器内における流体の理想的な流れ状態として，反応器内のいずれの場所においても濃度と温度が等しい完全混合流れ（mixed flow）と，流体が流れ軸方向に混合されず，あたかもピストンで押し出されるように流れる押出し流れ（piston flow または plug flow）がある．しかし，実際の反応器内の流れは，流体の停滞（stagnation），短絡（short-circuiting）および偏流（channeling）という反応器特有な現象だけでなく，流速の分布や乱流拡散および分子拡散という流体そのものに起因する現象によっても，上記の理想流れから偏った非理想流れとして挙動する．したがって，実際の反応器内の流体の混合状態と滞留時間は，理想流れ反応器の場合と異なってくる．

　本章では，まず反応器内における流体の滞留時間を規定するために滞留時間分布関数（RTD関数：residence time distribution function）を導入し，その決定法を述べる．ついで，非理想流れのモデルである混合拡散モデル（dispersion model）と槽列モデル（tanks-in-series model）を示し，各モデルに含まれるパラメータの決定法を述べる．そして，各モデルに基づいた非理想流れ反応器の設計法を示す．また，高粘性で分散が進行しにくいマクロ流体の場合の反応器設計法も示す．

7.2 反応器内における流体の滞留時間分布

7.2.1 滞留時間分布関数

　流体を微小な塊（流体エレメント）の集合体と考える．反応も密度変化も起こらない条件下でこの流体を反応器に流すと，おのおのの流体エレメントが反応器内に滞留する時間は一定でなく，流体エレメント間には滞留時間に分布が生じる．

　時間 $t=0$ で反応器入口に供給された流体エレメントのうち，時間 $t\sim(t+dt)$ の間，反応器内に滞留してから排出される流体エレメントの割合を $g(t)dt$ とするとき，この関数 $g(t)$ を流体の滞留時間分布関数とよぶ．この定義より，次の関係が成立する．

$$\int_0^\infty g(t)dt=1 \qquad (7.1)$$
$$g(t)=0 \quad \text{for} \quad t<0 \qquad (7.2)$$
$$\left.\frac{dg(t)}{dt}\right|_{t=\infty}=0 \qquad (7.3)$$

このRTD関数は数学的にはグリーン関数（Green's function）とよばれ，ラプラス変換された関数

$$G(s)=\int_0^\infty g(t)e^{-st}dt \qquad (7.4)$$

は伝達関数（transfer function）とよばれている．反応工学では，関数 $g(t)$ を出口排出流体寿命関数（E関数：exit age distribution function）とよぶことも多い．時間の単位としてsを採用する

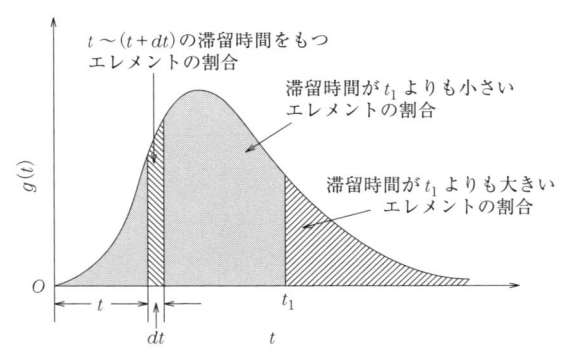

図7.1 滞留時間分布（一部改変）[1]

場合，式 (7.1) より関数 $g(t)$ の次元は s^{-1} であることがわかる．図7.1 に RTD 関数 $g(t)$ の典型的な形を示す．滞留時間が t_1 より小さい流体エレメントの割合は $\int_0^{t_1} g(t)dt$ であり，t_1 より大きい滞留時間をもつ流体エレメントの割合は $\int_{t_1}^{\infty} g(t)dt$ である．

7.2.2 滞留時間分布関数の決定法

RTD 関数は，定常状態で流体が供給されている反応器の入口にトレーサーを定常的あるいは非定常的に導入して，反応器出口でのトレーサー濃度の時間変化を測定し，この応答結果を解析して決定される．トレーサーとして，反応器内の流れの状態に影響を与えないもの，たとえば色素，電解質および放射性同位元素などが用いられる．応答実験では，容積 $V\,[\mathrm{m}^3]$ の反応器に流体を流量 $q\,[\mathrm{m}^3\cdot\mathrm{s}^{-1}]$ で流しておき，トレーサーを入口管路と反応器の接合部に導入して，反応器と出口管路の接合部で応答を測定する．反応器内の流体の流れは非理想流れの状態にあるが，反応器の入口管路と出口管路における流体の流れは押出し流れの状態にある．このような理想化された流通反応器は closed vessel とよばれる．ここでは，closed vessel を用いたステップ応答（step response）法とインパルス応答（impulse response）法について説明する．

a. ステップ応答法

この方法では，トレーサーを含まない流体を定常的に流しておき，ある時間 $t=0$ で濃度 $c_0(0)$ のトレーサーを含む流体にステップ状に切り替えて前と同一流量で流し，反応器出口での排出流体中のトレーサーの濃度変化を追跡する．反応器入口に供給するトレーサー濃度を $c_0(t)$ とし，これを $c_0(0)$ で規格化した関数を $u_0(t)$ とおくと，次式が成り立つ．

$$u_0(t) = \frac{c_0(t)}{c_0(0)} = 0, \quad \text{for } t < 0$$
$$\qquad\qquad\qquad = 1, \quad \text{for } t \geq 0 \quad (7.5)$$

この関数は，単位ステップ関数（unit step function）とよばれている．反応器入口濃度をこのように変化させたとき，図7.2 に示すように，反応器出口でのトレーサーの濃度は徐々に増大し，$t \to \infty$ において濃度 $c_0(0)$ となる．反応器出口でのトレーサー濃度 $c(t)$ を反応器入口での初期濃度 $c_0(0)$ を用いて無次元化した関数

$$u(t) = \frac{c(t)}{c_0(0)} \quad (7.6)$$

をステップ応答曲線とよぶ．反応工学では，この関数を F 関数とよぶ場合が多い．

トレーサーを含む流体に切り替えてから時間 $t\,[\mathrm{s}]$ が経過した時点で考える．この時点での排出流体中に含まれるトレーサーは，反応器内に $0\,[\mathrm{s}]$ から $t\,[\mathrm{s}]$ の間滞留していた流体エレメント中のトレーサーである．すなわち，トレーサーを

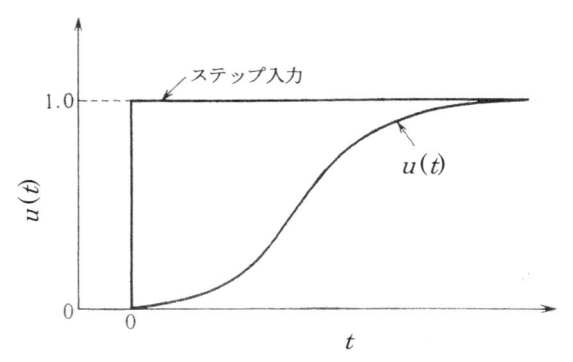

図7.2 ステップ応答実験での $u(t)$ 曲線

含む流体エレメントの割合は，滞留時間が 0～ t [s] の流体エレメントの割合に等しい．したがって，次式が成立する．

$$u(t)=\int_0^t g(t_1)dt_1 \qquad (7.7)$$

式 (7.7) の両辺を t で微分すると次式を得る．

$$\frac{du(t)}{dt}=g(t) \qquad (7.8)$$

ステップ応答曲線 $u(t)$ を時間 t で微分すると，RTD 関数 $g(t)$ が得られる．

b. インパルス応答法

この方法では，ある時間 $t=0$ で微小量のトレーサーを反応器入口に瞬間的に導入し，反応器出口で排出流体中のトレーサー濃度 $c(t)$ を経時的に測定する．この方法はデルタ応答法ともよばれる．トレーサーの出口濃度 $c(t)$ を規格化するために，$c(t)$ 曲線と時間軸で囲まれた部分の面積 $\int_0^\infty c(t)dt$ を用いて $c(t)$ を割った値は式 (7.1)～(7.3) を満たすため，RTD 関数となる．

$$g(t)=\frac{c(t)}{\int_0^\infty c(t)dt} \qquad (7.9)$$

c. 滞留時間の平均値と分散

RTD 関数の特性を規定しているのは滞留時間の平均値 (＝平均滞留時間) $\bar{t}$ [s] と分散 σ^2 [s^2] であり，これらの特性値は非理想流れ反応器のモデルにおけるパラメータの決定に用いられる．それらの特性値は次の 2 式を用いて計算される．

$$\bar{t}=\frac{\int_0^\infty tg(t)dt}{\int_0^\infty g(t)dt}=\int_0^\infty tg(t)dt=\sum t_j g(t_j) \Delta t_j \qquad (7.10)$$

$$\sigma^2=\frac{\int_0^\infty (t-\bar{t})^2 g(t)dt}{\int_0^\infty g(t)dt}=\int_0^\infty (t-\bar{t})^2 g(t)dt$$
$$=\int_0^\infty t^2 g(t)dt-\bar{t}^2$$
$$=\sum t_j^2 g(t_j) \Delta t_j-\bar{t}^2 \qquad (7.11)$$

ただし，

$$\Delta t_j=t_{j+1}-t_j \qquad (7.12)$$

である．式 (1.119) で空間時間 ($\tau=V/q$) を定義したが，反応器内流体の平均滞留時間 $\bar{t}$ との間に次の関係が成り立つ．

$$\tau=\frac{V}{q}=\bar{t} \qquad (7.13)$$

d. 無次元化した時間を用いた滞留時間分布関数

流体が反応器内に滞留する平均時間 $\bar{t}$ を用い，次のように時間 t を無次元化する．

$$t^*=\frac{t}{\bar{t}} \qquad (7.14)$$

この無次元時間 t^* で表した関数を $g^*(t^*), u^*(t^*)$，分散を σ^{*2} と表すと，次の関係式が成り立つ．

$$g^*(t^*)=\bar{t}g(t)\,;\,u^*(t^*)=u(t)\,;\,g^*(t^*)=\frac{du^*(t^*)}{dt^*}$$
$$(7.15)$$

$$\bar{t}^*=1\,;\,\sigma^{*2}=\frac{\sigma^2}{\bar{t}^2} \qquad (7.16)$$

e. 理想流れ反応器における滞留時間分布関数

ここでは，理想流れ反応器の滞留時間分布について取り扱う．closed vessel の条件が満たされているとき，完全混合流れが仮定できる流通反応器でのステップ応答曲線と RTD 関数は，次式で記述できる．

$$u(t)=1-\exp\left(-\frac{t}{\bar{t}}\right)\,;\,g(t)=\frac{1}{\bar{t}}\exp\left(-\frac{t}{\bar{t}}\right)$$
$$(7.17)$$

$$u^*(t^*)=1-\exp(-t^*)\,;\,g^*(t^*)=\exp(-t^*)$$
$$(7.18)$$

他方，押出し流れが仮定できる流通反応器の場合，インパルス応答では反応器の入口に瞬間的に投入されたトレーサーの全量が $t=\bar{t}$ の時点で排出される．したがって，デルタ関数 δ を用いると，RTD 関数は式 (7.19) で表される．また，ステップ応答では $t=\bar{t}$ だけ遅れてステップ状の応答が得られる．したがって，押出し流れが仮定できる流通反応器でのステップ応答曲線は，式 (7.20) で記述できる．ここで $u(t)$ と $u^*(t^*)$ は

ともに単位ステップ関数となる.
$$g(t) = \delta(t - \bar{t}); \quad g^*(t^*) = \delta(t^* - 1) \quad (7.19)$$
$$u(t) = u(t - \bar{t}); \quad u^*(t^*) = u(t^* - 1)$$
(7.20)

7.3 混合拡散モデル

7.3.1 混合拡散係数の決定法

混合拡散モデルは，流体の流速分布，乱流拡散および分子拡散に起因する混合拡散の機構によって流体の流れ軸方向に物質移動が進行し，押出し流れから偏ると考える非理想流れのモデルであり，これらの物質移動を流れ軸方向の混合拡散係数 $D_T [\mathrm{m^2 \cdot s^{-1}}]$ を用いて総括的に表現する．混合拡散モデルは管型反応器や固定層反応器に適合する．混合拡散の大きさを見積もるためには，反応が生起しない状態で，反応の原料成分Aと同じ移動現象を辿るトレーサー物質の使用が必要となる．

断面積が A，長さが L の管型反応器内を一定の線速度 v で流体が z 方向に流れているとする．$t=0$ でステップ状に反応器入口に濃度 c_0 のトレーサーを注入したとき，位置 z で時間 t 経過後，検出されるトレーサーの濃度を $c(z, t) [\mathrm{mol \cdot m^{-3}}]$ と記述する．入口より距離 z と $(z+dz)$ の間にある長さ dz の円柱型微小要素について，微小時間 dt 当たりのトレーサーの物質収支をとる．定容系かつ管断面内で流速は均一であると仮定する．この円柱型微小要素に流入するトレーサー量は，流体の流れによる流入量と流れ軸方向の混合拡散による流入量である．微小時間 dt の間にこの微小要素へ流入，流出するトレーサー物質のモル数，蓄積するモル数は次式で表せる．

$$\text{トレーサーの流入量} = A\left[vc + \left(-D_T \frac{\partial c}{\partial z}\right)\right]_z dt$$
(7.21)

$$\text{トレーサーの流出量} = A\left[vc + \left(-D_T \frac{\partial c}{\partial z}\right)\right]_{z+dz} dt$$

$$= A\left[vc + \left(-D_T \frac{\partial c}{\partial z}\right)\right]_z dt$$
$$+ A\left[v\frac{\partial c}{\partial z} dz + \left(-D_T \frac{\partial^2 c}{\partial z^2} dz\right)\right]_z dt \quad (7.22)$$

$$\text{トレーサーの蓄積量} = A\, dz\, dc \quad (7.23)$$

物質収支（物質の流入量－物質の流出量＝物質の蓄積量）を求めると，次式を得る．

$$\frac{\partial c}{\partial t} = D_T \frac{\partial^2 c}{\partial z^2} - v\frac{\partial c}{\partial z} \quad (7.24)$$

次の無次元化を試みる．

$$u = \frac{c(z, t)}{c_0}, \quad t^* = \frac{t}{\bar{t}} = \frac{tv}{L}, \quad \xi = \frac{z}{L} \quad (7.25)$$

このとき，次式を得る．

$$\frac{\partial u}{\partial t^*} = \frac{1}{\mathrm{Pe}} \frac{\partial^2 u}{\partial \xi^2} - \frac{\partial u}{\partial \xi} \quad (7.26)$$

$$\mathrm{Pe} = \frac{vL}{D_T} \quad (7.27)$$

ここで Pe は混合の Pecret 数とよばれる無次元数であり，管型反応器内における流れ軸方向の流体の流れによる物質移動と，混合拡散による物質移動との比を表すパラメータである．押出し流れでは Pe＝∞ であり，完全混合流れでは Pe＝0 である．

式（7.26）の解として，closed vessel を用いた場合の RTD 関数が数値解法によって得られており，その分散 σ^{*2} は Pe 数と次の関係にある[2]．

$$\sigma^{*2} = \frac{2}{\mathrm{Pe}} - \frac{2}{\mathrm{Pe}^2}\{1 - \exp(-\mathrm{Pe})\} \quad (7.28)$$

closed vessel の条件下，トレーサーの応答実験を行って $g(t)$ 曲線から分散 σ^{*2} を求めると，式（7.28）から反応器内の混合拡散特性を表すパラメータ Pe を決定でき，混合拡散係数 D_T の値を見積もれる．

7.3.2 混合拡散モデルによる反応器の設計

断面積 A，長さ L の管型反応器内を一定の線速度 v で原料成分Aを含む流体が流れ，反応が起こっているとする．入口より距離 z と $(z+dz)$ の間にある長さ dz なる円柱型微小要素について

定常状態で原料成分 A の物質収支をとると，単位時間当たり

(A の流入量) − (A の流出量)
  − (反応による A の消費量) = (A の蓄積量) = 0
(7.29)

である．反応が成分 A について不可逆 n 次反応 $(-r_A = kc_A^n)$ とすると，

$$\text{反応による A の消費量} = (-r_A)Adz = kc_A^n A dz \quad (7.30)$$

と記述できる．式 (7.21), (7.22), (7.30) を式 (7.29) に代入し，整理すると次式を得る．

$$D_T \frac{d^2 c_A}{dz^2} - v\frac{dc_A}{dz} - kc_A^n = 0 \quad (7.31)$$

式 (7.25) を式 (7.31) に代入すると次式を得る．

$$\frac{1}{\mathrm{Pe}}\frac{d^2 u}{d\xi^2} - \frac{du}{d\xi} - k\tau c_{A_0}^{n-1} u^n = 0 \quad (7.32)$$

ここで，$\tau = \bar{t} = L/v$ である．式 (7.32) を解くには 2 個の境界条件が必要である．反応器入口，出口での境界条件は以下のように記述できる．

$$u_0 = 1 = u_{\xi=+0} - \frac{1}{\mathrm{Pe}}\frac{du}{d\xi}\bigg|_{\xi=+0} \quad (7.33)$$

$$\frac{du}{d\xi}\bigg|_{\xi=1} = 0 \quad (7.34)$$

1 次反応のとき，$n=1$ として式 (7.32) を解くと次式が得られる．

$$\frac{c_A}{c_{A_0}} = 1 - x_A$$

$$= \frac{4\lambda \exp\left(\dfrac{1}{2\mathrm{Pe}}\right)}{(1+\lambda)^2 \exp\left(\dfrac{\lambda}{2\mathrm{Pe}}\right) - (1-\lambda)^2 \exp\left(-\dfrac{\lambda}{2\mathrm{Pe}}\right)} \quad (7.35)$$

ただし，

$$\lambda = \left(1 + \frac{4k\tau}{\mathrm{Pe}}\right)^{1/2} \quad (7.36)$$

であり，x_A は反応器出口における原料成分 A の反応率 $(0 \leq x_A \leq 1)$ である．反応器内での流体の混合状態を表すパラメータである Pe 数，反応速度定数 k および反応器内の平均滞留時間

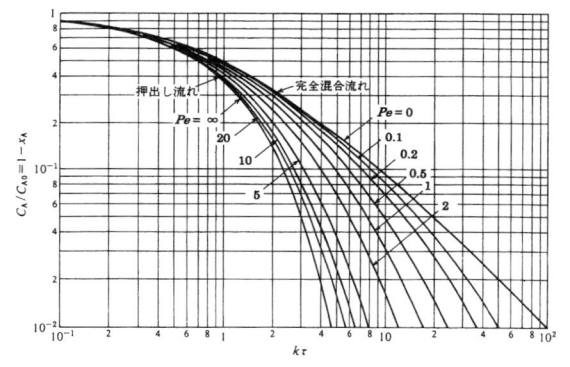

図 7.3 混合拡散モデルによる 1 次反応の解析 (一部改変)[1]

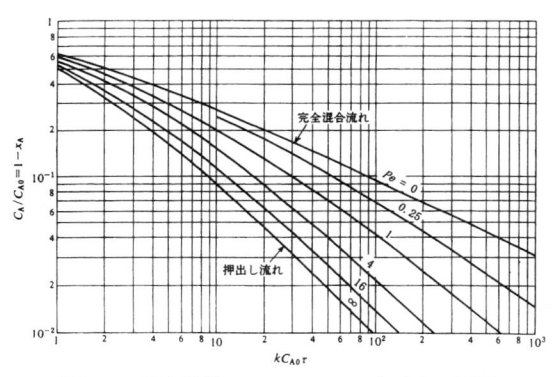

図 7.4 混合拡散モデルによる 2 次反応の解析 (一部改変)[3]

τ $(=\bar{t}=L/v)$ が与えられると，式 (7.35) を用いて A の反応率 x_A が計算できる．図 7.3 に 1 次反応の場合の計算結果を，図 7.4 に 2 次反応の場合 $(n=2)$ の数値解法による計算結果を示した．

7.4 槽列モデル

7.4.1 槽列モデルによる反応器の解析

槽列モデルでは，反応器を完全混合流れが仮定できる等容積の槽型反応器 (mixed flow reactor) に仮想的に分割し，それらが直列に連結していると考えて混合の程度を槽数 N によって表す．

容積 $V[\mathrm{m}^3]$ の等しい N 個の槽型反応器が直列に連結されている槽列反応器を考える．流体を流量 $q[\mathrm{m}^3 \cdot \mathrm{s}^{-1}]$ で定常的に流しておき，ある時間 $t=0$ で濃度 c_0 のトレーサーを含む流体に瞬間

的に切り替える．微小時間 dt 内における j 番目の槽型反応器におけるトレーサーの物質収支は

$$(qc_{j-1}-qc_j)dt=Vdc_j \qquad (7.37)$$

となる．ここで，c_{j-1} と c_j はおのおの $j-1$ および j 番目の槽型反応器内のトレーサー濃度である．反応器全体の平均滞留時間を $\bar{t}$ とすると $\bar{t}=NV/q$ である．この $\bar{t}$ を用いて時間 t を無次元化し，次の無次元時間を導入する．

$$t^*=\frac{t}{\bar{t}}=\frac{t}{NV/q} \qquad (7.38)$$

入口の第 1 槽に $t=0$ 以前は濃度ゼロ，以降は濃度 c_0 のトレーサーを供給するとし，無次元濃度を以下で定義する．

$$u_j^*=\frac{c_j}{c_0} \qquad (7.39)$$

式 (7.38)，(7.39) を式 (7.37) に代入すると次式を得る．

$$\frac{du_j^*}{dt^*}+Nu_j^*=Nu_{j-1}^* \quad (j=1,2,\cdots,N) \qquad (7.40)$$

初期条件は $t^*=0$ で次のように記述できる．

$$u_0^*=1, \quad u_1^*=u_2^*=\cdots=u_N^*=0 \qquad (7.41)$$

線形微分方程式である式 (7.40) を $j=1,2,\cdots,N$ として順に解いていくと，一般に N 番目の槽型反応器の出口濃度として次式を得る．

$$u_N^*=1-\exp(-Nt^*)\left[1+Nt^*+\frac{(Nt^*)^2}{2!}+\cdots+\frac{(Nt^*)^{N-1}}{(N-1)!}\right] \qquad (7.42)$$

u_N^* は無次元時間を用いて記述したステップ応答関数である．式 (7.15) の関係より RTD 関数として次式が得られる．

$$g_N^*(t^*)=\frac{N(Nt^*)^{N-1}}{(N-1)!}\exp(-Nt^*) \qquad (7.43)$$

図 7.5 に槽数 N をパラメータとした $g_N^*(t^*)$ と t^* の関係を示す．$N=1$ の場合は完全混合流れ反応器であるが，N の増大に伴って押出し流れに近づき，$N=\infty$ で完全な押出し流れ反応器となる．

式 (7.43) で示される RTD 関数 $g_N^*(t^*)$ より平

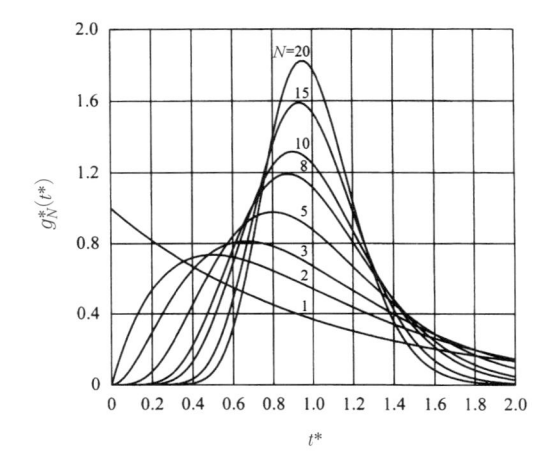

図 7.5 槽列モデルにおける RTD 関数 $g^*(t^*)$

均滞留時間 $\bar{t}^*$ と分散 σ^{*2} を計算すると

$$\bar{t}^*=\int_0^\infty t^*g_N^*(t^*)dt^*=1 \qquad (7.44)$$

$$\sigma^{*2}=\int_0^\infty (t^*-\bar{t}^*)^2 g_N^*(t^*)dt^*=\frac{1}{N} \qquad (7.45)$$

となる．インパルス応答曲線 $g(t)$ を求めて分散 σ^2 を求め，式 (7.16) の関係を用いて分散 σ^{*2} を求めれば，式 (7.45) より槽列モデルにおける槽数 N を求めることができる．また，押出し流れよりの偏りが小さいとき，式 (7.28)，(7.45) より次の関係式が得られる．

$$N=\frac{\text{Pe}}{2} \qquad (7.46)$$

この式は反応器内の流体の流れが押出し流れに近いときの混合拡散モデルと槽列モデルの関係を表している．

7.4.2 槽列モデルによる反応器の設計

槽列モデルによって槽数 N が決定されると，同一体積の槽型反応器を直列に接続したときの設計法に従って，反応率が計算できる．たとえば 1 次反応のとき，反応速度定数を k，1 個の槽型反応器内の平均滞留時間を τ とすると，次式によって反応率が計算できる．

$$x_\text{A}=1-\frac{1}{(1+k\tau)^N} \qquad (7.47)$$

7.5 マクロ流体の反応器設計

流通反応器に流体を供給するとき，流体の混合特性によって2つの極限状態が存在する．その1つは攪拌などによって分子の規模まで均一に混合される流体であり，他の1つは流体がある大きさの流体塊より分散されず，流体塊内部は均一であるが流体塊の間では物質交換がまったく進行せず，流体塊は互いに隔離（segregate）された状態にある流体である．前者の流体はミクロ流体（micro fluid）とよばれ，通常の低粘度の気体と液体はこれに相当する．7.3節と7.4節の非理想流れ反応器の設計で取り扱ってきた流体は，このミクロ流体である．

これに対し，後者の流体はマクロ流体（macro fluid）とよばれ，高粘度の液体からなる流体の場合に多く見られる．しかし，反応流体がマクロ流体である場合，おのおのの流体塊は独立した微小な回分反応器として挙動するとみることができる．次に，反応流体がマクロ流体として挙動する場合の反応器設計について述べる．

a. 回分反応器

すべての流体塊で反応時間が等しいので反応率も同一となる．すなわち，反応率はミクロ流体の場合に等しく，流体塊の隔離の影響はない．

b. 流通反応器

おのおのの流体塊の滞留時間は一定でなく，ある分布に従う．滞留時間が $t \sim (t+dt)$ の流体塊中の原料成分Aの濃度を $c_A(t)$ とすると，この流体塊の割合は $g(t)dt$ であるから，

$$\bar{c}_A = \int_0^\infty c_A(t) g(t) dt \tag{7.48}$$

が成り立つ．ここで，$\bar{c}_A$ は反応器出口での流体中の成分Aの平均濃度である．したがって次式を得る．

$$1 - \bar{x}_A = \frac{\bar{c}_A}{c_{A_0}} = \int_0^\infty \left(\frac{c_A}{c_{A_0}}\right)_B g(t) dt \tag{7.49}$$

$\bar{x}_A$ は反応器出口でのAの平均反応率であり，下添え字のBは回分反応器を示す．

反応流体が押出し流れである場合，式（7.19）を式（7.49）に代入すると

$$1 - \bar{x}_A = \frac{\bar{c}_A}{c_{A_0}} = \int_0^\infty \left(\frac{c_A}{c_{A_0}}\right)_B \delta(t-\bar{t}) dt = \frac{c_A(\bar{t})}{c_{A_0}} \tag{7.50}$$

となる．すなわち，平均滞留時間 $\bar{t}$ で流出する流体中の成分Aの平均反応率 $\bar{x}_A$ は，回分反応器においてすべての流体塊が時間 $\bar{t}$ だけ反応した場合と等しくなり，流体塊の隔離の影響はないことがわかる．

反応流体が完全混合流れである場合，式（7.17）を式（7.49）に代入すると次式が得られる．

$$1 - \bar{x}_A = \frac{\bar{c}_A}{c_{A_0}} = \int_0^\infty \left(\frac{c_A}{c_{A_0}}\right)_B \frac{1}{\bar{t}} \exp\left(-\frac{t}{\bar{t}}\right) dt \tag{7.51}$$

成分Aの反応が不可逆1次反応であるとき，式（1.70）より

$$\left(\frac{c_A}{c_{A_0}}\right)_B = \exp(-kt) \tag{7.52}$$

であるため，式（7.51），（7.52）より次式を得る．

$$\bar{x}_A = \frac{k\bar{t}}{1 + k\bar{t}} \tag{7.53}$$

この平均反応率 $\bar{x}_A$ はミクロ流体の場合の反応率に等しく，1次反応では反応率に流体の隔離の影響は現れないことがわかる．

不可逆2次反応に対しては，式（1.71）より次式が成り立つ．

$$\left(\frac{c_A}{c_{A_0}}\right)_B = \frac{1}{1 + kc_{A_0}t} \tag{7.54}$$

式（7.51），（7.54）より次式を得る．

$$\bar{x}_A = 1 - \frac{1}{\bar{t}} \int_0^\infty \frac{\exp\left(-\frac{t}{\bar{t}}\right)}{1 + kc_{A_0}t} dt = 1 + \alpha e^\alpha \text{Ei}(-\alpha) \tag{7.55}$$

ここで

$$\alpha = \frac{1}{kc_{A_0}\bar{t}} \tag{7.56}$$

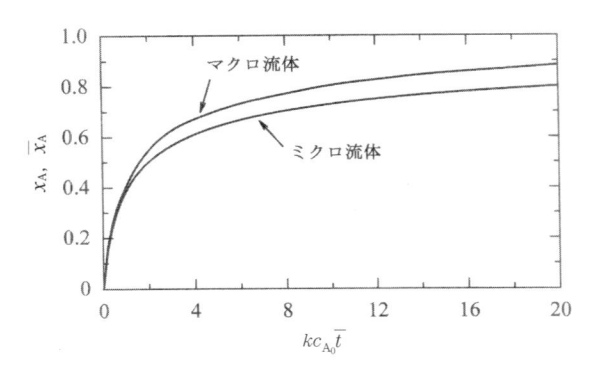

図7.6 完全混合流れ反応器における2次反応の反応率

$$\mathrm{Ei}(-\alpha) = -\int_\alpha^\infty \frac{e^{-x}}{x}dx \tag{7.57}$$

である．$\mathrm{Ei}(-\alpha)$ は指数積分関数とよばれる．

一方，ミクロ流体の場合，完全混合流れ反応器での不可逆2次反応の反応率は次式で表される．

$$x_\mathrm{A} = \frac{1 + 2kc_{\mathrm{A}_0}\bar{t} - (1 + 4kc_{\mathrm{A}_0}\bar{t})^{1/2}}{2kc_{\mathrm{A}_0}\bar{t}} \tag{7.58}$$

図7.6に式(7.55)と式(7.58)に基づいて計算された反応率の挙動を示した．完全混合流れ反応器における不可逆2次反応では，ミクロ流体よりマクロ流体の方が反応率は高くなる．

文　献

1) 橋本健治(1994)：反応工学，p. 180, p. 193, 培風館．
2) Van der Laan, E. Th. (1958): "Notes on the diffusion-type model for the longitudinal mixing in flow," *Chem. Eng. Sci.*, **7**, 187-191.
3) 宮内照勝(1960)：流系操作と混合特性．続・新化学工学講座14, p. 32, 日刊工業新聞社．

問　題

7.1 ある温度で closed vessel が仮定できる流通反応器にトレーサーを導入し，インパルス応答実験を実施したところ，次の結果を得た．

t[min]	0	2	4	6	8	10	12	14	16	18
c[g·L^{-1}]	0	0.035	0.305	0.864	0.925	0.637	0.300	0.109	0.025	0

(1) $\varDelta t = 2$ min として滞留時間分布関数 $g(t)$ を求めよ．

(2) 平均滞留時間 $\bar{t}$[min] はいくらか．

(3) 滞留時間の無次元分散 σ^{*2}[−] はいくらか．

7.2 問題7.1の反応器を用い，インパルス応答実験時と同じ流量で1次反応 A→R，$-r_\mathrm{A} = kc_\mathrm{A}$，$k = 0.211$ min^{-1}，を実施した．同反応器に混合拡散モデルが適用できるとき，

(1) 混合のPe数[−]はいくらか．

(2) 反応器出口での原料Aの反応率[%]はいくらか．

7.3 問題7.1の反応器に槽列モデルが適用できるとき，

(1) 槽数 N はいくらか．

(2) 問題7.2と同じ反応を実施したとき，反応器出口での原料Aの反応率[%]はいくらか．

章末問題の略解

1.1 $\Delta G^0 = [(3/4)(0) + (1)(-16640)] - [(1/2)(0) + (3/2)(-228600)] = +326260\,\text{J} > 0$. 自発的にはほとんど進まない.

1.2 $\dot{\xi} = \dfrac{-250000000}{-3/2} = 167000000\,\text{mol}\cdot\text{h}^{-1}\cdot\text{m}^{-3}$

1.3 $-r_A = Z_{AB}\dfrac{10^3}{6.023\times 10^{23}}\exp\{-E/(RT)\} = \{(\sigma_A+\sigma_B)/2\}^2\{(6.023\times 10^{23})/10^3\}\{8\pi k_B T(M_A^{-1}+M_B^{-1})\}^{1/2}c_A c_B \exp(-E/RT) \propto T^{1/2}\exp\{-E/(RT)\}$

1.4 A から Z,Z から A,Z から R への反応速度定数を k_1, k_2, k_3 とおく.活性中間体生成反応の平衡定数 $K_Z = k_1/k_2 = [Z]/[A]$ であり,$k_3 = k_B T/h$ である.$\Delta G_Z = \Delta H_Z - T\Delta S_Z = -RT\ln(K_Z/K_Z^0)$ を考慮すると,$r_R = k_3[Z] = (k_B T/h)K_Z[A] = (k_B T/h)K_Z^0\exp(-\Delta H_Z/RT)\exp(\Delta S_Z/R)[A] = (k_B T/h)K_Z^0\exp(-\Delta E/RT)\exp(\Delta S_Z/R)[A] \propto T\exp\{-E/(RT)\}[A]$.

1.5 A^* に関し定常状態近似をとると,$k_1[A]^2 - k_2[A^*][A] - k_3[A^*] = 0$ であるので $[A^*] = k_1[A]^2/\{k_2[A]+k_3\}$.したがって,$r_R = k_1 k_3[A]^2/\{k_2[A]+k_3\}$ となる.高圧 ($k_2[A] \gg k_3$) では $r_R = k_1 k_3[A]^2/\{k_2[A]\} = (k_1 k_3/k_2)[A]$ となり 1 次反応,低圧 ($k_2[A] \ll k_3$) では $r_R = k_1 k_3[A]^2/k_2$ となり 2 次反応に近似できることがわかる.

1.6 濃度を時間に対し片対数方眼紙上にプロットすると直線 ($c_A = 4.43\exp(-0.1006\,t)$) が得られる.したがって,1 次反応である.

1.7 Arrhenius の式より $k_{660}/k_{650} = \exp\{-(E/R)(1/660 - 1/650)\} = 1.5$.したがって,$E = 145\,\text{kJ}\cdot\text{mol}^{-1}$.

1.8 $dc_R/dt = k(c_A - c_R) = k\{c_{A_0}\exp(-kt) - c_R\}$ より $c_R = kc_{A_0}t\exp(-kt)$.したがって,$t = 1/k$ で最大値 $c_{R,\max} = 0.368 c_{A_0}$ に達する.

1.9 Michaelis-Menten 式で $c_{A_0} \gg K_m$ のとき,$r_P = r_{P,\max} = k_3 c_{E_0}$ となる.$c_{E_0} = 1500/30000 = 0.05\,\text{mol}\cdot\text{m}^{-3}$ のカルボニックアンヒドラーゼを加えたときの反応速度より $k_3 = 50000/0.05 = 1000000\,\text{s}^{-1}$ を得る.ゼロ次反応であるため半減期は,$(t_{1/2})_0 = \{(0.5)^{1-n}-1\}c_{A_0}^{1-n}/\{k_3 c_{E_0}(n-1)\} = [(0.5-1)/\{(50000)(-1)\}](20) = 0.0002\,\text{s}$.酵素がないときの反応速度定数は $0.6/20 = 0.03\,\text{s}^{-1}$ であるため,1 次反応の半減期は $(t_{1/2})_1 = \ln 2/0.03 = 23.1\,\text{s}$ である.酵素の存在によって $0.0002/23.1 = 8.7\times 10^{-6}$ 倍となっていることがわかる.

1.10 $(c_{A_0} - c_{A_1})/(kc_{A_1}) = \tau$ より $c_{A_1} = c_{A_0}/(1+k\tau)$,同様に $c_{A_2} = c_{A_1}/(1+k\tau)$.したがって,$c_{A_2} = c_{A_0}/(1+k\tau)^2$ となる.

1.11 ゼロ次反応であるため $c_{A_2} = c_{A_0} - k_0\exp\{-E/(RT_2)\}\tau = c_{A_0} - k_0\exp\{-E/(RT_1)\}\tau - k_0\exp\{-E/(RT_2)\}\tau$,したがって,高温-低温の場合と低温-高温の場合で 2 槽出口濃度は変化しないことがわかる.

1.12 ゼロ次反応の場合,押出し流れと完全混合流れは同じ速度式に従う.したがって,差異はない.

1.13 ゼロ次反応であるため,$\tau = (c_{A_0} - c_A)/k$;$cC_P(T_0 - T)/\tau + (-\Delta H_r)k = 0$.Arrhenius の式を代入してセリすると $1 - u = (\lambda/c_{A_0})\exp\{\gamma(1 - 1/v)\}$;$1 - v = -(\lambda\beta/c)\exp\{\gamma(1-1/v)\} = -\beta(c_{A_0}/c)(1-u)$,ただし,$\beta = \Delta H_r/(C_P T_0)$ である.

2.1 ゼロ次反応の状態方程式は,$dc_A/dt = (1/\tau)(c_{A_0} - c_A) - k_0\exp\{-E/(RT)\}$,および $cC_P dT/dt = cC_P(T_0-T)/\tau + (-\Delta H_r)k_0\exp\{-E/(RT)\}$ である.$u = c_A/c_{A_0};\theta = c_{A_0}^{-1}k_0 t;\lambda = c_{A_0}^{-1}k_0\tau$ とおくと $du/d\theta = (1-u)/\lambda - \exp\{-\gamma(1/v - 1)\}$,$dv/d\theta = (1-v)/\lambda - (c_{A_0}/c)\beta\exp\{-\gamma(1/v-1)\}$ を得る.したがって,$dx_1/d\theta = (-1/\lambda)x_1;dx_2/d\theta = [(-1/\lambda)\lambda - (c_{A_0}/c)\beta(\gamma/v^2)\exp$

$[-\gamma(1/v-1)]x_2$ を得る．特性方程式の固有値は $\theta=-1/\lambda$, $-1/\lambda-(c_{A_0}/c)\beta(\gamma/v^2)\exp\{-\gamma(1/v-1)\}$ となり，2つの負の実根をもつ．したがって，安定である．

2.2 ① $\kappa=0$ では $dx/d\theta=-x^2<0$，したがって，安定である．

② $\kappa>0$ では，$dx/d\theta=\kappa-x^2$ は2つの平衡状態 $(x=\pm(\kappa)^{1/2})$ を有する．それらは安定点と不安定点である．

③ $\dot{x}=-U'(x,\kappa)=\kappa-x^2$ とおくと $U(x,\kappa)=x^3/3-\kappa x$ である．κ の値が負からゼロ，正へと移行すると安定性が変化する．この挙動は，折り目カタストロフィーとよばれる．

3.1 $\gamma=\dfrac{(kc_B D_A)^{1/2}}{k_L}=\dfrac{\{(1)(60)(1\times10^{-9}\times3600)\}^{1/2}}{80/100}=$ $0.0130<0.05$．したがって，$\beta=1$ であり，反応速度は物理吸収速度と等しくなる．

$$-r_A=\dfrac{p_A}{\dfrac{1}{k_G a}+\dfrac{H_A}{k_L a}+\dfrac{H_A}{kc_B(1-\varepsilon_G)}}$$
$$=\dfrac{200}{\dfrac{1}{0.1}+\dfrac{50}{80}+\dfrac{50}{(1)(50)(0.01)}}$$
$$=1.8\ \text{mol}\cdot\text{m}^{-3}\cdot\text{h}^{-1}$$

3.2 $\beta=5=\dfrac{\gamma}{\tanh\gamma}$ を解くと $\gamma=5$ であることがわかる．γ は $c_B^{0.5}$ に比例するため，$c_B=25\times50=1250$ mol・m^{-3} であることがわかる．

4.1 ①律速段階の推定：式（4.23）の右辺を $F(x_B)$ と表記する．固体の質量が $1/3$ となるとき，反応率は $2/3$ であるので（生成物層の質量は無視できる），反応時間と反応終了時間の関係式から，

$$\dfrac{t_{1/3}}{t_f}=F\left(\dfrac{2}{3}\right)=\text{constant} \tag{E4.1}$$

となり，$t_{1/3}$ と t_f とは比例していることがわかる．したがって，反応終了時間 t^* の粒子径依存性と $t_{1/3}$ の粒子依存性は同じになる．式（3.20）より，生成物層内の拡散が律速段階である場合は，

$$t_f\propto R^2 \tag{E4.2}$$

であり，界面での反応が律速段階である場合は，1次反応の場合，式（3.20）より，

$$t_f\propto R \tag{E4.3}$$

となる．表のデータより，$t_{1/3}$ は粒子径 R に比例しているので，界面反応が律速段階であることがわかる．

②反応終了時間の推定：界面反応が律速段階の場合，固体反応率との関係は，式（4.25）で表される．反応率が $2/3$ であるので，

$$\dfrac{t_{1/3}}{t_f}=1-(1-0.667)^{1/3}=0.307 \tag{E4.4}$$

$$t_f=\dfrac{t_{1/3}}{0.307} \tag{E4.5}$$

を得る．それぞれの粒子径について計算すると，以下の表となる．

固体粒子の半径 R [mm]	0.5	1	1.5
$t_{1/3}$ [s]	75	150	225
t_f [s]	244	489	733

5.1 省略

6.1 $N_{G_1}/N=2-2^{2-v_1/v_0}$，$N_S/N=4(2^{-v_1/v_0}-2^{-v_2/v_0})$，$N_{G_2}/N=4(2^{-v_2/v_0}-2^{-v_3/v_0})$，$N_M/N=2^{-v_3/v_0}-1$．

6.2 完全混合流れ反応器では，$d(m_i X)/dt=-D(m_i X)+\sum_j(a_{ij}\bar{\xi}_j)X$, $dX/dt=(\mu-D)X$ が成り立つ．これらの式から式（6.12）が導かれる．

6.3 $\Delta=1/[1+k/u+u/(\alpha\kappa)]$ を得る．$\Delta>1$ では wash out の安定点．$0<\Delta<1$ では2つの解を有する．

6.4 $dX/dt=[\mu+RDc-(1+R)D]X$, $dc_A/dt=D(c_{A_0}+RDc_A-(1+R)Dc_A-\mu X/Y$.

ただし，$cX=(1+R)X/R-X_f/R$．定常状態では $X=Y(c_{A_0}-c_A)/(1+R-Rc)$．

6.5 省略．Mathematical Modelling Techniques (by R. Aris, Dover Pub., 1978), p.78 参照．

7.1 (1) $\sum c_j \Delta t_j=6.40$ g・min・L^{-1} である．したがって，以下の表を得る．

t [min]	0	2	4	6	8	10	12	14	16	18
$g(t)$ [min^{-1}]	0	0.005	0.048	0.135	0.145	0.100	0.047	0.017	0.004	0

(2) $\bar{t}=8.05$ min，(3) $\sigma^{*2}=0.108$．

7.2 (1) Pe $=vL/D_T=17.4$, (2) 79.1%．

7.3 (1) $N=9.24$, (2) 79.0%．

索　引

欧　文

ADP　*85*
AMP　*85*
Arrhenius 式　*50*
Arrhenius の法則　*6, 49*
ATP　*85*
closed vessel　*104*
CO 変性反応　*65*
DNA 鎖伸長速度　*72*
DNA 複製　*71*
DNA ポリメラーゼ　*72*
E 関数　*103*
Eley-Redial 機構　*49*
F 関数　*104*
Hamaker 定数　*38*
Henry 定数　*33*
Henry の法則　*33, 61*
Knudsen 拡散　*56*
Langmuir 型　*45*
Langmuir プロット　*48*
Langmuir-Hinshelwood 型速度式
　　63, 67
Langmuir-Hinshelwood 機構
　　48
Marrucci のパラメータ　*38*
Michaelis 定数　*9*
Michaelis-Menten 式　*9*
Monod 式　*70*
PCR　*81*
Ranz-Marshall の式　*55*
RNA ポリメラーゼ　*72*
RTD 関数　*103*
SV　*66*
TCA 回路　*85*
Thiele 数　*58*
Van't Hoff 式　*3*

あ　行

アルカリ性ホスファターゼ　*79*
鞍状点　*29*
安定　*27*
安定結節点　*29*
安定性　*27*
安定操作点　*53*

医化学分析　*77*
一塩基多型　*81*
1 次代謝　*94*
遺伝子組換え産物　*73*
遺伝子検査　*80*
遺伝子の複製・転写・翻訳　*71*
イムノアッセイ　*78*
イムノクロマトグラフィー　*80*
医薬品製造技術　*93*
インパルス応答法　*105*

エアリフト反応器　*37*
液境膜　*33*
液相物質移動係数　*34*
液側境膜の厚み　*34*
液体培養　*81*
液粘度　*38*
液ホールドアップ　*35*
液密度　*38*
エタノールの比生成速度　*88*
エネルギー収支　*51*

押出し流れ　*103*
押出し流れ式触媒反応器　*52*
押出し流れ反応器　*21*
折り目カタストロフィー　*32, 112*
温度依存性　*6*

か　行

外因性内分泌撹乱物質　*24*
会合吸着　*46*
解糖系　*85*
外部撹乱　*26*
外部境膜拡散　*55*
外部境膜物質移動係数　*43*

回分式触媒反応器　*51*
回分培養　*82*
回分反応器　*11, 109*
開放系操作　*15*
界面反応　*43*
解離吸着　*47*
カオス理論　*10*
可逆反応　*7*
拡散係数　*34*
拡散流束　*33*
撹拌槽　*12*
渦状安定点　*29*
渦状不安定点　*29*
ガス境膜　*33*
ガス空塔速度　*38*
ガスホールドアップ　*34*
カタストロフィー　*30*
活性化エネルギー　*6*
活性錯体　*7*
活量　*1*
活量係数　*1*
カルボニックアンヒドラーゼ
　　24
環境生物修復技術　*89*
完全混合流れ　*103*
完全混合流れ式触媒反応器　*52*
完全混合流れ反応器　*21*
完全ヒト抗体　*95*

気液界面張力　*38*
気液固接触反応　*60*
気液接触反応器　*36*
気液反応　*33*
希釈率　*83*
気体定数　*1*
気体分子運動論　*24*
気泡径　*34*
気泡塔　*36*
キメラ抗体　*95*
逆ラプラス変換　*28*
吸着過程　*45*

吸着質　47
吸着等温式　45, 47
吸着媒　47
吸着平衡　45
吸着平衡定数　46
吸熱反応　3
強制項　27
境膜物質移動抵抗　43
行列式　28
均一系反応　11
均一触媒　8
金属硫化物触媒　8

空間時間　21, 105
くさび形カタストロフィー　31
屈曲係数　57
グリーン関数　103
グルコース酸化酵素　77
グルコースセンサー　77
グルコース脱水素酵素　77

蛍光偏光イムノアッセイ　99
血中薬物濃度　99
血糖計　77
ケモスタット　83, 88
嫌気性生物　81
原油分解除去　89
原料成分　1

好気性生物　81
抗原　78
抗原抗体反応　78
抗原抗体複合体　78
抗生物質　93
酵素　8
抗体　78
抗体医薬　94
固液反応　40, 64
固気接触反応　62
固気反応　40
固体触媒　8
固体培養　81
個体密度　69
固有値　28
混合拡散係数　106
混合拡散モデル　103, 106
混合のPecret数　106
コンソシアム　92
コンポスト　91

さ 行

細孔内拡散　56
最大比増殖速度　70

細胞径　75
細胞径分布　76
細胞周期　74
細胞増殖　69
細胞濃度　69
細胞の平均容積　70
細胞分裂　74
細胞融合法　95
細胞齢　74

自触媒反応　9
指数関数行列　28
指数積分関数　110
指数流加培養操作　84
時不変システム　27
時不変線形動的システム　27
自由系　27
修正 Thiele 数　60
収率　17, 82
16SrRNA　92
寿命　20
瞬間反応　33
状態空間　27
状態変数　27
状態方程式　27
消費速度　5
触媒　8
触媒反応工学　45
触媒粉砕法　59
触媒有効係数　58
食品製造プロセス計算機制御　85

スクリーニング法　94
ステップ応答曲線　104
ステップ応答法　104
ストレプトマイシン　93
スプレー塔　36

制御変数　27
生成速度　5
生成物成分　1
生成物層内拡散抵抗　43
生物反応工学　69
生分解性プラスチック　92
世代時間　69
世代時間分布　76
全圧追跡法　5
遷移金属酸化物触媒　8
遷移金属触媒　8
遷移状態　24
線形システム　27
セントラルドグマ　71

総括伝熱係数　12
槽型反応器　107
槽数　107
槽列モデル　103, 107
素反応　6

た 行

対数増殖期　69
対数増殖後期　70
耐熱性 DNA ポリメラーゼ　81
滞留時間　103
滞留時間分布関数　103
ターゲティング　97
脱離過程　45
単位行列　28
単位ステップ関数　104
単一実験法　60
単一反応　11
単位容積あたりの気液界面積　34
段塔　36
断熱操作　14, 51
タンパク質　71
　——の合成速度　73

逐次反応　11
逐次並行反応　11

通気式撹拌槽　36
通性嫌気性生物　82
通性好気性生物　82

定圧モル熱容量　20
定常状態近似法　8
定速流加培養操作　84
定容モル熱容量　12
出口排出流体寿命関数　103
テトラクロロエチレン　89
デルタ応答法　105
デルタ関数　105
典型金属酸化物触媒　8
転写　71
伝達関数　103

等温操作　13, 51
塔径　38
糖新生　85
動的システム　27
特性根　28
特性方程式　28
トリクロロエチレン　89

な 行

内部揺らぎ　26

2次代謝　94
二重管型気泡塔　37
二重境膜説　33

は 行

バイオアベイラビリティ　96
バイオエタノール　85
バイオオーグメンテーション　91
バイオスティミュレーション　91
バイオセンサー　77
バイオレメディエーション　89
培地　81
培養　81
パスツール効果　85
発酵食品製造技術　85
八田数　35
発熱反応　3
ハプテン　99
半回分反応器　12
半減期　7
反応-拡散数　35
反応器　11
反応吸収　33
反応係数　35
反応終了時間　42
反応操作　12
反応速度　5
反応速度定数　6
反応熱　3
反応の次数　6
反応の進行度　4
反応の分子数　6
反応率　4

比呼吸速度　87
比消費速度　82
比増殖速度　70
非素反応　6
非等温系　50
非等温操作　51
ヒト化抗体　95
被覆率　46
微分収率　16

比分裂速度　69
非平衡状態　5
標準エンタルピー　2
標準生成自由エネルギー　2
表面反応過程　45
非理想流れ　103
非理想流れ反応器　103
ピルビン酸キナーゼ　85
頻度因子　6

不安定　27
不安定結節点　29
不可逆2次非瞬間反応　36
不可逆反応　7
フガシティー　1
不均一系触媒反応　45, 65
複合反応　11
物質移動容量係数　37
物理吸収　33
フルクトース-ビスホスファターゼ　85
プログラム制御流加培養操作　84
分子拡散　56

平均自由行程　56
平均滞留時間　105
平均反応率　109
平衡定数　2
並行反応　11
ヘキソキナーゼ　85
ペニシリン　93
ペプチド鎖の延長速度　73
ペルオキシダーゼ　79
変異係数　77
偏性嫌気性生物　82
偏性好気性生物　81
ベンゼン分解機構　89
ペントースリン酸回路　85

飽和定数　70
ホスホフルクトキナーゼ　85
翻訳　71

ま 行

マクロ流体　103, 109
ミエローマ細胞　95
ミクロ流体　109

未反応核モデル　41
未反応率　4
無次元活性化エネルギー　13
無次元空間時間　22
無次元時間　105
無次元熱伝達係数　15
無次元濃度　4
無次元反応熱　14

メタンモノオキシゲナーゼ　90
免疫測定法　78
免疫反応　78

モノクローナル抗体　94

や 行

薬剤吸収制御　97
薬剤放出制御　97
薬物送達システム　96
薬物治療モニタリング　96, 98
薬物動態　96
薬力学　96

有効拡散係数　58
有効分子拡散係数　55
誘導期　69

ら 行

ラジカル中間体　6
ラプラス変換　28

リアルタイムPCR　92
理想流れ反応器　103, 105
律速段階　43, 48
リボソーム　73
流加培養　82
粒径変化法　60
粒子懸濁気泡塔　38
流体エレメント　103
流通系反応器　11
流通反応器　109
量論係数　1

レプリコン　71
連続培養　82

ロジスティック式　70

編集者略歴

太田口和久
(おおたぐちかずひさ)
1949 年　東京都に生まれる
1978 年　東京工業大学大学院理工学研究科化学工学専攻博士課程修了
1986 年　東京工業大学工学部化学工学科助教授
1996 年　東京工業大学工学部化学工学科教授
1999 年　東京工業大学大学院理工学研究科化学工学専攻教授
　　　　　現在に至る，工学博士

シリーズ〈新しい化学工学〉2
反応工学解析　　　　　　　　　　　　定価はカバーに表示

2012 年 11 月 25 日　初版第 1 刷

編集者　太田口和久
発行者　朝　倉　邦　造
発行所　株式会社　朝倉書店

東京都新宿区新小川町 6-29
郵便番号　162-8707
電　話　03(3260)0141
FAX　03(3260)0180
http://www.asakura.co.jp

〈検印省略〉

© 2012〈無断複写・転載を禁ず〉　　　　　新日本印刷・渡辺製本

ISBN 978-4-254-25602-4　C 3358　　　Printed in Japan

JCOPY〈(社)出版者著作権管理機構委託出版物〉
本書の無断複写は著作権法上での例外を除き禁じられています．複写される場合は，そのつど事前に，(社)出版者著作権管理機構(電話 03-3513-6969, FAX 03-3513-6979, e-mail: info@jcopy.or.jp)の許諾を得てください．

◈ 役にたつ化学シリーズ〈全9巻〉◈

基本をしっかりおさえ，社会のニーズを意識した大学ジュニア向けの教科書

安保正一・山本峻三編著　川崎昌博・玉置　純・
山下弘巳・桑畑　進・古南　博著
役にたつ化学シリーズ1

集　合　系　の　物　理　化　学

25591-1 C3358　　　　　B5判 160頁 本体2800円

エントロピーやエンタルピーの概念，分子集合系の熱力学や化学反応と化学平衡の考え方などをやさしく解説した教科書。〔内容〕量子化エネルギー準位と統計力学／自由エネルギーと化学平衡／化学反応の機構と速度／吸着現象と触媒反応／他

川崎昌博・安保正一編著　吉澤一成・小林久芳・
波田雅彦・尾崎幸洋・今堀　博・山下弘巳他著
役にたつ化学シリーズ2

分　子　の　物　理　化　学

25592-8 C3358　　　　　B5判 200頁 本体3600円

諸々の化学現象を分子レベルで理解できるよう平易に解説。〔内容〕量子化学の基礎／ボーアの原子モデル／水素型原子の波動関数の解／分子の化学結合／ヒュッケル法と分子軌道計算の概要／分子の対称性と群論／分子分光法の原理と利用法／他

出来成人・辰巳砂昌弘・水畑　穣編著　山中昭司・
幸塚広光・横尾俊信・中西和樹・髙田十志和他著
役にたつ化学シリーズ3

無　　　機　　　化　　　学

25593-5 C3358　　　　　B5判 224頁 本体3600円

工業的な応用も含めて無機化学の全体像を知るとともに，実際の生活への応用を理解できるよう，ポイントを絞り，ていねいに，わかりやすく解説した。〔内容〕構造と周期表／結合と構造／元素と化合物／無機反応／配位化学／無機材料化学

太田清久・酒井忠雄編著　中原武利・増原　宏・
寺岡靖剛・田中庸裕・今堀　博・石原達己他著
役にたつ化学シリーズ4

分　　　析　　　化　　　学

25594-2 C3358　　　　　B5判 208頁 本体3400円

材料科学，環境問題の解決に不可欠な分析化学を正しく，深く理解できるように解説。〔内容〕分析化学と社会の関わり／分析化学の基礎／簡易環境分析化学法／機器分析法／最新の材料分析法／これからの環境分析化学／精確な分析を行うために

水野一彦・吉田潤一編著　石井康敬・大島　巧・
太田哲男・垣内喜代三・勝村成雄・瀬恒潤一郎他著
役にたつ化学シリーズ5

有　　　機　　　化　　　学

25595-9 C3358　　　　　B5判 184頁 本体2700円

基礎から平易に解説し，理解を助けるよう例題，演習問題を豊富に掲載。〔内容〕有機化学と共有結合／炭化水素／有機化合物のかたち／ハロアルカンの反応／アルコールとエーテルの反応／カルボニル化合物の反応／カルボン酸／芳香族化合物

戸嶋直樹・馬場章夫編著　東尾保彦・芝田育也・
圓藤紀代司・武田徳司・内藤猛章・宮田興子著
役にたつ化学シリーズ6

有　機　工　業　化　学

25596-6 C3358　　　　　B5判 196頁 本体3300円

人間社会と深い関わりのある有機工業化学の中から，普段の生活で身近に感じているものに焦点を絞って説明。石油工業化学，高分子工業化学，生活環境化学，バイオ関連工業化学について，歴史，現在の製品の化学やエンジニヤリングを解説

宮田幹二・戸嶋直樹編著　高原　淳・宍戸昌彦・
中條善樹・大石　勉・隅田泰生・原田　明他著
役にたつ化学シリーズ7

高　分　子　化　学

25597-3 C3358　　　　　B5判 212頁 本体3800円

原子や簡単な分子から説き起こし，高分子の創造・集合・変化の過程をわかりやすく解説した学部学生のための教科書。〔内容〕宇宙史の中の高分子／高分子の概念／有機合成高分子／生体高分子／無機高分子／機能性高分子／これからの高分子

古崎新太郎・石川治男編著　田門　肇・大嶋　寛・
後藤雅宏・今駒博信・井上義朗・奥山喜久夫他著
役にたつ化学シリーズ8

化　　　学　　　工　　　学

25598-0 C3358　　　　　B5判 216頁 本体3400円

化学工学の基礎について，工学系・農学系・医学系の初学者向けにわかりやすく解説した教科書。〔内容〕化学工学とその基礎／化学反応操作／分離操作／流体の運動と移動現象／粉粒体操作／エネルギーの流れ／プロセスシステム／他

村橋俊一・御園生誠編著　梶井克純・吉田弘之・
岡崎正規・北野　大・増田　優・小林　修他著
役にたつ化学シリーズ9

地　球　環　境　の　化　学

25599-7 C3358　　　　　B5判 160頁 本体3000円

環境問題全体を概観でき，総合的な理解を得られるよう，具体的に解説した教科書。〔内容〕大気圏の環境／水圏の環境／土壌圏の環境／生物圏の環境／化学物質総合管理／グリーンケミストリー／廃棄物とプラスチック／エネルギーと社会／他

高分子学会編

高　分　子　辞　典（第3版）

25248-4 C3558　　　　　B5判 848頁 本体38000円

前回の刊行から十数年を経過するなか，高分子精密重合や超分子化学，液晶高分子，生分解高分子，ナノ構造体，表面・界面のナノスケールでの構造・物性解析技術さらにポリマーゲル，生医用高分子，光・電子用高分子材料など機能高分子の発展は著しい。今改訂では基礎高分子化学領域を充実した他，発展領域を考慮し用語数も約5200と増やし内容を一新。わかりやすく解説した五十音順配列の辞典。〔内容〕合成・反応／構造・物性／機能／生体関連／環境関連／工業・工学／他

◆ 応用化学シリーズ〈全8巻〉◆
学部2～4年生のための平易なテキスト

横国大 太田健一郎・山形大 仁科辰夫・北大 佐々木健・
岡山大 三宅通博・前千葉大 佐々木義典著
応用化学シリーズ1
無 機 工 業 化 学
25581-2 C3358　　　　A5判 224頁 本体3500円

理工系の基礎科目を履修した学生のための教科書として，また一般技術者の手引書として，エネルギー，環境，資源問題に配慮し丁寧に解説。〔内容〕酸アルカリ工業／電気化学とその工業／金属工業化学／無機合成／窯業と伝統セラミックス

山形大 多賀谷英幸・秋田大 進藤隆世志・
東北大 大塚康夫・日大 玉井康文・山形大 門川淳一著
応用化学シリーズ2
有 機 資 源 化 学
25582-9 C3358　　　　A5判 164頁 本体3000円

エネルギーや素材等として不可欠な有機炭素資源について，その利用・変換を中心に環境問題に配慮して解説。〔内容〕有機化学工業／石油資源化学／石炭資源化学／天然ガス資源化学／バイオマス資源化学／廃炭素資源化学／付録／資源とエネルギー

前千葉大 山岡亜夫編著
応用化学シリーズ3
高 分 子 工 業 化 学
25583-6 C3358　　　　A5判 176頁 本体2800円

上田充・安中雅彦・鴨田昌之・高原茂・岡野光夫・菊池明彦・松方美樹・鈴木淳史著
21世紀の高分子の化学工業に対応し，基礎的事項から高機能材料まで環境の側面にも配慮して解説した教科書。

前農大 柘植秀樹・横国大 上ノ山周・前群馬大 佐藤正之・
農工大 国眼孝雄・千葉大 佐藤智司著
応用化学シリーズ4
化 学 工 学 の 基 礎
25584-3 C3358　　　　A5判 216頁 本体3400円

初めて化学工学を学ぶ読者のために，やさしく，わかりやすく解説した教科書。〔内容〕化学工学の基礎(単位系，物質およびエネルギー収支，他)／流体輸送と流動／熱移動(伝熱)／物質分離(蒸留，膜分離など)／反応工学／付録(単位換算表，他)

掛川一幸・山村博・植松敬三・
守吉祐介・門間英毅・松田元秀著
応用化学シリーズ5
機能性セラミックス化学
25585-0 C3358　　　　A5判 240頁 本体3800円

基礎から応用まで図を豊富に用いて，目で見てもわかりやすいよう解説した。〔内容〕セラミックス概要／セラミックスの構造／セラミックスの合成／プロセス技術／セラミックスにおけるプロセスの理論／セラミックスの理論と応用

前千葉大 上松敬禧・筑波大 中村潤児・神奈川大 内藤周弌・
埼玉大 三浦弘・理科大 工藤昭彦著
応用化学シリーズ6
触 媒 化 学
25586-7 C3358　　　　A5判 184頁 本体3200円

初学者が触媒の本質を理解できるよう，平易に分かりやすく解説。〔内容〕触媒の歴史と役割／固体触媒の表面／触媒反応の素過程と反応速度論／触媒反応機構／触媒反応系の構造と物性／触媒の調整と機能評価／環境・エネルギー関連触媒／他

慶大 美浦隆・神奈川大 佐藤祐一・横国大 神谷信行・
小山高専 奥山優・甲南大 縄舟秀美・理科大 湯浅真著
応用化学シリーズ7
電気化学の基礎と応用
25587-4 C3358　　　　A5判 180頁 本体2900円

電気化学の基礎をしっかり説明し，それから応用面に進めるよう配慮して編集した。身近な例から新しい技術まで解説。〔内容〕電気化学の基礎／電池／電解／金属の腐食／電気化学を基礎とする表面処理／生物電気化学と化学センサ

東京工芸大 佐々木幸夫・北里大 岩橋槇夫・
岐阜大 沓水祥一・東海大 藤尾克彦著
応用化学シリーズ8
化 学 熱 力 学
25588-1 C3358　　　　A5判 192頁 本体3500円

図表を多く用い，自然界の現象などの具体的な例をあげてわかりやすく解説した教科書。例題，演習問題も多数収録。〔内容〕熱力学を学ぶ準備／熱力学第1法則／熱力学第2法則／相平衡と溶液／統計熱力学／付録：式の変形の意味と使い方

前大阪府大 田中誠・前大阪市大 大津隆行他著
新版 基礎高分子工業化学
25246-0 C3050　　　　A5判 212頁 本体3600円

好評の旧版を全面改訂。高分子工業の概観，高分子の生成反応を平易に記述。〔内容〕高分子化学とその工業／高分子とその特性／高分子合成の基礎／木材化学工業／繊維工業／プラスチック工業／機能性高分子材料／ゴム工業／他

日本分析化学会高分子分析研究懇談会編

高分子分析ハンドブック
(CD-ROM付)

25252-1 C3558　　　　B5判 1268頁 本体50000円

様々な高分子材料の分析について，網羅的に詳しく解説した。分析の記述だけでなく，材料や応用製品等の「物」に関する説明もある点が，本書の大きな特徴の一つである。〔内容〕目的別分析ガイド(材質判定／イメージング／他)，手法別測定技術(分光分析／質量分析／他)，基礎材料(プラスチック／生ゴム／他)，機能性材料(水溶性高分子／塗料／他)，加工品(硬化樹脂／フィルム・合成紙／他)，応用製品・応用分野(包装／食品／他)，副資材(ワックス・オイル／炭素材料)

前東工大 小川浩平編 シリーズ〈新しい化学工学〉1 **流体移動解析** 25601-7 C3358　　B5判 180頁 本体3900円	化学プロセスにおける流体の振舞いに関する基礎を解説〔内容〕運動量移動の基礎／乱流現象／混相流／混合操作・分離操作／差分法の基礎／相似則／流体測定法／機械的操作の今後の展開／補足（応力テンソルの定義／質量基準の粒子径分布他）
化学工学会監修　名工大 多田　豊編 **化学工学**（改訂第3版） ―解説と演習― 25033-6 C3058　　A5判 368頁 本体2500円	基礎から応用まで，単位操作に重点をおいて，丁寧にわかりやすく解説した教科書，および若手技術者，研究者のための参考書。とくに装置，応用例は実際的に解説し，豊富な例題と各章末の演習問題でより理解を深められるよう構成した。
前阪大 高松武一郎著 **化学工学への招待** 25024-4 C3058　　A5判 208頁 本体3600円	工業生産と理学としての化学を結ぶ「化学工学」の入門教科書。〔内容〕暮らしとエネルギー，物質／理工学の中の化学工学／発展の歴史／基本原理／流体の流れ／流体中の粒子の働き／物質移動と分離操作／化学反応操作／プロセスの設計／他
千葉大 齋藤恭一著 **数学で学ぶ化学工学11話** 25035-0 C3058　　A5判 176頁 本体2800円	化学工学特有の数理的思考法のコツをユニークなイラストとともに初心者へ解説〔内容〕化学工学の考え方と数学／微分と積分／ラプラス変換／フラックス／収支式／スカラーとベクトル／1階常微分方程式／2階常微分方程式／偏微分方程式／他
元大阪府大 疋田晴夫著 **改訂新版 化学工学通論 I** 25006-0 C3058　　A5判 256頁 本体3800円	化学工学の入門書として長年好評を博してきた旧著を，今回，慣用単位を全面的にSI単位に改めた。大学・短大・高専のテキストとして最適。〔内容〕化学工学の基礎／流動／伝熱／蒸発／蒸留／吸収／抽出／空気調湿および冷水操作／乾燥
元京大 井伊谷鋼一・元同大 三輪茂雄著 **改訂新版 化学工学通論 II** 25007-7 C3058　　A5判 248頁 本体3800円	好評の旧版をSI単位に直し，用語を最新のものに統一し，問題も新たに追加するなど，全面的に訂正した。〔内容〕粉体の粒度／粉砕／流体中における粒子の運動／分級と集塵／粒子層を流れる流体／固液分離／混合／固体輸送
前阪大 橋本伊織・京大 長谷部伸治・京大 加納　学著 **プロセス制御工学** 25031-2 C3058　　A5判 196頁 本体3700円	主として化学系の学生を対象として，新しい制御理論も含め，例題も駆使しながら体系的に解説〔内容〕概論／伝達関数と過渡応答／周波数応答／制御系の特性／PID制御／多変数プロセスの制御／モデル予測制御／システム同定の基礎
前阪大 田村昌三・東大 新井　充・東大 阿久津好明著 **エネルギー物質と安全** 25028-2 C3058　　A5判 176頁 本体3200円	大きな社会問題にもなっているエネルギー物質，化学物質とその安全性・危険性の関連を初めて体系的に解説。〔内容〕エネルギー物質とその応用／エネルギー物質の熱化学／安全の化学／化学物質の安全管理と地震対策／危険物と関連法規
前京大 荻野文丸総編集 **化学工学ハンドブック** 25030-5 C3058　　B5判 608頁 本体25000円	21世紀の科学技術を表すキーワードであるエネルギー・環境・生命科学を含めた化学工学の集大成。技術者や研究者が常に手元に置いて活用できるよう，今後の展望をにらんだアドバンスな内容を盛りこんだ。〔内容〕熱力学状態量／熱力学的プロセスへの応用／流れの状態の表現／収支／伝導伝熱／蒸発装置／蒸留／吸収・放散／集塵／濾過／混合／晶析／微粒子生成／反応装置／律速過程／プロセス管理／プロセス設計／微生物培養工学／遺伝子工学／エネルギー需要／エネルギー変換／他
前東大 田村昌三編 **化学プロセス安全ハンドブック** 25029-9 C3058　　B5判 432頁 本体20000円	化学プロセスの安全化を考える上で基本となる理論から説き起し，評価の基本的考え方から各評価法を紹介し，実際の評価を行った例を示すことにより，評価技術を総括的に詳解。〔内容〕化学反応／発火・熱爆発・暴走反応／化学反応と危険性／化学プロセスの安全性評価／熱化学計算による安全性評価／化学物質の安全性評価実施例／化学プロセスの安全性評価実施例／安全性総合評価／化学プロセスの危険度評価／化学プロセスの安全設計／付録：反応性物質のDSCデータ集

上記価格（税別）は 2012 年 10 月現在